"十一五"国家重点图书出版规划项目

21世纪先进制造技术丛书

国家科学技术学术著作出版基金资助出版

绿色制造运行模式及其实施方法

李聪波 刘 飞 曹华军 著

U0287433

科学出版社

北 京

内 容 简 介

　　绿色制造是一种综合考虑环境影响和资源消耗的现代制造模式。本书系统论述了绿色制造的运行模式及其实施方法,并按照绿色制造的基础理论、技术体系、运行模式、实施方法及案例分析递进展开。主要内容包括:绿色制造及其运行模式的相关概念与理论,绿色制造的技术内涵及技术体系,绿色制造运行模式总体框架,机床、电子、汽车、家电等典型行业的绿色制造运行模式,制造企业绿色制造的实施方法,以及应用案例研究。

　　本书可作为高等院校机械工程、工业工程、管理科学与工程、环境工程等绿色制造相关专业研究生的教材或参考书,也可供制造企业工程技术人员和管理人员参考。

图书在版编目(CIP)数据

绿色制造运行模式及其实施方法/李聪波,刘飞,曹华军著.—北京:科学出版社,2011

　("十一五"国家重点图书出版规划项目:21世纪先进制造技术丛书)

　ISBN 978-7-03-030507-7

　Ⅰ.绿… Ⅱ.①李…②刘…③曹… Ⅲ.机械制造工艺-无污染技术
Ⅳ.TH6

　中国版本图书馆 CIP 数据核字(2011)第 039133 号

責任编辑:耿建业 裴 育 / 责任校对:宋玲玲
責任印制:吴兆东 / 封面设计:耕者设计工作室

科 学 出 版 社 出版
北京东黄城根北街 16 号
邮政编码:100717
http://www.sciencep.com

北京中石油彩色印刷有限责任公司 印刷
科学出版社发行　各地新华书店经销
*
2011 年 4 月第 一 版　　开本:B5(720×1000)
2022 年 1 月第三次印刷　　印张:16 1/4
字数:310 000
定价:118.00 元
(如有印装质量问题,我社负责调换)

《21世纪先进制造技术丛书》序

21世纪，先进制造技术呈现出精微化、数字化、信息化、智能化和网络化的显著特点，同时也代表了技术科学综合交叉融合的发展趋势。高技术领域如光电子、纳电子、机器视觉、控制理论、生物医学、航空航天等学科的发展，为先进制造技术提供了更多更好的新理论、新方法和新技术，出现了微纳制造、生物制造和电子制造等先进制造新领域。随着制造学科与信息科学、生命科学、材料科学、管理科学、纳米科技的交叉融合，产生了仿生机械学、纳米摩擦学、制造信息学、制造管理学等新兴交叉科学。21世纪地球资源和环境面临空前的严峻挑战，要求制造技术比以往任何时候都更重视环境保护、节能减排、循环制造和可持续发展，激发了产品的安全性和绿色度、产品的可拆卸性和再利用、机电装备的再制造等基础研究的开展。

《21世纪先进制造技术丛书》旨在展示先进制造领域的最新研究成果，促进多学科多领域的交叉融合，推动国际间的学术交流与合作，提升制造学科的学术水平。我们相信，有广大先进制造领域的专家、学者的积极参与和大力支持，以及编委们的共同努力，本丛书将为发展制造科学，推广先进制造技术，增强企业创新能力做出应有的贡献。

先进机器人和先进制造技术一样是多学科交叉融合的产物，在制造业中的应用范围很广，从喷漆、焊接到装配、抛光和修理，成为重要的先进制造装备。机器人操作是将机器人本体及其作业任务整合为一体的学科，已成为智能机器人和智能制造研究的焦点之一，并在机械装配、多指抓取、协调操作和工件夹持等方面取得显著进展，因此，本系列丛书也包含先进机器人的有关著作。

　　最后，我们衷心地感谢所有关心本丛书并为丛书出版尽力的专家们，感谢科学出版社及有关学术机构的大力支持和资助，感谢广大读者对丛书的厚爱。

华中科技大学

2008 年 4 月

前　　言

17世纪末至18世纪初,伴随着蒸汽机的发明,第一次工业革命拉开了序幕,人类开始步入工业化时代。工业社会创造了农业社会无法比拟的社会生产力。人类占用自然资源的能力大大提高,人类活动不再局限于地球表层,已拓展到地球深部及外层空间。科学技术与工业发展创造的新知识、新技术和新产品,极大地降低了人口死亡率,延长了人的寿命,促使世界人口急剧膨胀。工业社会创造了新的生活方式和消费模式,人类已不再满足基本的生存需求,而是不断追求更为丰富的物质与精神享受。制造业是创造人类财富的支柱产业,是人类社会物质文明和精神文明的基础。但是另一方面,制造业在将制造资源转变为产品的制造过程及产品的使用和处理过程中,消耗了地球上大量的有限资源,并对环境造成了巨大的污染。有鉴于此,如何使制造业尽可能少地产生资源消耗和环境污染是当前环境问题的一个重要研究方向。

绿色制造是综合考虑资源消耗和环境影响的现代制造模式,其目标是使得产品从设计、制造、包装、运输、使用到报废处理的整个产品生命周期中,对环境的影响(副作用)极小,资源效率极高。近年来,随着绿色产品标志认证、ISO 14000环境管理体系、OHSAS 18000职业安全卫生管理体系等一系列标准的颁布,国内外关于绿色制造的研究正在兴起。1996年,美国制造工程师学会(SME)发布蓝皮书 *Green Manufacturing*,提出了绿色制造的概念。近年来,国家科技支撑计划、国家863计划和国家自然科学基金资助了不少绿色制造方面的研究项目,推动着我国绿色制造研究的蓬勃发展。尽管绿色制造的提出时间较短,但其理论和技术的研究和应用已经取得了长足的进展,并初步形成了绿色制造的理论与技术体系。

作为一种先进制造理念,绿色制造研究的最终目的是在企业得到应用和实施,使企业不仅取得经济效益,提高企业市场竞争力,更重要的是取得环境效益,使企业的社会价值和社会责任得到充分体现,真正实现企业的可持续发展,以至整个人类社会的可持续发展。特别是我国在经济高速增长过程中投入大量土地和自然资源,造成资源短缺和环境破坏。要转变经济增长方式,由粗放式向集约式发展方式转变,必须减少企业的资源消耗和环境排放,绿色制造无疑是一条非常好的途径。

然而,绿色制造在企业的运行与实施不仅是一个技术问题,也是一个管理问题、一个企业文化问题、一个企业长期战略问题,其涉及面非常广,涉及企业从管理到技术,从产品设计、制造到销售、回收处理等各个环节,实施过程十分复杂,且成本投入也比较大,因此其实施需要运行模式及其方法论的支持。本书作者在国家科技支撑计划项目和国家自然科学基金项目的资助下,致力于绿色制造运行模式及其实施方法的研究,取得了一定的研究成果;收集了大量的国内外研究文献资料,经过整理,完成了本书的撰写工作。

本书共分 5 章,主要内容按绿色制造的基础理论、技术体系、运行模式、实施方法及案例分析递进展开。第 1 章介绍了绿色制造的概念和内涵、理论体系框架,实施绿色制造的意义,绿色制造运行模式的含义、相关概念,以及研究现状和企业实践;第 2 章介绍了绿色制造技术体系、运行模式总体框架,以及运行模式应用路线图;第 3 章介绍了行业绿色制造运行模式,并介绍了几种典型行业的绿色制造运行模式;第 4 章介绍了制造企业绿色制造实施方法,重点介绍了生命周期评价、战略方案选择、技术方案选型、实施风险评估、实施绩效评估等关键技术;第 5 章介绍了绿色制造运行模式及实施方法的初步应用。

本书主要由李聪波、刘飞、曹华军三人撰写,王秋莲、谭显春、杜彦斌、何彦、李彩贞、李成川、易茜、崔龙国等参加了部分编写工作和有关项目研究工作。

本书的出版获得了国家科学技术学术著作出版基金的资助,并得到了科学出版社的大力支持,在此表示衷心的感谢。

此外,本书在写作过程中参考了有关文献,并尽可能地列在书后的参考文献表中,在此向所有被引用文献的作者表示诚挚的谢意。

由于绿色制造是一门正在迅速发展的综合性交叉学科,涉及面广、技术难度大,加上作者水平有限,书中不妥之处在所难免,敬请广大读者批评指正。

作　者
2010 年 12 月

目　　录

第1章 绪 论

1.1 制造业可持续发展模式——绿色制造

1.1.1 绿色制造的提出

17世纪末至18世纪初,伴随着蒸汽机的发明,第一次工业革命拉开了序幕,人类开始步入工业化时代。工业社会创造了农业社会无法比拟的社会生产力。人类占用自然资源的能力大大提高,人类活动不再局限于地球表层,已拓展到地球深部及外层空间。科学技术与工业发展创造的新知识、新技术和新产品,极大地降低了人口死亡率,延长了人类寿命,促使世界人口急剧膨胀。工业社会创造了新的生活方式和消费模式,人类已不再满足基本的生存需求,而是不断追求更为丰富的物质与精神享受。但是,工业社会的发展严重依赖于资源,特别是不可再生资源和化石能源的大规模消耗,造成污染物的大量排放,导致自然资源的急剧消耗和生态环境的日益恶化[1,2]。预计到21世纪中叶,就静态指标来说,全世界的石油和天然气资源将趋于枯竭,若干金属矿物,如锰、铜、铅、铋、金、银等资源也将消耗殆尽。目前,全世界80多个国家的约15亿人口面临淡水不足的问题,其中26个国家的3亿人口完全生活在缺水状态,预计到2025年,全世界将有30亿人口缺水,涉及的国家和地区达40多个;全球500条主要河流正在不同程度的枯竭或受到污染[3]。酸雨污染带来的森林面积减少,温室效应带来的全球变暖,臭氧层破坏带来的紫外线伤害,土地沙漠化带来的植被破坏,物种灭绝带来的生物链缺失,垃圾成灾、地下水污染及大气污染带来的空气质量下降等环境问题也日益严重[4]。

自20世纪60年代以来,对人与自然关系的系统研究深刻揭示了工业繁荣背后人与自然的冲突[2]。1962年,美国生物学家Carson出版了《寂静的春天》(*Silent Spring*)一书,用触目惊心的案例、生动的语言披露了大量使用杀虫剂对人与环境产生的危害,敲响了工业社会生态危机的警钟[5]。1968年4月,来自10个国家的科学家、教育家、经济学家、人类学家、实业家、文职人员,约30人聚集在罗马山猫科学院,成立了罗马俱乐部。经过努力,罗马俱乐部的科研小组对限制和决定地球发展的基本因素进行了研究,并于1972年公开发表了《增长的极限》(*The Limits to Growth*)的研究报告,报告中提出的"自然界的资源供给与环境容量无法满足外延式经济增长模式"的观点,深刻地警示了人们[6]。1972年,联合国人类环境会议发表了《人类环境宣言》,郑重声明人类只有一个地球,人类在开发和利用自然的同时,也应承担保护自然的义务[7]。1987 年,世界环境与发展委员会提交了《我们共同的未来》(*Our Common Future*)的报告,这是关于人类未来的纲领性文件,在系统探讨了人类面临的一系列重大经济、社会和环境问题之后,正式提出了"既满足当代人的需要,又不对后代人满足其需要的能力构成危害"的可持续发展战略[8]。1992 年,联合国环境与发展会议在里约热内卢召开,102 位政府首脑参加了会议,会议通过了《里约环境与发展宣言》[9]和《21 世纪议程》[10]两个纲领性文件,确立了生态环境保护与经济社会发展相协调、实现可持续发展的人类共同的行动纲领。2002 年,在约翰内斯堡召开了联合国可持续发展世界首脑会议,通过了《可持续发展世界首脑会议执行计划》,确定"发展"仍是人类共同的主题,并进一步提出了经济、社会、环境是可持续发展不可或缺的三大支柱[11]。

　　制造业是创造人类财富的支柱产业,是人类社会物质文明和精神文明的基础,是将可用资源(包括能源)通过制造过程,转化为可供人们使用和利用的工业品或生活消费品的过程,它涉及国民经济的大量行业,如机械、电子、化工、食品、军工等。但是,制造业在将制造资源转变为产品的制造过程及产品的使用和处理过程中,同时产生废弃物(废弃物是制造资源中未被利用的部分,所以也称废弃资源),废弃物是制造业对环境污染的主要根源。制造系统对环境的影响如图 1.1 所示。

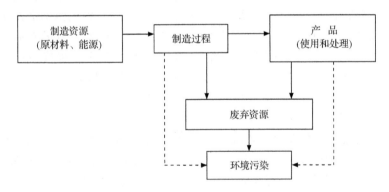

图 1.1　制造系统对环境的影响

　　图 1.1 中,虚线表示个别特殊情况下,制造过程和产品使用过程对环境直接产生污染(如噪声),而不是废弃物污染。但是这种污染相对于废弃物带来的污染要小得多。

　　制造系统量大面广,因此对环境的总体影响很大。可以说,制造业一方面是创造人类财富的支柱产业,而另一方面又是当前环境污染的主要源头。因此,如何使制造业尽可能少地产生资源消耗和环境污染是当前环境问题的一个重要研究方向。于是一个新的概念——绿色制造(green manufacturing)由此产生,并被认为是现代企业的必由之路。各国专家的研究普遍认为,绿色制造是解决制造业环境污染问题的根本方法之一,是实施环境污染源头控制的关键途径之一,其实质上是人类社会可持续发展战略在现代制造业中的体现。

1.1.2 绿色制造的定义和问题领域

综合现有文献的观点和研究,本书将绿色制造定义如下:

绿色制造是一种综合考虑环境影响和资源消耗的现代制造模式,其目标是使产品从设计、制造、包装、运输、使用到报废处理的整个生命周期中,对环境负面影响极小,资源利用率极高,并使企业经济效益和社会效益协调优化[12~14]。

该定义体现出一个基本观点,即制造系统中导致环境污染的根本原因是资源消耗和废弃物的产生,因此在定义中体现了资源和环境两者不可分割的关系。

由上述定义可以得出,绿色制造涉及的问题领域有三个部分:一是制造问题,包括产品生命周期全过程;二是环境保护问题;三是资源优化利用问题。绿色制造就是这三部分内容的交叉,如图 1.2 所示。

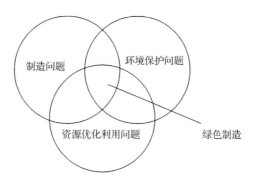

图 1.2 绿色制造所涉及问题领域的交叉状况

1.1.3 与绿色制造有关的现代制造模式

近年来,围绕制造系统或制造过程中的环境问题,已提出了一系列有关的制造概念和制造模式。除绿色制造外,与此类似的制造概念还有许多,如环境意识制造(environmentally conscious manufacturing)、生态意识制造(ecologically conscious manufacturing)、清洁生产(cleaner production)等。

应该讲,这些概念的内涵越来越趋于一致,即如何从源头上减少制造业给自然环境带来的不利影响,实现人与自然的和谐发展。图 1.3 将这些相关的概念进行了大致归类,但实际上这种划分并不是绝对的。

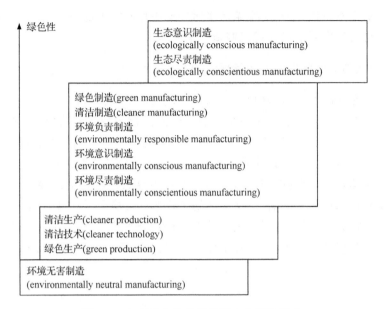

图 1.3　与环境有关的制造概念和制造模式

图 1.3 表明,与环境有关的制造概念和制造模式大致可分为四类或四个层次。

第一层次(底层)为环境无害制造。其内涵是该制造过程不对环境产生危害,但也无助于改善现有环境状况,或者说它是中性的。

第二层次包括清洁生产、清洁技术和绿色生产等。其内涵是这些制造模式不仅不对环境产生危害,而且应有利于改善现有环境状况。但是其绿色性主要指具体的制造过程或生产过程是绿色的,而不包括产品生命周期中的其他过程,如产品设计、使用和回收处理等。

第三层包括绿色制造、清洁制造、环境意识制造等。其内涵是产品生命周期的全过程(不仅包括具体的制造过程或生产过程,而且包括产品设计、售后服务及产品寿命终结后处理等)均具有绿色性。

第四层次包括生态意识制造和生态尽责制造等。其内涵不仅包括产品生命周期的全过程具有绿色性,而且包括产品及其制造系统的存在及其发展均应与环境和生态系统协调,形成可持续发展系统。

1.1.4　绿色制造内涵的广义性

绿色制造内涵的广义性表现如下。

(1) 绿色制造中的"制造"涉及产品整个生命周期,是一个"大制造"概念,同计算机集成制造、敏捷制造等概念中的"制造"一样。绿色制造体现了现代制造科学的"大制造、大过程、学科交叉"的特点。

（2）绿色制造涉及的范围非常广泛,包括机械、电子、食品、化工、军工等,几乎覆盖整个工业领域。

（3）绿色制造涉及的问题领域包括:制造问题、环境保护问题和资源优化利用问题。绿色制造是这三部分内容的交叉和集成。

（4）资源问题、环境问题、人口问题是当今人类社会面临的三大主要问题,绿色制造是一种充分考虑前两大问题的现代制造模式;从制造系统工程的角度来看,绿色制造是一个充分考虑制造业资源和环境问题的复杂的系统工程问题。

1.1.5　绿色制造理论体系框架

绿色制造的目标是面向产品生命周期全过程的,绿色制造的研究应该围绕产品生命周期展开,从而实现整个产品生命周期过程的节能降耗,以及环境影响最小化。由此建立的基于产品生命周期主线的绿色制造理论体系框架如图1.4所示。

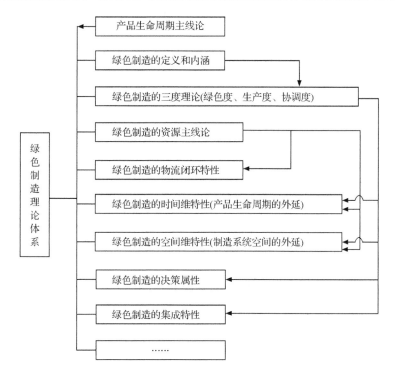

图 1.4　基于产品生命周期主线的绿色制造理论体系框架

基于产品生命周期主线的绿色制造理论体系框架的主要内容有:绿色制造的定义和内涵、绿色制造的三度理论、绿色制造的资源主线论、绿色制造的物流闭环特性、绿色制造的时间维特性(产品生命周期的外延)、绿色制造的空间维特性(制造系统空间的外延)、绿色制造的决策属性、绿色制造的集成特性等。

　　其中,每个理论要素的内涵都是从产品生命周期主线出发的:绿色制造的定义和内涵是指绿色制造的定义、问题领域及绿色制造内涵的广义性;绿色制造的三度理论是指在产品生命周期全过程中要协调考虑绿色度和发展度;绿色制造的资源主线论是指绿色制造的根本途径是优化制造资源在产品生命周期中的流动过程;绿色制造的物流闭环特性是指绿色制造的物流是一个围绕产品生命周期的闭环系统;绿色制造的时间维特性是绿色制造对传统产品生命周期的外延,实现产品多生命周期;绿色制造的空间维特性是指绿色制造需要从产品生命周期全过程所涉及的整个空间系统来综合考虑环境资源问题;绿色制造的决策属性是指绿色制造的六大决策目标(质量 Q、时间 T、环境 E、资源 R、服务 S、成本 C),由其组成的绿色制造总体决策框架模型可以为绿色制造科学化、系统化的评价和决策提供依据和条件;绿色制造的集成特性指绿色制造是涉及产品生命周期的所有问题,覆盖产品生命周期的每一过程,包括制造、环境、资源三大领域,考虑经济效益、社会效益和生态效益的先进制造模式。

　　下面具体介绍每个理论要素。

1. 绿色制造的定义和内涵

　　关于绿色制造的定义和内涵,详见 1.1.2 节与 1.1.4 节。

2. 绿色制造的三度理论

　　以前面介绍的可持续发展的三度理论为依据,结合绿色制造的特点,形成绿色制造的三度理论,可用如图 1.5 所示的形式进行描述。

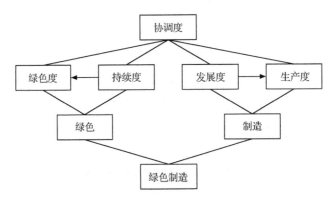

图 1.5　绿色制造的三度理论示意图

　　由图 1.5 中可见,绿色制造顾名思义,可分解为"绿色"和"制造"。其中,制造的目的是创造财富,推动人类社会的发展,因此制造对应着发展度;结合制造业的特点,本书用生产度来代替发展度。绿色强调是环境影响极小、资源效率极高,与持续度相对应;结合制造业的特点,以及绿色工艺、绿色产品等一系列的习惯性叫法,本书用绿色度来代替持续度。本书仍采用协调度概念,表示绿色度与生产度的协调关系,因此绿色制造中的三度变为绿色度、生产度和协调度。

3. 绿色制造的资源主线论

当前,环境问题的主要根源是资源消耗后的废弃物(废液、废气和固体废弃物等)。因此,资源问题不仅涉及人类世界的有限资源如何可持续利用的问题,而且是产生环境问题的主要根源。

因此,绿色制造的根本途径是优化制造资源的流动过程,使得资源利用率尽可能高、废弃资源尽可能少,即资源主线论,如图1.6所示。

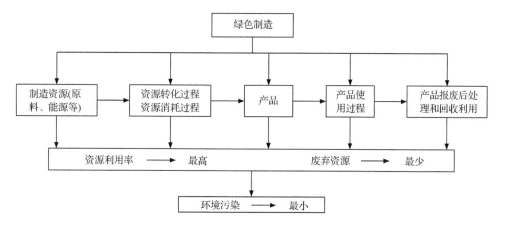

图 1.6 绿色制造的资源主线论示意图

4. 绿色制造的物流闭环特性

传统制造的物流是一个开环系统。物流的终端是产品报废,如图1.7中加黑方框部分。绿色制造的物流是一个闭环系统,如图1.7所示。其中,开环物流和产品报废后的反馈形成大闭环系统;在此过程中,又可能形成若干小闭环系统,如图中的绿色包装,加上包装回收就形成一个小闭环系统。

5. 绿色制造的时间维特性(产品生命周期的外延)

传统制造中的产品生命周期是到产品报废为止。绿色制造则将产品生命周期大大外延,实现对产品"从摇篮到坟墓"的管理,即在产品报废后,对产品进行回收利用。

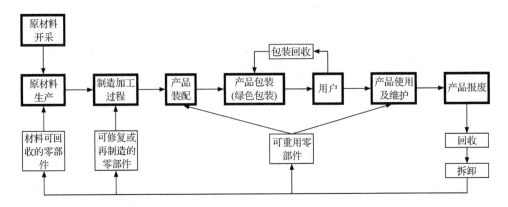

图 1.7　绿色制造的物流闭环特性

　　这里所说的回收利用主要是指零部件、材料的再利用,即产品经过拆解之后将可以重新使用的部分进行翻新和检测,用作同类产品的再制造或作为配件进入零配件市场,其中部件层回收的级别比零件层高;对于那些无法重新使用的零部件或产品将作为材料回收,通过材料的分离、分解和再制造而产生回收材料;一部分材料被焚烧,进行能量回收,其余的残渣将被填埋,而最终会自然分解。

　　绿色制造的时间维特性还包括产品多生命周期工程论。产品多生命周期工程论是对产品生命周期外延的理论要素的提升,主要是实现对价值相对较高、使用寿命相对较长的产品的循环使用。这类产品主要是汽车、机床、农业和建筑机械、航空设备、空气压缩机、电子设备、机器人、油泵等,也包括一次性相机等。

　　产品多生命周期不仅包括本代产品生命周期的全部时间,还包括本代产品报废或停止使用后,产品或其有关零部件在换代(下一代、再下一代……)产品中的循环使用和循环利用的时间(以下统称为回用时间)。

　　产品多生命周期工程是指从产品多生命周期的时间范围来综合考虑环境影响与资源综合利用问题和产品寿命问题的有关理论和工程技术的总称,其目标是在产品多生命周期时间范围内,使产品回用时间最长、对环境的负影响最小、资源综合利用率最高。

　　实现产品多生命周期,主要是通过再制造工程,即使报废产品经过拆卸、清洗、检验、翻新修理和再装配后,而恢复到或者接近于新产品的性能标准,从而再次进入产品销售市场。

6. 绿色制造的空间维特性(制造系统空间的外延)

制造系统是一个十分复杂的大系统,至今尚无公认的统一的定义。目前用得相对较多的是国际生产工程学会(CIRP)于 1990 年公布的定义,"制造系统是制造业中形成制造生产(简称生产)的有机整体;在机电工程产业中,制造系统具有设计、生产、发运和销售的一体化功能"。由此可以看出,制造系统的主要空间范围在企业内部,同时与外部有着各种物料、信息和能量的交换。

绿色制造及相应的绿色制造系统将传统制造系统的空间范围大大外延,与外部的各种交换也大大拓展。由于此问题的复杂性,此处只举出几个例子加以说明。

(1)产品制造过程和产品使用过程产生的废液、废气和固体废弃物等对环境的污染往往没有明确的空间界限,因此绿色制造必须在更大的空间范围内来考虑产品制造问题。

(2)产品寿命终结后的回收处理,是绿色制造系统的重要组成部分,这就可能促使企业、产品和用户三者之间新型集成关系的形成。例如,有人建议,需要回收处理的主要产品,如汽车、电冰箱、空调、电视机等,用户只能购买其使用权,而企业拥有其所有权而且必须进行产品报废后的回收,由此导致一个回收系统的形成。

(3)现代产品的生产模式往往是多个企业参与的供应链运作模式。绿色制造要求必须从更大的系统范围考虑绿色制造问题。例如,某企业产品包装由白色泡沫改为纸板包装,这样使得产品包装大大减少了环境污染;但是纸板包装材料的生产过程又可能增加对环境的污染,因此产品包装方案的考虑应从一个更大的系统范围内来思考。

所有上述内容,体现了绿色制造系统空间的外延。

7. 绿色制造的决策属性

关于绿色制造的决策属性,可详见 2.2.2 节。

8. 绿色制造的集成特性

绿色制造的集成特性是指其领域集成、问题集成、效益集成、信息集成、过程集成和社会化集成,如图 1.8 所示。

(1)绿色制造的领域集成。

从绿色制造的定义可知,绿色制造涉及的领域包括三部分:①制造领域,包括产品生命周期全过程;②环境领域;③资源领域。绿色制造就是这三大领域内容的交叉和集成。

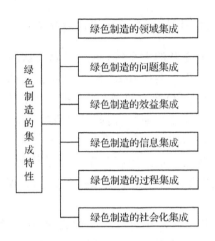

图 1.8　绿色制造的集成特性

（2）绿色制造的问题集成。

绿色制造的内容涉及产品整个生命周期的所有问题，主要是"五绿"问题的集成，如图 1.9 所示。

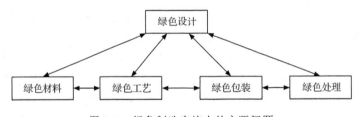

图 1.9　绿色制造实施中的主要问题

其中绿色设计是关键，这里的设计是广义的，它不仅包括产品设计，也包括产品的制造过程和制造环境的设计。绿色设计在很大程度上决定了材料、工艺、包装和产品寿命终结后处理的绿色性。

（3）绿色制造的效益集成。

绿色制造不仅是一个社会效益显著的行为，也是企业取得显著经济效益的有效手段。例如，实施绿色制造，可最大限度地提高资源利用率、减少资源消耗，可直接降低成本；同时，实施绿色制造，减少或消除环境污染，可减少或避免因环境问题引起的罚款；并且，绿色制造环境将全面改善或美化企业员工的工作环境，既可改善员工的健康状况、提高工作安全性、减少不必要的开支，又可使员工心情舒畅，有助于提高员工的主观能动性和工作效率，以创造出更大的利润；另外，绿色制造将使企业具有更好的社会形象，为企业增添了无形资产。因此，对待绿色制造，不应该被动地遵守政府或社会道德方面做出的规定，而应该将绿色制造看做是一种战略经营决策,即实施绿色制造对企业是一种机遇,而不是一种不得已而为之的行为。例如,最近有些城市规定尾气排放量超过一定量的汽车不能进入主城区。这样,这类汽车在主城区的市场不得不让出来,给尾气排放量小的汽车制造厂带来了机遇。当然,绿色制造本身需要一定的投入,从而增加了企业的成本。因此,根据实际情况,对绿色制造的效益与成本进行对比分析,从而确定绿色制造的经济效益。综上所述,绿色制造的效益集成是社会效益和经济效益的集成。

（4）绿色制造的信息集成。

绿色制造系统除了涉及普通制造系统的所有信息及其集成考虑外,还特别强调与资源消耗信息和环境影响信息有关的信息应集成地处理和考虑,并且将制造系统的信息流、物料流和能量流有机结合,系统地加以集成和优化处理。

（5）绿色制造的过程集成。

绿色制造所揭示的概念表明,绿色制造覆盖了产品生命周期的每一过程,是基于数据库及其数据交换标准的产品多生命周期的集成,如图 1.10 所示。

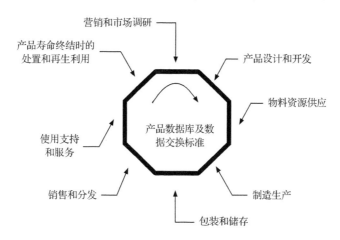

图 1.10 绿色制造的过程集成

（6）绿色制造的社会化集成。

绿色制造是个复杂的系统工程,需要全社会的参与和社会化的集成。①法律行为、政府行为和企业行为的集成。绿色制造本身是一种企业行为,但要使企业真正将绿色制造作为自觉的企业行为,法律行为和政府行为必须先行一步。绿色制造涉及的法律行为和政府行为首先是立法和行政法规的问题。当前,这方面的法律和行政规定对绿色制造行为还不能形成有力的支持,对相反行为的惩罚力度也不够。例如,一些企业通过大量消耗资源和牺牲环境可取得很大利润;环境污染方面的惩罚力度不够,企业即便承担罚款也可以取得利润,因此对防治环境污染积极性不高。立法问题现在越来越受到各个国家的重视,关于环境污染和资源消耗的一些法规已经（或正在）出台，2009 年开始实施的《中华人民共和国循环经济促进法》，将对资源优化利用问题做出了法律上的规定。这将有力地推动绿色制造的实施。其次，政府还可制定经济政策，用市场经济的机制对绿色制造实施导向。例如，制定有效的资源价格政策，利用经济手段对不可再生资源和虽可再生但开采后会对环境产生影响的资源（如树木）严加控制，使企业不得不尽可能减少直接使用这类资源，转而开发其他替代资源。城市的汽车废气污染是一个十分严重的问题，政府可以对每辆汽车年检时，测定废气排放水平，收取高额的含污染废气排放费。这样，含污染废气排放量大的汽车自然没有销路，市场机制将迫使汽车制造厂生产绿色汽车。②企业、产品、用户三者之间的新型集成关系。企业要真正有效地实施绿色制造，必须考虑产品寿命终结后的回收和处理，这就可能形成企业、产品、用户三者之间的新型集成关系。

1.2　实施绿色制造的必要性及意义

尽管绿色制造是 21 世纪的可持续发展模式，在当今资源价格日益上涨、地球环境日益恶化的情况下能够使企业保持持久的竞争优势，但很多企业并不愿意实施绿色制造，尤其在发展中国家。以我国为例，目前经济增长方式依然是粗放型的，制造业走的仍然是高投入、高能耗的道路。2006 年，我国国内生产总值（GDP）为 20.94 万亿元，同比增长 10.7%，增速已连续四年保持在 10% 及以上，但是经济增长付出的资源环境代价过大。2006 年，我国国内生产总值约占世界总量的5.5%，但重要能源资源消耗所占比例较高，如能源消耗 24.6 亿吨标准煤，约占世界的 15%，钢消费量为 3.88 亿吨，占 30%，水泥消耗 12.4 亿吨，占 54%[15]。2006 年，我国政府下令开展节能减排工作，但在《2007 年政府工作报告》中，温家宝总理强调 2006 年没有实现年初确定的单位国内生产总值能耗降低 4% 左右、主要污染物排放总量减少 2% 的目标[16]。这说明实施绿色制造、节能减排过程中还存在很多的困难和问题，严重制约了绿色制造在企业的实施。

为了提高企业的绿色制造水平，迫切需要开展绿色制造的运行模式与实施方法的研究，目的就是要围绕目前绿色制造实施中存在的这些问题，从系统的角度寻求对策，为广大制造企业实施绿色制造提供技术支持。通过合理的运行模式设计及实施方案设计，有利于有效控制绿色制造实施成本和保证实施效果，切实减少资源消耗和环境排放，取得良好的经济效益和社会效益，实现企业的可持续发展。其意义主要体现在以下几个方面。

（1）实施绿色制造是 21 世纪制造业的重要发展趋势。

绿色制造是可持续发展战略思想在制造业中的体现，致力于改善人类技术革新和生产力发展与生态环境的协调关系，符合时代可持续发展的主题。美国政府已经意识到绿色制造将成为下一轮技术创新高潮,并可能引起新的产业革命,于1999~2001年,在美国国家自然科学基金和国家能源部的资助下,美国世界技术评估中心(WTEC)成立了专门的环境友好制造(即绿色制造)技术评估委员会,对欧洲、日本有关企业、研究机构、高校在绿色制造方面的技术研发、企业实施和政策法规等的现状进行了实地调查和分析,并与美国的情况进行对比分析,指出美国在多方面已经落后的事实,提出绿色制造发展的战略措施和亟待攻关的关键技术[17]。

在我国,绿色制造被明确列为《国家中长期科学和技术发展规划纲要(2006~2020年)》中制造业领域发展的三大思路之一。纲要中规定,积极发展绿色制造,加快相关技术在材料与产品开发设计、加工制造、销售服务及回收利用等产品全生命周期中的应用,形成高效、节能、环保和可循环的新型制造工艺,使我国制造业资源消耗、环境负荷水平进入国际先进行列[18]。

(2) 实施绿色制造是建设资源节约型、环境友好型社会,发展循环经济的迫切需要。

"十六大"将全面建设小康社会作为我国21世纪头二十年的奋斗目标,并将可持续发展列入全面建设小康社会的基本奋斗目标,即"可持续发展能力不断增强,生态环境得到改善,资源利用效率显著提高,促进人和自然的和谐,推动整个社会走上生产发展、生活富裕、生态良好的文明发展道路"。2006年3月发布的《中华人民共和国国民经济和社会发展第十一个五年规划纲要》中,"建设资源节约型、环境友好型社会"被列入"十一五"时期的重要任务之一。建设资源节约型、环境友好型社会,是要在社会生产、建设、流通、消费的各个领域,在经济和社会发展的各个方面,切实保护和合理利用各种资源,提高资源利用率,以尽可能少的资源消耗和环境占用获得最大的经济效益和社会效益。国务院在2006年工作要点中明确指出,发展循环经济是建设资源节约型、环境友好型社会和实现可持续发展的重要途径;要大力发展循环经济,在重点行业、产业园区、城市和农村实施一批循环经济试点;完善资源综合利用和再生资源回收的税收优惠政策,推进废物综合利用和废旧资源回收利用。在这种"资源生产—产品生产—产品消费—产品废弃—资源再生产"的循环过程中,资源再生产环节成为循环经济能够真正形成闭环的关键,也就成为国民经济发展的产业结构中越来越重要的、不可或缺的产业组成部分。

绿色制造的基本思想是实现制造业产品全生命周期中资源消耗、环境污染及人体安全健康危害的减量化和源头控制,并有利于资源循环利用。因此,绿色制造是落实《中华人民共和国国民经济和社会发展第十一个五年规划纲要》提出的建设资源节约型、环境友好型社会,发展循环经济政策的关键配套技术之一。

(3) 实施绿色制造是实现我国节能减排目标的有效途径。

我国的经济增长是以牺牲环境和对能源的过度消耗为代价的。依据1999年的数据,我国每百万美元国内生产总值的二氧化碳工业排量是3077.7t,是同期日本的 11.8 倍,印度的 1.4 倍,位居全部 60 个国家(或地区)中的倒数第三位。可见,我国的环境竞争力是非常低下的。根据《洛桑报告》的指标,2001 年,中国国内生产总值增长 7.3%,但除去能源消耗后的国内生产总值净增长率为 5.79%;2000 年,中国国内生产总值增长 8.0%,除去能源消耗后的国内生产总值净增长率为 7.16%。两年比较,明显看出中国的能源消耗处于快速增长状态,中国经济对能源的依赖在增加。

《中华人民共和国国民经济和社会发展第十一个五年规划纲要》提出"十一五"期间单位国内生产总值能耗降低 20% 左右,主要污染物排放总量减少 10% 的约束性指标。新华社 2006 年 8 月 31 日受权发布的《国务院关于加强节能工作的决定》明确规定到"十一五"期末,万元国内生产总值(按 2005 年价格计算)能耗下降到 0.98 吨标准煤,比"十五"期末降低 20% 左右,平均年节能率为 4.4%。重点行业主要产品单位能耗总体达到或接近 21 世纪初国际先进水平。从 2006 年开始,实施单位国内生产总值能耗公报制度,并将能耗降低指标分解到各省份,中央政府与各地政府和主要企业分别签订节能目标责任书,并且每年的政府工作报告都将年度节能减排状况进行总结汇报。

在这种大背景下,从各级政府到企业对节能减排都非常重视,形成一股节能减排的浪潮。企业实施绿色制造,研发应用绿色新技术,对传统工艺技术进行绿色改造,无疑是实现节能减排的有效途径。

(4) 推广应用绿色制造技术,是突破绿色贸易壁垒、改善和促进出口贸易、拉动相关产业发展的需要。

随着中国加入世界贸易组织(WTO),世界经济的一体化,传统的非关税壁垒被逐步削减,绿色贸易壁垒以鲜明的时代特征正日益成为国际贸易发展的主要关卡。绿色贸易壁垒包括环境进口附加税、绿色技术标准、绿色环境标准、绿色市场准入制度、消费者的绿色消费意识等方面的内容。将环境保护措施纳入国际贸易的规则和目标,是环境保护发展的大趋势,但同时在客观上导致了绿色贸易壁垒的存在。我国是世界上最大的发展中国家,在发达国家建立的绿色壁垒面前,已经付出了较大的代价。联合国的一份统计资料表明,我国每年有 74 亿美元的出口商品受绿色壁垒的不利影响。许多专家纷纷提出突破绿色贸易壁垒的措施,如积极实施 ISO 14000 和环境标志认证、积极参与国际环境公约和国际多边协定中环境条款的谈判及加强环境经济政策的研究和制定等。同时,专家普遍认为,提高科技和生产力水平是突破绿色贸易壁垒的基本措施之一。推广应用绿色制造技术将实现我国企业出口产品技术革新,提高出口产品的环境意识水平,有助于突破绿色贸易壁垒,从而改善和促进出口贸易,拉动相关产业发展。

(5) 实施绿色制造是全球日益兴起的绿色产品消费趋势的需要。

不少著名企业都将绿色产品作为未来竞争的重要筹码,不惜投入大量财力、人力、物力进行研究。例如,柯达公司研制了名为"相迷救星"的新型相机,87%的重量可回收;由 MCC 等著名电器公司发起的"电子产品和环境"年度研讨会已经成为 IEEE 最有影响的学术会议之一;海尔集团在 2003 年就开发出了不用洗衣粉洗衣机,目前《家用电动洗衣机——不用洗衣粉洗衣机性能测试方法及限值》(GB/T 22088-2008)已获得国家标准化管理委员会批准,并于 2009 年 5 月 1 日起实施;自 2006 年 8 月,绿色和平组织开始推出绿色电子产品排行榜,据 2008 年第 10 期排行榜统计,大部分企业正在逐步改善产品的有毒物质及其回收。随着政府立法和公众环保意识的逐渐增强,绿色消费已经渐渐成为人们的共识,绿色产品日趋受到欢迎。企业只有同时重视绿色制造、去除有毒物质和循环再用废旧资源,不断推出绿色产品,才能在未来的市场竞争中立于不败之地。

综上所述,无论从国民经济的宏观角度还是从公司企业经营的实际需要,绿色制造的实施都已势在必行。

1.3 绿色制造运行模式含义及其描述

1.3.1 绿色制造运行模式的含义

作为一种先进制造理念,绿色制造研究的最终目的是要在企业得到应用和实施,使企业不仅取得经济效益,提高企业市场竞争力,更重要的是取得环境效益,使企业的社会价值和社会责任得到充分体现,真正实现企业的可持续发展,以至整个人类社会的可持续发展。特别是我国在经济高速增长过程中投入大量土地和自然资源,造成资源短缺和环境破坏。要转变经济增长方式,由粗放式向集约式发展方式转变,必须减少企业的资源消耗和环境排放,绿色制造无疑是一条非常好的途径。

但绿色制造在企业的运行与实施不仅是一个技术问题,也是一个管理问题,一个企业文化问题,一个企业长期战略问题,其涉及面非常广,涉及企业从管理到技术,从设计、制造到销售、维护等各个环节,实施过程十分复杂,且成本投入也比较大,因此其实施需要运行模式及其方法论的支持。

绿色制造运行模式用于说明如何实施绿色制造这一问题,并描述该问题解决方案的架构和运行机制。具体来讲,绿色制造运行模式指应用绿色制造技术的生产组织和技术系统的形态与运作方式。它以实现对环境负面影响极小、资源利用率极高,并使企业经济效益和社会效益协调优化为目标,以人、组织、技术、管理相互结合为实施手段,通过信息流、物料流、能量流和资金流的有效集成,使得产品能够上市快、质量高、成本低、服务好、满足绿色性要求,以赢得市场竞争。绿色制造运行模式与绿色制造系统密切相关。绿色制造运行模式反映了绿色制造系统在运行过程中所遵循的规律及其表现形态,同时只有从系统的角度,才能真正认识运行模式,并有效实施绿色制造。

1.3.2 绿色制造运行模式的六视图描述

绿色制造运行模式是描述绿色制造运行特征的一组模型的集合。这些模型全面、系统地描述了运行模式的功能、结构、特性与运行方式。研究绿色制造运行模式的目的在于,更加系统深入地认识和分析绿色制造运行模式的本质特征,进而建立绿色制造运行的参考模型,并基于所建立模型进行运行模式的规划设计与实施、系统改进和优化运行。由于运行模式的复杂性,如果只从某一角度来分析绿色制造运行模式,则难以反映绿色制造运行模式各个方面的特性及各个方面之间内在的有机联系,只有采用多视图才能对绿色制造运行模式做出整体的描述。在吸收、总结相关研究成果的基础上,本节从功能、产品生命周期、制造过程、系统结构、资源、环境影响等六个视图切入(见图 1.11),对绿色制造运行模式进行了较为系统的阐述。

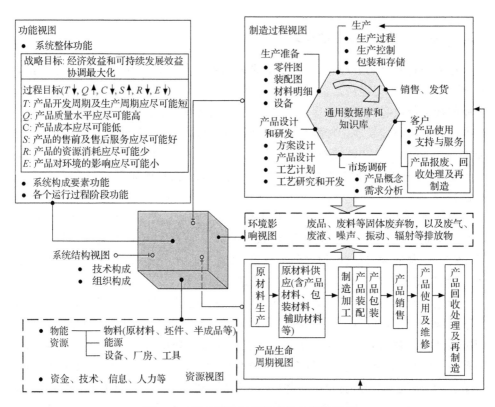

图 1.11　绿色制造运行模式的六视图描述

1. 功能视图

功能视图旨在描述绿色制造系统运行的目标和功能构成,分为系统整体功能、系统构成要素功能和各个运行过程阶段功能三部分。系统整体功能的战略目标是要实现经济效益和可持续发展效益协调最大化,实现产品开发周期及生产周期尽可能短、产品质量水平尽可能高、产品成本尽可能低、产品售前及售后服务尽可能好、产品制造的资源消耗尽可能少、产品制造对环境的影响尽可能小。系统构成要素功能是根据不同的功能构成分析方法,如分系统考察法、结构-功能分类考察法和逐级考察法等来分析系统构成要素,并从静态的角度考察它们的功能。各个运行过程阶段功能是根据系统运行的过程阶段,从动态的角度考察它们的功能。

2. 产品生命周期视图

产品生命周期视图是绿色制造运行模式的一个主线视图,它描述了贯穿产品生命周期的全过程,包括原材料获取(生产和供应等)、制造加工、产品装配、产品包装、产品销售、产品使用及维修、产品回收处理及再制造。在这个过程中,原材料和能源等资源被消耗,在生产出产品的同时,每一步都会产生废弃物和排放物。通过对生命周期范围和内容进行界定,就可以明确产品生命周期中每一个过程的输入和输出,从而对能量和原材料的使用,以及废弃物对环境的影响进行定量分析,也包括定性地确认并分析生命周期中可能产生的主要影响。

3. 制造过程视图

制造过程视图描述了绿色制造系统运行之完整的活动链,它揭示了产品从市场调研、需求分析和产品方案设计等信息形式,经过一系列技术管理过程及相互关联的活动转化为能够满足消费者需求的真实产品,到产品报废、回收处理及再制造的整个过程。制造过程视图是描述绿色制造运行模式的另一个主线视图,它与产品生命周期视图都描述了产品的生产加工、销售和回收处理及再制造等过程,但二者对这些过程描述的角度不同,考察的内容也不同。产品生命周期视图考察的是生命周期中各阶段的输入输出,进而对环境和生态影响等进行分析。而制造过程视图,则关注的是由何主体通过何手段处理何问题实现何目的的过程本身。

4. 系统结构视图

系统结构视图描述了保障系统运行的技术结构和组织构成。为保障系统运行,一方面必然以一定的技术手段和信息系统作为支撑,另一方面人发挥着至关重要的作用。而人所发挥的作用就是通过组织来实现。因此,系统结构视图分成两部分:一是与系统功能实现相关的技术结构和信息系统的构成;二是系统运行中与经营管理相关的组织构成和组织方式。

5. 资源视图

制造系统中的资源又称为制造资源,可分为狭义制造资源和广义制造资源。狭义制造资源主要指物质资源,包括物料(原材料、坯件、半成品等)、能源、设备等;广义制造资源除了包括物质资源之外,还包括资金、技术、信息、人力等。不论是从产品生命周期过程还是制造过程的角度来考察,系统运行过程中各主要环节都直接或间接影响系统的资源消耗。通过对系统运行全过程中资源流动的分析和建模,可以分析资源消耗状态及其影响因素,从而指导从总体的角度提高系统资源利用率。实施绿色制造的根本途径是优化制造资源的流动过程,使得资源利用率尽可能高、废弃资源尽可能少。

6. 环境影响视图

制造系统的运行是一个不断地将广义制造资源转换成产品的复杂过程。每个过程都可以看成是一个资源-环境的输入输出过程,在这个过程中除了生产出合格的产品外,也会产生废品、废料等固体废弃物,以及废气、废液、噪声、振动、辐射等排放物。这些排放物会对环境(包括自然环境和人的工作环境)、生态、人的健康和安全等造成危害和影响。因此,改善产品制造过程的环境友好性是企业实施绿色制造的重要内容之一。环境影响视图则描述了系统运行过程中各种活动对环境的影响。通过对系统运行过程中对环境可能造成的影响进行分析、预测和评估,就可以提出预防或者减轻不良环境影响的对策和措施。

1.4　与绿色制造运行模式相关的概念

1.4.1　工业生态园

1. 产业生态学的形成与发展[10,11]

早在 20 世纪 60 年代,工业发展和环境污染之间的矛盾就已经被人们所认识,人们开始研究工业残余物的管理问题。80 年代末,美国物理学家、哈佛大学的 Frosch 教授等模拟生物的新陈代谢过程和生态系统的循环再生过程开展了工业代谢研究,认为现代工业生产过程就是一个将原料、能源和劳动力转化为产品和废物的代谢过程。经进一步研究,Frosch 和 Gallopoulos 等从生态系统角度提出了产业生态系统和产业生态学(industrial ecology)的概念,并于 1989 年 9 月在《科学美国人》上发表了《可持续工业发展战略》的文章,引起社会强烈反响,被认为是产业生态学形成的源头。

20 世纪 90 年代以来,产业生态学发展非常迅速,科学界、产业界和生态学界纷纷介入其理论与实践探索。1991 年,美国国家科学院与贝尔实验室共同组织了首次产业生态学论坛,对产业生态学的概念、内容、方法及应用前景进行了全面系统的总结,基本形成了产业生态学的概念框架,并指出产业生态学是研究各种产业活动及其产品与环境之间相互关系的跨学科研究。1992 年,美国最大的电信企业 AT&T 的官员 Allenby,作为美国国家工程院项目的参加者,完成了第一个产业生态学博士论文答辩。1995 年,国际电力与电子工程研究所(IEEE)在一份名为《持续发展与产业生态学专论:可持续发展与生态学研究新进展白皮书》的报告中提出,产业生态学是一门探讨产业系统与经济系统及其同自然相互关系的跨学科研究,这种研究包括能源生产及其使用、新材料的研究和开发等,涉及的学科包括基础科学、经济科学、法律、管理、人类学和人文科学,是一门研究可持续能力的科学。1996 年,美国可持续发展总统委员会在弗吉尼亚召开生态产业园工作会议,研究了生态产业园的定义、建设原则及其在美国的实践情况。1997 年,耶鲁大学和麻省理工学院共同合作出版了全球第一本《产业生态学杂志》。在发刊词中进一步明确了,"产业生态学是一门迅速发展的系统科学分支。它从局部、地区和全球三个层次上系统地研究产品、工艺、产业部门和经济部门中的能量流动和物质流动,其焦点是研究在降低生命周期过程中对环境所造成的压力这一问题方面,产业界所发挥的作用"。同年,美国《环境科学与技术》杂志将产业生态学列入 21 世纪研究的六个优先领域之一。1998 年,美国矿产资源局召开有关物质与能量流动专题研究会,推动了产业生态学的基础研究。2000 年,美国产业生态学、物质与能量流跨部门工作小组发表报告,分析总结了 20 世纪近百年来美国物质流在理解、使用、政策及控制方面的成功经验与失败教训,研讨了运用产业生态学思想以更有效使用物质材料的方法及相关政策法规。

与此同时,除美国外,加拿大、德国、日本、意大利、瑞士、丹麦、荷兰、匈牙利等许多国家也陆续开展了相当规模的高质量的产业生态学有关研究工作。2000 年,还在世界范围内成立了"产业生态学国际学会"(The International Society for Industrial Ecology)。目前欧美等国已有 30 多所大学开设了产业生态学的课程。

2. 产业生态学概念和基本思想

在自然生态系统中,所有的动物和植物及其产生的废物都是某些其他有机体的食物。在这个庞大的自然系统中,物质和能量在一个巨大的食物链中循环和转化,从而使整个系统得以保持平衡和不断进化。自然生态系统产生的废物是最少的。而在人类经济系统中,生产和消费的经济活动链中未完全使用的材料和能量成为了产业废物,大多被弃置在自然环境中的土地、水和空气中成为废弃物,或者被变成其他生产和消费过程中的可用材料和能源。当废弃物的数量超过自然环境的吸收能力时,即产生环境污染,久而久之将造成环境恶化和资源匮乏。

环境污染主要是由工业废物产生的,而工业废物往往是在生产之前的原材料加工过程、产品的生产过程,以及产品使用寿命结束后的处理过程三个主要阶段产生的。过去,解决工业废物的主要办法就是在废物产生后加以一定程度的处理或者干脆弃置。传统的工业模式和经济概念没有深入考虑工业产品的原材料从哪里来,废物又向哪里去。传统的生产和消费观念限制了工业废物的回收和再循环与工业过程再结合。Frosch 等学者却认为,工业废物不应被废弃,而应当作为其他工业过程和产品的材料来源,工业废物应当被看成是一种副产品,只是尚未找到适当的用途。为了在人口和经济不断增长的同时,不增加全球资源和环境的负担,保持全球生态系统的平衡,必须保持工业生态系统的平衡。此后,人们意识到,要彻底解决问题,必须在废物和污染产生之前就消除它或避免它的产生,也就是说,治标不如治本,要从源头着手,防患于未然。这就需要从产品的生产之前、生产过程当中和废弃的整个生命周期着手,使工业废物得以避免、减少和再利用。这就是产业生态学的基本思想,它试图从工业和技术的角度来协调经济与环境发展之间的关系。

同时,产业生态学试图将整个产业系统视为一种类似于自然生态系统的封闭体系,其中一个体系要素产生的"废物"是另一个体系要素所需的"资源来源"。这样,整个产业系统内的各个要素就形成了相互依存,类似于自然生态系统的食物链过程的产业生态系统。

在过去的若干年中,工业系统基本上是开放型的,如图 1.12(a)所示,大量的资源不断输入工业系统,同时不加节制地产出废料,造成了如今日益严重的环境问题。当人们发现可供利用的资源越来越有限时,工业系统内部的物质循环就变得极为重要,此时资源和废料的进出量受到了可供资源数量与环境接受废料能力的双重制约,人们不再无限地开采资源,同时开始限制对废弃物的排放,环境问题引起了世界各国的广泛关注,如图 1.12(b)所示。与开放型工业系统相比,半开放型工业系统对资源的利用虽然已经达到相当高的效率,但也仍然不能长期维持下去,因为物质流、能量流都是单向的,所以资源将会不断减少,而废料不可避免地持续增加。图 1.12(c)体现了产业生态学的基本观点,这是一个理想的产业生态系统的状态,其中各个体系要素之间构成了相互循环的关系,在这种状态下,资源与废料很难明确区分,因为一个要素产生的废料,对另一个要素来说可能恰恰是资源。只有太阳能是来自外部的能量输入。按照产业生态学的观点,理想的工业社会,应该尽可能地接近封闭型的产业生态系统。

产业生态学是一种系统观。它是一种关于产业体系的所有组分及其同生物圈的关系问题的全面的、一体化的分析视角,它属于应用生态学,其研究核心是产业系统与自然系统、经济社会之间的相互关系。

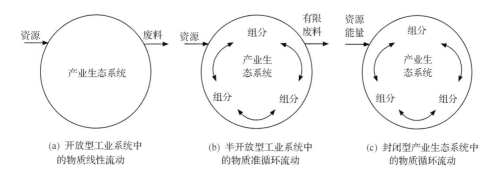

图 1.12　产业生态系统的物质流动

　　产业生态学强调一种整体观,即全过程观,它考虑产品、工艺、服务整个生命周期的环境影响,而不是只考虑局部或某个阶段的影响。

　　产业生态学提倡一种发展观、未来观,主要关注未来的生产、使用、再循环技术的潜在环境影响,其研究目标着眼于人类与生态系统的长远利益,追求经济效益、社会效益和生态效益的统一。

　　产业生态学倡导一种全球观,不仅要考虑人类产业活动对区域、地区的环境影响,更要考虑对人类和地球生命支持系统的重大影响,重点是区域性、全球性的具有持久性和难于处理的问题。

　　总之,产业生态学的研究与应用涉及三个层次:宏观上,它是国家产业政策的重要理论依据,即围绕产业发展,如何将生态学的理论与原则融入国家法律、经济和社会发展纲要中,促进国家及全球生态产业的发展;中观上,它是企业生态能力建设的主要途径和方法,其中涉及企业的竞争能力、管理水平、规划方案等;微观上,它是具体产品和工艺的生态评价与生态设计。因此,产业生态学既是一种分析产业系统与自然系统、社会系统,以及经济系统相互关系的系统工具,又是一种发展战略与决策支持手段。

　　3. 产业生态学的实践——工业生态园

　　工业生态园,是按照产业生态学的原理设计规划而成的一种新型的工业组织形态,是实现生态工业的重要途径。工业生态园是指在特定的地域空间,对不同的工业企业之间,以及企业、社区(居民)与自然生态系统之间的物质与能量的流动进行优化,从而在该地域内对物质与能量进行综合平衡,合理高效利用当地资源(包括自然资源和社会人力资源),实现低消耗低污染、环境质量优化和经济可持续发展的地域综合体。这里所说的园区并不一定是地理上某个相毗邻的区域,可以包括附近的居住区,或者包括一个离得很远的企业或区域,在那里可以处理园区现场不能处理的废料。广义的工业生态园甚至还包括原料的生产者,以及产品的流通销售网络。

工业生态园内的企业由一系列制造型和服务型企业组成,成员企业通过协同管理资源与环境而寻求环境、经济和社会的协调统一。工业生态园的目标是:在环境影响最小化的同时,改进成员企业的绩效。实质上,工业生态园通过模拟自然系统建立工业系统中"生产者—消费者—分解者"的循环途径,建立工业生态系统的工业生态链和互利共生的工业生态网,利用废物交换、循环利用、清洁生产等手段,实现物质闭路循环和能量多级利用,达到物质能量的最大利用和对外废物的零排放。废物原料化和极小化能使一个区域的总体资源增值,使区域工业或企业逐步实现"物质最佳循环"和"能量最大利用"。

目前,世界上有几十个工业生态园的项目在规划或建设之中,其中多数是在美国,在欧洲的奥地利、瑞典、荷兰、法国、英国及亚洲的日本等国,工业生态园也在迅速发展。我国自1999年开始启动工业生态园建设试点工作,目前,我国首个区域性工业生态园区已经在南海市进行了试点工作。

世界各国的工业生态园中,最为典型的是丹麦的卡伦堡镇,它位于哥本哈根以西约100km处,被称为产业生态学中的典范,至今仍高效地运行着。这个工业系统的主要参加者包括一家发电厂、炼油厂、制药厂、石膏墙板厂、硫酸生产厂和若干个水泥厂。在园区内,各个企业通过贸易方式利用对方生产过程中产生的废弃物或副产品,作为自己生产中的原料或者替代部分原料,从而建立了一种和谐复杂的互利互惠的合作关系。卡伦堡镇产业生态系统结构与物流的基本关系如图1.13所示。

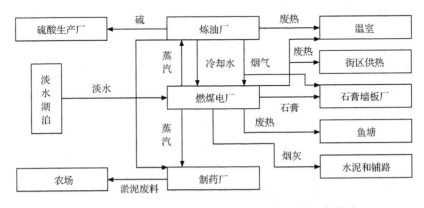

图1.13 卡伦堡镇产业生态系统结构与物流的基本关系

卡伦堡镇工业生态园的形成是一个自发的过程,是在商业基础上逐步形成的,所有企业都通过彼此利用废物而获得了显著的环境和经济效益。据资料统计,在卡伦堡镇工业生态园发展的 20 多年的时间里,总的投资额为 7500 万美元,到 2001 年初总共获得 16000 万美元效益,而且每年还在继续产生效益约 1000 万美元。

1.4.2 清洁生产

1. 清洁生产的概念[14]

1989 年,联合国环境规划署首次提出了清洁生产的术语,并定义为,“清洁生产是指将综合预防的环境策略持续地应用于生产过程和产品之中,以便减少对人类和环境的风险性。对生产过程而言,清洁生产包括节约原材料和能源、淘汰有毒原材料,并在全部排放物和废物离开生产过程以前即减少其数量和毒性。对产品而言,清洁生产旨在减少产品在生命周期(包括从原料提炼到产品使用后的最终处理)中对人和环境的影响。清洁生产通过应用专业技术、改进工艺流程和改善管理来实现”。现在世界各国对此概念的含义并没有统一称为清洁生产,与其并存的还有,污染预防(pollution prevention)、废物最小量(waste minimization)和控制源(source control)等。《中国 21 世纪议程》对清洁生产做出如下定义:“清洁生产是既可满足人们的需要又可合理使用自然资源和能源并保护环境的生产方法和措施。其实质都是一种物料和能源消耗最少的人类生产活动的规划和管理,将废物减量化、资源化和无害化,或消灭于生产过程中。同时对人体和环境无害的绿色产品的生产也将随着可持续发展进程的深入而日益成为今后产品生产的主导方向。”

2. 清洁生产的实施内容和途径

清洁生产是一个系统工程,是对生产过程及产品的整个生命周期采取污染预防的综合措施。一项清洁生产技术要能够实施:首先必须在技术上可行;其次要达到节能、降耗、减污的目标,满足环境保护法规的要求;再次是在经济上能够获利,充分体现经济效益、环境效益、社会效益的高度统一。它要求人们综合地考虑和分析问题,以发展经济和保护环境一体化的原则为出发点,既要了解有关的环境保护法律法规的要求,又要熟悉部门和行业本身的特点,以及生产、消费等情况。对于每个实施清洁生产的企业来说,对具体情况、具体问题需要进行具体分析。它涉及产品的研发、设计、使用和最终处理全过程。工业生产千差万别,生产工艺繁简不一,因此应该从各行业的特点出发,在产品设计、原材料选择、工艺流程、工艺参数、生产设备、操作规范等方面分析生产过程中减少污染物产生的可能性,寻找清洁生产的机会和潜力,促进清洁生产的实施。清洁生产实施的内容和途径包括以下四个方面:①产品设计与原材料选择;②工艺改革和设备更新,提高原材料和能源的利用率,减少生产过程中的浪费和污染物的排放;③建立闭合圈,实现废物的循环

利用;④实施科学的环境管理体系,如 ISO 14000 环境管理体系等。企业实施清洁
生产的程序如图 1.14 所示。

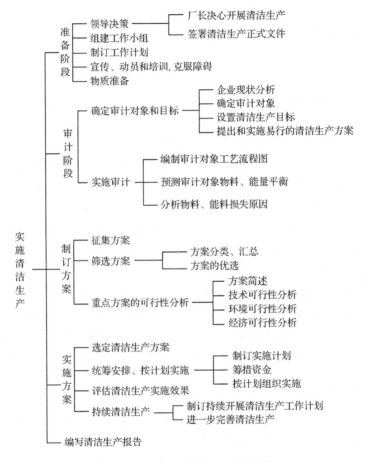

图 1.14　企业实施清洁生产的程序

3. 清洁生产在中国的实施状况

1993 年,世界批准了一项中国环境技术援助项目,清洁生产为其中的第四个
子项目(代号 B—4),并贷款 620 万美元用于清洁生产的培训、咨询,以及资助若干
个企业的清洁生产计划。项目的设计框架为:通过人员培训,建立示范工程,开展
政策研究等,在中国建立和传播清洁生产知识和技能。项目内容包括:①建立中国
企业实施清洁生产的方法学;②举办培训班,培养师资和专家队伍;③选择试点企
业进行清洁生产排污审计,对经过审计产生的污染防治方案进行硬件投入;④结合
试点企业范例开展相关的政策研究。

中外专家在项目实施阶段,到 11 家工厂(北京啤酒厂、北京化工三厂、北京电镀总厂、北京制药一分厂、北京燕化一厂、北京燕化二厂、长沙铬盐厂、绍兴毛纺总厂、绍兴粮油化工厂、绍兴自行车总厂、浙江华盛印染总厂)进行了企业现场技术指导,指导的重点是确定审计重点,审计重点包括物料衡算(含实测),无费用和低费用方案的经济与环境分析,高费用方案的技术、环境与经济评估,以及制订持续清洁生产计划等。

B—4 项目的 11 家企业共产生清洁生产方案 229 个。这些方案从技术上可分为产品更新、原材料更新或替代、技术革新、良好的内部管理、现场循环利用等五大类。其中良好的内部管理(包括生产过程控制与优化、材料管理和后勤保障的优化及维修规程的优化等方面)方案共 89 个(38.9%);技术革新(34.9%)和现场循环利用(17.9%)占比例也很大,因此现阶段清洁生产远远超出技术改造范畴。企业应首先实施良好的内部管理,然后着眼于技术改造等方面。方案投资方面:无费用和低费用方案多达 137 个(59.8%),而高费用方案只占 11.9%。总体来讲,无费用和低费用方案比例很大,因此对生产过程的审计、改造并实施方案以减少污染物的产生,是非常有效的。示范企业清洁生产资源管理方案方面:节约原材料方案共 68 个(29.7%),削减废水污染负荷方案共 45 个(19.7%),削减固体废弃物方案 45 个(19.7%)。从上面可以看出,企业对该三项给予了足够重视,节约原材料的同时也削减了废水和废弃物。

典型案例:北京化工三厂主要生产增塑剂Ⅰ、增塑剂Ⅱ、多元醇Ⅰ、多元醇Ⅱ、抗氧剂、有机溶剂等六大系列 40 多种产品,年工业总产值 2.1 亿元,是我国生产助剂的重点企业之一。实施清洁生产之前,该厂环境保护设施固定资产占全厂固定资产投资的 10% 以上,每年环保费达 200 万元,污水每天排放为 7600t,COD 总量排放每天 6~8t,甚至达到 10t。筹建的二级污水处理厂,建成后还需大量的运转费用。实施清洁生产所需投资不足 1 万元,但效率提高及材料、水消耗量的降低而节省的费用合计为每年 24 万元。对戊四醇装置(占全厂废水排放量的 40% 以上)进行清洁生产评价,产生四项优化的污染预防方案:①加料程序控制系统;②制冷系统的改进与扩大;③更换离心机;④安装真空泵。这四个方案带来的效益为 408.6 万元,投资偿还期为 0.8 年,每年削减 COD 排放 1140t,占全厂排放量 34.2%,占该产品排放量的 92%,并使原来规划的污水处理厂减少投资 200 万元。

目前,全国有 3 个省(直辖市)出台了《清洁生产促进条例》,20 多个省(自治区、直辖市)印发了《推行清洁生产的实施办法》,30 个省(自治区、直辖市)制定了《清洁生产审核实施细则》,22 个省(自治区、直辖市)制定了《清洁生产企业验收办法》。2001~2009 年,全国举办了 276 期国家清洁生产审核师培训班,培训人员近 1.5 万人,强化了从业人员队伍;各地也普遍举办各类清洁生产培训班,每年培训人员超过 5 万人次。

1.5　国内外研究现状与企业实践

1.5.1　绿色制造的国内外研究现状

1. 绿色制造的国外研究现状

国际上,绿色制造有关内容的研究可追溯到 20 世纪 80 年代,但比较系统地提出绿色制造的概念、内涵和主要内容的文献是美国制造工程师学会(SME)于 1996 年发表的关于绿色制造的蓝皮书 *Green Manufacturing* [12]。1998 年,SME 又在国际互联网上发表了绿色制造发展趋势的网上主题报告(Trends of green manufacturing),对绿色制造研究的重要性和有关问题又做了进一步的介绍[14]。近年来,绿色制造及其相关问题的研究非常活跃。特别是在美国、加拿大、西欧等发达国家和地区,对绿色制造及相关问题进行了大量的研究。国外具有代表性的研究机构及相关的研究工作综述如下。

(1) 加州大学伯克利分校绿色设计与制造联盟(Consortium on Green Design and Manufacturing)。

绿色设计与制造联盟成立于 1993 年,主要从事污染控制、面向环境设计和环境管理等学科领域在关键行业应用的研究工作,是绿色制造领域权威学术机构之一。该联盟的研究人员分别来自于加州大学伯克利分校的工程学院、公共健康学院、能量与资源学院和 Haas 商学院,形成跨学科的研究团队[19]。其主要研究领域包括:环境价值系统分析,主要是电子行业的绿色设计(environmental value systems (EnV-S) analysis:design for environment in semiconductor manufacturing)[20,21];电子产品回收和生命终期管理(electronics recycling and end-of-life management)[22,23];工艺设计和工艺规划(design and planning in machining)[24~27];绿色供应链管理(environmental supply chain management)[28,29];生命周期评价(life cycle assessment)[30,31]等。

(2) 麻省理工学院环境友好制造小组(Environmentally Benign Manufacturing)。

麻省理工学院环境友好制造小组是 Gutowski 教授负责的一个从事绿色制造领域研究的机构,特别针对产品在设计、制造及生命终期阶段的资源环境问题的研究[32]。主要研究领域包括:制造工艺的环境分析(environmental analysis of manufacturing processes)[33~36];产品回收系统(product recycling systems)[37~41];生产、使用和效率(production,use and efficiency)[42,43]等。2001 年,在美国自然基金和能源部的资助下,世界技术评估中心(World Technology Evaluation Center,WTEC)召集了一批美国绿色制造方面的专家,对美国、欧洲、日本共 50 多家企业的金属和塑料加工过程、汽车和电子产品进行了调研。Gutowski 教授作为专家组组长参与了这一调研,对绿色制造的需求、研究、应用现状进行了全面的分析,并完成了《环境友好制造最终报告》,指出材料与制造业的环境友好性迫切需要改善[44,45]。

（3）乔治亚理工学院可持续设计与制造小组（Sustainable Design and Manufacturing）。

乔治亚理工学院可持续设计与制造小组,原名为环境意识设计与制造小组,主要成员来自于不同的工程领域及技术管理领域。该团队的主要目的是寻求企业如何实现经济发展并实现可持续发展,即如何在提高企业竞争力的同时降低其环境影响[46]。主要研究领域包括:环境意识设计和制造（environmentally conscious design and manufacturing）；面向再制造的设计（design for remanufacture）；基于活动的成本计算方法和环境管理（activity-based costing and environmental management）；工业生态学（industrial ecology）；集成化的生态系统和制造系统建模（integrated eco-system and manufacturing system models）；基于环境意识的计算机辅助工艺规划（environmentally conscious machine-based computer aided process）；可持续包装（sustainable packaging alternatives）。代表性文章可详见文献[47]～[50]。

（4）密歇根理工大学可持续发展研究所（Sustainable Future Institute）。

密歇根理工大学可持续发展研究所主任为 Sutherland 教授,他同时是密歇根理工大学环境负责设计与制造研究（Environmentally Responsible Design & Manufacturing）小组的组长[51,52]。可持续发展研究所的主要研究包括:水、大气和能源（water, air and energy）；工业生态学；环境意识制造（environmentally conscious manufacturing）；绿色工程（green engineering）等。代表性文章可详见文献[53]～[56]。

（5）卡内基梅隆大学绿色设计研究所（Green Design Institute）。

卡内基梅隆大学绿色设计研究所主要研究环境、经济、政策等学科交叉问题,目的是通过绿色设计来降低环境危害,如减少不可再生资源的使用、降低有毒物质排放等[57]。主要研究领域包括:可持续建筑（sustainable infrastructure）[58]、能源和环境（energy and environment）[59]、生命周期评价（life cycle assessment）[60~62]、环境管理（environmental management）等。其中,在生命周期评价方面开发了一套基于网络的生命周期分析软件（EIO-LCA）。并且成立了企业联盟,鼓励企业参与绿色设计的研究和应用,目前参加的企业有 AT&T、GE Plastics、IBM、Lucent Technologies、Daimler-Chrysler、Ford、General Motors、XEROX 等。

（6）耶鲁大学工业生态研究中心（Center for Industrial Ecology,CIE）。

耶鲁大学工业生态研究中心成立于 1998 年 9 月,研究领域集中在产业生态学领域,即研究现代社会与环境相互作用的理论框架,包括开展产业生态系统材料流研究,开发用于产品、过程、服务业及城市基础设施的环境特性的评价工具等[63]。其中最具影响力的 Graedel 教授,他与 AT&T 公司的 Allenby 合著的专著《产业生态学》是该领域的第一本著作,目前已经出版了第二版[64]。此后,他又出版著作《面向环境的设计》[65]、《简化生命周期评价》[66] 和《绿色工厂》[67]。2002 年,Graedel 教授因其对产业生态学理论和实践的杰出贡献而被选为美国工程院院士。此外,该中心主编了《工业生态学杂志》(*Journal of Industrial Ecology*)。

(7) 密歇根州立大学绿色制造研究团队。

密歇根州立大学绿色制造研究团队的学术带头人是 Melnyk 教授,1996 年他与 Smith 合作完成了美国制造工程师学会关于绿色制造的蓝皮书 *Green Manufacturing*,提出绿色制造的概念,并对其内涵和作用等问题进行了较系统介绍。长期从事绿色制造方面的研究,主要研究方向包括:绿色供应链管理(green supply chain)[68]、绿色 MRP(green MRP)[69,70]、环境负责制造与全面质量管理(linkage between total quality management and environmentally responsible manufacturing)[71,72]、环境管理系统与 ISO 14000(environmental management systems and ISO 14000)[73~75] 等。

(8) 加拿大 Windsor 大学环境意识设计和制造实验室(ECDM Lab)。

加拿大 Windsor 大学环境意识设计和制造实验室建立了基于 www 的网上信息库[76],发行了 *International Journal of Environmentally Conscious Design and Manufacturing*。对环境意识制造中的环境性设计、生命周期分析(life cycle analysis,LCA)等进行了深入的研究。ECDM Lab 于 1995 年开发了一套有关环境性设计软件 EDIT(environmental design industrial template)。

(9) 剑桥大学可持续制造研究团队(Sustainable Manufacturing Group)。

可持续制造研究团队隶属于英国剑桥大学制造中心,该团队致力于研究开发无温室效应气体排放、避免使用不可再生原料和减少废物产生的材料转换技术[77]。研究领域包括:先进的绿色工艺(flexible ring rolling/incremental sheet forming)、纸回收、聚合塑料的回收、废旧纺织品的回收、可持续生产的知识管理和技术管理、逆向物流供应链等方面[78~82]。

(10) 英国可持续设计中心(The Center for Sustainable Design)。

英国可持续设计中心成立于 1995 年,对生态设计、可持续性产品设计等进行了集中研究,致力于研究面向环境(environmental)、经济(economic)、伦理(ethical) 和社会(social)的 E3S 产品设计,并通过培训、教育、研究、研讨会、顾问咨询、出版物和网络推广绿色设计,目前已经组织了 30 多次生态设计的研讨会,并且发行了 *The Journal of Sustainable Product Design*[83,84]。

（11）德国斯图加特大学生命周期工程学院（The Department Life Cycle Engineering）。

德国斯图加特大学生命周期工程学院，由 Eyerer 教授创立于 1989 年，开展多项有关产品生命周期工程的研究。其研究内容包括：生命周期评价及生命周期工程；面向环境的设计；可持续标杆；环境管理；生命周期工作环境等。从 1992 年开始，根据客户导向，他们与 PE Europe GmbH 公司合作开发了 Gabi 软件系统及数据库，主要用于产品生命周期评价，已广泛应用于全球汽车、化学、金属、电子、能源等行业[85]。

（12）澳大利亚墨尔本皇家理工学院设计中心（Royal Melbourne Institute of Technology Centre for Design）。

澳大利亚墨尔本皇家理工学院设计中心，近几年来对于绿色制造的几个重要专题进行了研究，包括可持续建筑环境（如在墨尔本及悉尼进行绿色设计）、可持续材料、可持续产品及包装、生命周期评价等[86]。其宗旨是：发展新的设计理论，为产品提供绿色设计从而制造出绿色产品，为政府制定相关政策提供建议等。

2. 绿色制造的国内研究现状

在我国，近年来绿色制造及相关问题方面的研究也比较多，目前包括重庆大学、清华大学、装甲兵工程学院、合肥工业大学、上海交通大学等在内的许多科研单位都进行了这方面的研究。近年来，国家自然科学基金设立了大量绿色制造方面的研究课题，国家"十一五"科技支撑计划设立了绿色制造关键技术与装备重大项目，用以支持绿色制造的研究与推广应用。

（1）重庆大学制造工程研究所。

重庆大学制造工程研究所，从 20 世纪 90 年代中期开始从事绿色制造方面的研究。主要研究领域包括：绿色制造的理论体系和技术体系[13,14,87~89]、制造系统物料流和能源流系统分析[90,91]、绿色工艺规划[92~95]、机械加工工艺绿色数据库[96]、工艺评价与决策[97]、面向绿色制造的车间调度[98~100]、机床再制造[101,102]等。在基础理论方面，系统提出了绿色制造定义、内涵，并被广泛引用；在绿色工艺规划方面，对若干典型工艺的资源环境特性进行了研究，并开发了一套面向绿色制造的工艺规划应用支持系统；在机床再制造方面，提出了机床再制造的技术体系、规范流程，并进行了产业化应用示范。于 2008 年 4 月经重庆市经济委员会批准与重庆机床集团联合成立了重庆市工业装备再造工程产学研合作基地，在重庆大学设立重庆市工业装备再造工程技术中心。

（2）清华至卓绿色制造研发中心。

清华大学于 2001 年在国家、学校和企业多方资助下，建立了清华至卓绿色制造研发中心[103]，主要从事机电产品绿色设计、线路板的回收、产品全生命周期评估,以及机电产品的拆卸回收处理等[104~106]方面的研究,并开发了一个绿色网站,用于介绍国内外的研究成果、最新动态,提供绿色制造技术咨询,开展绿色制造技术应用,从而提高全民的绿色环保意识。

(3) 装甲兵工程学院装备再制造技术国防科技重点实验室。

装甲兵工程学院装备再制造技术国防科技重点实验室,主要从事装备再制造技术领域的应用基础研究,以解决装备延寿、再制造及战场应急抢修等重大课题中的关键技术难题。实验室以徐滨士院士为学科带头人,在我国首次提出了再制造的概念,推动了我国再制造工程的应用与发展,并出版了再制造方面的专著[107,108]。

(4) 合肥工业大学绿色设计与制造工程研究所。

合肥工业大学绿色设计与制造工程研究所目前的研究领域包括:绿色设计理论与方法、废旧产品回收理论与方法、绿色供应链、机电产品拆卸与分析、废旧产品回收管理信息系统、干式切削、磨削加工技术等,出版了绿色设计相关专著,并成功举办两次绿色制造理论研讨会[109~113]。

(5) 上海交通大学生物医学制造与生命质量工程研究所。

上海交通大学生物医学制造与生命质量工程研究所在绿色设计与制造方面的研究主要包括:机械产品的全生命周期设计理论与方法体系、机械产品绿色设计数据库、汽车回收与再制造技术、基于回收与再制造的汽车设计[114],并已经在上海初步建立了废旧汽车回收拆解示范工程。

(6) 山东大学可持续制造研究中心。

山东大学可持续制造研究中心成立于 2003 年,主要研究领域包括:产品全生命周期评价技术、复杂机电产品可拆卸回收建模、机电产品绿色模块化设计、工程机械产品全生命周期设计、绿色切削液、生物质全降解材料制品等[115]。

此外,机械科学研究总院从"九五"期间就开始从事清洁生产方面的研究,目前正在开展绿色制造技术标准和绿色制造产业联盟的研究与推广。西安交通大学汪应洛院士、孙林岩教授对绿色供应链、逆向物流方面进行了研究[116,117]。华中科技大学陈荣秋教授对再制造的生产计划等进行了研究[118]。大连理工大学的朱庆华教授对绿色供应链进行了研究,出版专著《绿色供应链管理》[119]及《工业生态设计》[120]。

综上所述,绿色制造已经在国内外得到广泛的认可和重视,不管是在美国、欧洲等发达国家和地区,还是在中国等发展中国家和地区,绿色制造的研究工作已经大量开展,并且得到了产业界的响应。但是由于绿色制造提出和研究时间还很短暂,并且是涉及多学科交叉的复杂性问题,现有不少研究仍停留在概念研究和企业的宣传口号上,许多问题(如绿色制造如何与产业结合,在企业中如何实施绿色制造,绿色制造如何与企业管理结合等)还有待于进一步深入。

1.5.2 绿色制造运行与实施的国内外研究现状

从以上综述可以看出,目前绿色制造的研究领域非常广泛,其中绿色制造的运行与实施的研究是其中一个重要的研究方面,多个研究团队都开展绿色制造运行与实施相关方面的研究。纵观这些相关研究,主要可以分为三大类:绿色制造运行与实施的理论研究、实证研究和案例研究。下面结合一些比较有代表性的文献对绿色制造运行与实施方面的研究进行综述。

1. 绿色制造运行与实施的理论研究

绿色制造运行与实施的理论研究主要包括绿色制造实施的一些理论模型和方法,具体如下。

Melnyk 和 Smith 在绿色制造蓝皮书中指出,绿色制造的实施是一个长期的、持续改进的过程,其实施过程有几个重要的特点[12]。

(1) 高层管理者的支持。要成功实施绿色制造,必须得到高层管理者的支持,高层管理人员应该对企业中的环境措施负责。

(2) 使用团队的方法。绿色制造的实施不仅需要绿色制造方面的专家,同样非常需要包括来自工程、生产、销售和用户的成员。因为绿色制造专家并不一定能深入了解生产和设计过程,缺乏生产过程各个阶段的详细知识。因此,绿色制造的实施需要不同人员构成的团队。

(3) 确立团队目标。绿色制造的实施需要给团队确立非常具体和明确的目标。目标越明确,产生混淆的可能性就越小。同时,团队的注意力将集中在具体绿色制造问题的分析和解决上,因此成功的机会就更大。

(4) 提供培训。必须确保团队成员使用一套适当的问题解决工具,包括:集体讨论、因果分析、过程流分析、Pareto 分析、表单检查、柱状图等。一般的,用于TQM 质量管理中的很多方法都适用于绿色制造中的相关问题。

(5) 制订量化业绩的度量标准。制订一套明确的、可量化的度量标准,用于在线打分和监控。典型的度量标准有:废料节省的重量;废水排放的减少量或用水量的减少量;材料回收量;用于存放废物的空间的减少量。

(6) 仔细选择工程。绿色制造工程的选择应该是易处理的,而且能在一个合理的时间内完成,完成时间越短,效果越好。理论上,任何绿色制造工程都不是单个、孤立地实施,而应该是一系列的工程。这也进一步说明,绿色制造的实施是一个长期的过程,同时是在一个接一个的实施中学习和总结经验并运用的过程。这也减少了在一个大项目中解决所有环境问题而带来的巨大压力。

(7) 建立文化。为了取得成功,建立一种强调绿色制造目标、奖励与这个目标一致的行为的企业文化是很重要的。这是一项从高层开始而成功于用户接受的长期任务。

以麻省理工学院 Gutowski 教授为组长的世界技术评估中心的环境友好制造小组在《环境友好制造最终报告》中,对美国、欧洲、日本共 50 多家企业(包括金属和塑料加工行业、汽车和电子产品行业)进行了调研,对这些行业绿色制造的需求、研究、应用现状进行了全面的分析,指出这些行业的环境友好性迫切需要改善;并比较分析了美国、欧洲、日本的绿色制造应用状况,结果表明在一定程度上,美国要落后于欧洲和日本;指出目前实施绿色制造的主要障碍在于:缺乏用于评价的工具、缺乏确定材料环境属性的数据和指标、缺乏针对不同行业的关键绿色制造技术等[17,44,45]。

乔治亚理工学院 Bras 教授将绿色制造工程分为几个阶段:末端处理与环境工程(environmental engineering)、污染预防、环境意识设计与制造/面向环境设计(design for the environment)/生命周期设计(life cycle design)、工业生态、可持续发展(sustainable development);并指出推动企业实施绿色设计的因素很多,主要包括相关法律法规、客户绿色需求、绿色标志认证及 ISO 14000 认证等;认为主要可以从两方面去实施产品绿色设计,一方面是绿色技术和方法,另一方面是企业需要组织机构去保证绿色设计的实施[50]。

密歇根理工大学 Sutherland 教授等指出环境友好制造的运作要从两个层次考虑,即企业层和车间层[54]。车间层运作(factory level operations)主要考虑的问题包括:过程监控、材料控制、回收重用、废弃物和能量的管理。其中,过程监控需要开发面向环境友好制造的系统;回收重用需要通过产品设计和材料选择的手段来实现;废弃物管理主要研究减少废弃物产生、将废弃物它用,以及对废弃物环境影响的量化方法;能量管理需要研究二次能源的利用、装备的效率,以及利用可再生能源。企业层运作(enterprise level operations)考虑的问题包括:需要一套有效评估整个供应链的环境友好性的指标、需要使环境友好制造成为企业的一个长期战略、需要支撑环境友好制造的软件和数据库,以及推动环境友好制造的机制、方法和激励措施等。

耶鲁大学 Graedel 教授全面研究了工业生态学,包括工业生态定义及其内容框架;介绍了产品生命周期与工业生态的关系,如产品设计、工艺设计、材料选择、产品包装运输、产品使用及生命终期的回收处理等;并介绍了企业层的工业生态,即企业如何实施工业生态,以及系统层工业生态,即工业生态系统、地球生态系统等[64]。

Graedel 教授将重点放在工厂企业,提出了迈向绿色工厂所需的四步:遵守法规、污染防治、生命周期评价和可持续性;概述了从资源开采产业到产品制造企业,再到再制造企业的典型制造工艺及其环境影响,包括资源消耗和环境排放,并展望了各个行业未来可能的发展方向[67]。

Burke 和 Gaughran 提出了工程型中小企业可持续管理的框架,包括两个层次,第一层侧重于 ISO 14000 认证管理,第二层侧重于工程型中小企业的社会、环境和经济三个方面的管理。从研究中得出的主要结论是企业高层必须重视可持续管理并全力支持和参与[121,122]。

Howarth 和 Hadfield 针对可持续设计的问题,提出了产品可持续性设计的概念模型和实用模型,从社会、经济和环境三个方面对产品进行评价分析[123]。

Lanteigne 和 Laforest 研究了面向中小企业的基于 Internet 的清洁技术信息支持系统,介绍了中小企业对清洁技术信息支持系统的需求分析、数据库的结构和功能,并对已有的几个网络信息系统进行了具体说明[124]。

刘飞等研究了绿色制造的一系列集成特性,由此提出绿色集成制造系统,并论述了绿色集成制造系统的系统构成框架[125]。

李健等研究了面向循环经济的制造系统应遵循三大原则,即减量化、再利用和再循环,并提出循环经济下制造系统运行模式关注三个重要层次:企业生产层次、企业共生层次和社会消费层次[126]。

张英华等构建了以循环经济"3R"原则为理论依据的环境友好型企业运行模式,包含四个方面的主要内容:树立环境友好的企业价值观、进行必要的战略引导、应用清洁生产手段,以及建立监督控制机制[127]。

徐和平、孙林岩等对绿色制造模式的实施机制和环境等进行了一定的研究;给出了绿色制造模式的机理,建立了绿色制造系统的动力模型;从市场激励、政府推动,以及企业行为等方面探讨了促进绿色制造的实施等问题[117,128]。

2. 绿色制造运行与实施的实证研究

实证研究也主要是通过实证分析数据来研究绿色制造实施过程中的一些问题,如研究绿色制造与其他先进制造模式(如全面质量管理)的关系的实证研究、绿色制造实施与企业绩效方面的关系的实证研究等。

Curkovic 根据全面质量管理的 MBNQA 框架构建了环境负责制造的运作框架,包括环境负责制造战略系统、环境负责制造运作系统、环境负责制造信息系统和环境负责制造效果四个部分;并根据 MBNQA 构建了环境负责制造的指标体系,通过对汽车行业的 256 名企业管理者的调研,用验证性因子分析(confirmatory factor analysis)和结构方程模型(structural equation modeling)方法对指标体系进行了研究[71]。

Curkovic 和 Melnyk 等研究了全面质量管理与环境负责制造的关系,通过调研和统计分析,得出全面质量管理和环境负责制造有很强的类比性,全面质量管理的实施可以有效支持环境负责制造的实施[72]。

Handfield 和 Melnyk 等通过对环境负责制造支持者和应用环境负责制造工

具的设计人员两类人的调研分析,发现绿色制造理论与实践之间存在着较大的差距,最后提出了减小其差距的几个步骤:得到企业领导层的支持、确定环境目标、选择一个试验项目、设定产品目标及评估系统、团队成员的支持、提供 DFE 工具和培训、监督整个过程等[73]。类似的实证研究还有文献[74]和[75]。

Klassen 和 Whybark,以及 Rusinko 分别对绿色制造实施与企业绩效方面的关系进行了实证研究[129,130]。

Zeng 等依据竞争优势、社会贡献、环境管理和市场份额四个指标,对上海市 25 个制造行业的工业可持续性进行了聚类分析,分成四大类,并对其可持续制造分别提出了建议[131]。

Luken 和 van Rompaey 通过对 9 个发展中国家的 105 个工厂的调研,研究了制造企业应用环境技术的驱动力和障碍。研究结论发现:环境技术应用的三个主要的驱动力为资源问题带来的生产高成本、现有的环境法规、未来可能颁布的环境法规;三个主要的障碍为高额的实施成本、没有可供选择的技术、缺乏实施的经验[132]。

朱庆华等对绿色供应链管理进行了实证研究,通过验证性因子分析测试,以及比较两种绿色供应链管理实践实施的测量模型,为企业开展绿色供应链管理提供支持。其相关的文献还有不少,如文献[134]和[135]等。

3. 绿色制造运行与实施的案例研究

绿色制造运行与实施的案例研究是以某个行业或某个企业为例介绍绿色制造实施情况。

Toffel 等介绍了宝马公司在绿色制造实施方面的一些措施,如开发电动汽车和氢气动力汽车、建立有毒废弃物的出来系统、开展废旧汽车的拆卸和回收等,重点介绍了宝马公司的可持续管理体系(sustainability management system)。该体系是以 ISO 14001 为基础,考虑了更多汽车行业的可持续发展问题,主要包括建立可持续策略、确定可持续管理体系的主要影响要素、确定可持续管理体系的目标、开发实现目标所需要的技术、通过定期的内部审计评估实施进展等几部分。该体系从 2001 年 1 月开始在宝马公司内部及供应商中实施[136~138]。

Satou 和 Kawaguchi 介绍了日本富士通集团的基于 ISO 14001 认证的环境管理体系,并介绍了整个实施的过程、实施的组织,以及未来的规划等方面[139]。

Donnelly 等介绍了朗讯公司基于产品的环境管理体系,并介绍了整个实施的流程、实施的成功经验等[140]。

殷瑞钰院士指出环境友好的钢铁工业涉及资源、能源的选择,钢铁制造流程的优化,钢厂排放过程的控制和排放物的再能源化、再资源化和无害化处理[141]。文献[142]介绍了邯钢绿色制造的实施情况。

Orsato 和 Wells 从生命周期和可持续的角度,将汽车在设计、绿色供应链、生产、使用、报废,以及生命终期管理等环节在经济、社会以及环境的压力下进行考虑,指出要达到经济、社会及环境等多目标的优化的难度;同时,给出了一些测量汽车工业可持续的方法[143]。

1.5.3 企业绿色制造实践

一些跨国公司的绿色制造实施情况如表 1.1 所示。

表 1.1 一些跨国公司的绿色制造实施情况

公司名称	实施绿色制造的目标	实施绿色制造的具体措施	实施绿色制造面临的问题
德国西门子公司	(1) 所有的工厂建立起环境管理体系 (2) 建立内部环境审计系统 (3) 加强环境协调性产品设计,并集成环境保护的方法到各个领域 (4) 优先选择获得环境管理体系认证的供应商	(1) 改善材料和机械加工过程 (2) 生成无铅和无氯的产品 (3) 在降低成本的基础上,进行面向环境的产品设计 (4) 回收和利用报废的电器产品 (5) 对实施 ISO 14001 没有具体的政策,但要根据顾客的要求制订正规的环境规范 (6) 实施产品生命周期评估	(1) 由于公司生产的产品本身属高能量消耗产品,市场的扩大会导致能耗呈指数增长 (2) 软件的更新将导致硬件的过早淘汰和报废,造成环境污染的增加
日本丰田公司	(1) 在所有的分厂内改善环境,减少能量和资源的消耗 (2) 不仅在加工中实施绿色制造,还要将绿色方法应用到商业中 (3) 在开发符合环保法规要求的清洁燃料的发动机和技术领域,保持领先地位	(1) 为 450 家供应商建立了环境采购的规范 (2) 高度重视加工过程中的油漆工艺 (3) 在减少和消除垃圾废弃物方面取得了持续性的进步 (4) 减少加工过程中的废弃物 (5) 对废弃物和污染物建立了内部的标准	需要进一步实施绿色制造来保持公司在清洁燃料的发动机和技术领域的领先地位
美国福特公司	(1) 确立"Triple bottom line"政策,即公司战略服务于经济、环境和社会 (2) 在全球的范围内,获取 ISO 14001 的认证	(1) 减少汽车制造过程中能量的消耗 (2) 开发和使用重量轻的材料生产汽车,减少汽车使用中对能量的消耗 (3) 成立了一个产品生命周期小组,进行产品生命周期的研究,包括生命周期的清单分析,以及环境影响 (4) 加强产品的可回收性,在产品中使用可回收的材料	如何在各个分公司内部建立一个统一的环境管理体系,又能保持各个分公司的独立性和差异性

续表

公司名称	实施绿色制造的目标	实施绿色制造的具体措施	实施绿色制造面临的问题
日本日立公司	(1) 所有日立公司的子公司都要获取 ISO 14001 的认证 (2) 到 2010 年减少 20% 的能量消耗,减少 90% 的废弃物	(1) 无铅焊接的研究 (2) 回收评价方法的研究,目的是给产品设计者提供一个可以评估产品回收性的工具 (3) 举办逆向制造研讨会,以及研究信息交互系统	在各个领域都制订一个面向环境设计和制造的规范

1.5.4　国内外研究现状分析

从上述国内外研究现状和企业实践可以看出,绿色制造的运行与实施已经引起了国内外绿色制造专家学者的重视,并开展了一些工作。绿色制造运行与实施的理论研究方面,不同文献分别研究了绿色制造实施过程中需要解决的关键问题、实施机制、信息支持系统等问题;实证研究方面用一些调查数据对某些定性问题进行了定量研究;案例研究方面对一些成功实施绿色制造的案例进行了介绍。

但纵观国内外研究和一些企业实践,企业在实施绿色制造过程中还存在不少的困难和问题,这些问题主要表现在以下几个方面。

(1) 认识问题。

绿色制造的实施,首先要解决对绿色制造的认识问题。绿色制造的提出很容易受到政府、社会公众、非营利组织等的接受和支持,但实施绿色制造的主体(即企业)的认识问题是关键。企业对绿色制造的认识有一个漫长的过程,而且这个过程还将继续。

以我国为例,我国大多数企业在建立初期没有考虑绿色制造原则,对资源消耗和环境排放考虑得较少。长期以来,很多企业将绿色制造看做是搞环保,认为绿色制造是一种负担,在企业实施绿色制造不但不会带来效益,还可能会带来不少的麻烦(出了环境问题要罚款),因此大都不愿实施绿色制造。有些已经获得ISO 14000环境管理体系认证的企业也没有真正认识到绿色制造的价值,其最终目的仅仅是能够达到环境部门要求的环境指标。他们虽然获得认证,但实际上在产品开发和生产过程中都没有太大的改观,使得环境管理认证仅仅成为一张证书而已。

随着我国资源能源短缺和环境污染日益严重,以及越来越多的绿色贸易壁垒的出现,企业的直接经济效益受到了损失。例如,欧盟的 ROHS 和 WEEE 两项指令所涉及的产品,包括家用电器、IT 和通信设备、照明设备、电气电子工具、医疗设备类等十大类近 20 万种产品,使因低成本、低价格而在国外市场所向披靡的中国机电出口企业正面临巨大的考验。在这种情况下,受国际绿色贸易壁垒影响的相关行业,开始寻求对策,逐步实施绿色制造,但这仍是被动的绿色制造实施,并且没有受到影响的企业依然对绿色制造漠不关心。而国际上很多企业都将绿色制造作为优先发展战略之一,甚至认为在不久的将来,无论从工程还是商务与市场的角度来看,绿色制造都将成为工业界最大的战略挑战之一。目前已有很多跨国企业都纷纷制定了具体的绿色制造战略,争做绿色制造先锋,创造行业标准,如德国西门子公司、日本丰田和日立公司、美国福特公司等。

可见,对绿色制造的认识问题是制约其实施的重要问题。随着企业环境意识的提高,以及消费者对绿色产品的需求,可以预见在不久的将来,企业为树立良好的企业形象,形成绿色品牌,提高市场竞争力,必将主动地实施绿色制造,将绿色制造看做一种主动战略。

(2) 成本与收益问题。

成本问题是绿色制造实施必须面临的问题。绿色制造的实施,如绿色产品的研发、绿色新技术的应用都需要一定的成本,而绿色制造效益并不是立竿见影的,企业认为花费了成本却不能见到效益,这也在一定程度上阻碍了绿色制造实施。

实际上并不是这样,如采用绿色新技术,减少资源能源成本,将直接提高经济效益;消费者对绿色产品越来越青睐,环境效益将转化为经济效益;实施绿色制造,提高企业市场准入度,跨越绿色贸易壁垒,同样将环境效益转化为经济效益。

还有一个问题就是短期成本与长期效益的问题,类似于其他的先进制造模式,绿色制造实施的初期成本有可能比较高,但其效益是长期的,因此需要考虑其盈亏平衡问题,需要对实施方案进行合理规划。

(3) 技术问题。

技术问题是绿色制造实施的关键问题。目前,绿色制造技术并不完善,很多研究主要集中在理论、概念与结构框架性的探索研究,还没有深入到制造业的生产实践,特别缺少面向具体行业的绿色技术,即可以直接用于绿色产品研发、生产和管理的技术和工具等,这也给绿色制造的实施带来了困难。有不少文献对许多专门技术,如绿色加工技术、拆卸性设计技术、产品生命周期评估技术、绿色回收处理技术进行了介绍,但与这些技术有关的实用关键技术、应用案例、实用化的软件工具等的报道比较少。

为了推动绿色制造实施,必须解决绿色技术这一关键问题。可以从两方面考虑:一方面企业加大绿色技术研发力度,或者加强与高校科研院所等的合作开发,走自主创新之路,或者引进新技术,走模仿创新之路;另一方面,需要加强对已经成熟绿色技术的管理和应用。

(4) 政策法规标准支持问题。

绿色制造在企业的实施既要依靠市场引导,又要通过法律法规、金融政策和规范标准等手段的约束、规范,甚至强制推行。目前虽然政策颁布了《清洁生产促进法》、《节约能源法》等一些法律,但相关的配套措施,如税收优惠政策、奖惩条例等,并不完善。同时,绿色制造的规范标准,尤其是面向行业的绿色制造规范标准,还非常少。以汽车行业为例,国外绿色汽车(如混合动力车)发展非常快,但在我国发展较慢,因为就我国目前的汽车行业而言,降低成本仍然是第一位的,研发绿色汽车必然会增加成本,没有相关优惠政策,很难调动企业积极性;又如汽车再制造,目前国外汽车再制造行业已经非常成熟,但在我国的发展很慢,因为我国法律规定不得擅自从事报废汽车的回收经营活动,这也一定程度地制约了汽车再制造业的发展。因此,绿色制造的实施,需要法律法规、金融政策及规范标准三者的共同作用、协同支持,必须加大立法力度,完善配套措施,并制定完整的规范标准以规范整个市场。

综上所述,企业如何运作和实施绿色制造,是一个系统性和综合性都很强的问题,与制造技术、企业管理、公共管理、社会学、环境学、法律学及社会伦理等密切相关,需要解决多维度、多层次诸多问题的优化协调。从维度上看,企业要解决原材料、设计、制造、销售、维修,以及废旧产品的回收、拆卸及再制造等环节的长时间维度、广空间维度的优化运行问题;从层次上看,企业首先要解决较高层次的绿色制造战略问题,其次要解决实施绿色制造的目标问题和技术选型问题。从已有研究来看,绿色制造如何在企业中系统地运行和实施,目前还缺乏一个系统和实用的模型和方法,仍然需要从系统工程角度,深入研究绿色制造在企业的运行模式和实施方法,探讨绿色制造运行模式架构、实施方法、技术选型等一系列问题,以期为企业实施绿色制造提供参考模型和方法。

第 2 章　绿色制造运行模式的总体框架

2.1　绿色制造的技术内涵及技术体系框架

2.1.1　绿色制造的技术内涵

　　绿色制造是一种综合考虑环境影响和资源消耗的现代制造模式,其目标是使产品从设计、制造、包装、使用到报废处理的整个生命周期中,对环境负面影响小、资源利用率高、综合效益大,使企业经济效益与社会效益得到协调优化。从绿色制造的定义可知,绿色制造的目标是面向产品的整个生命周期的,因此本节围绕产品生命周期主线来考虑绿色制造的技术内涵。产品生命周期主要包括:产品设计、材料选择、制造加工、装配、包装、使用,以及产品生命终期的管理、回收、拆卸、再制造等。

　　产品生命周期主线的第一个主导环节是产品设计。可以说,产品能否达到绿色标准要求,关键取决于在设计时是否采用绿色设计。绿色设计的基本思想是:在设计阶段就面向产品生命周期全过程,将减少环境影响和降低资源消耗的措施纳入设计之中,力求使产品对环境的影响最小、资源利用率最高。

　　绿色制造的核心是在产品生命周期过程中实现 4R 原则,即减量化(reduce)、重复利用(reuse)、再生循环(recycle)、再制造(remanufacturing)。

　　(1) 减量化:要求从源头就注意减少资源(包括能源)使用量及废弃物排放量,减轻环境负荷,降低人体安全健康危害。

　　(2) 重复利用:要求产品或者其零部件能够反复使用。

　　(3) 再生循环:要求生产出来的产品在完成其使用功能后能重新变成可以利用的资源,而不是不可再生的垃圾。再生循环有两种情况:一种是原级再循环,即废品被循环用来制造同种类型的新产品;另一种是次级再循环,即将废弃物资源转化成其他产品的原料。

　　(4) 再制造:报废产品经过拆卸、清洗、检验,进行翻新修理和再装配后,而恢复到或者接近于新产品的性能标准的一种资源再利用方法。

　　基于上述内容,可以形成绿色制造的技术内涵流程,如图 2.1 所示。

2.1.2　绿色制造的技术体系框架

　　本节以产品生命周期主线为基础,提出了一个四层结构的绿色制造的技术体系框架,如图 2.2 所示,包括产品生命周期过程技术层、绿色制造特征技术层、绿色制造评估及监控技术层、绿色制造支撑技术层。

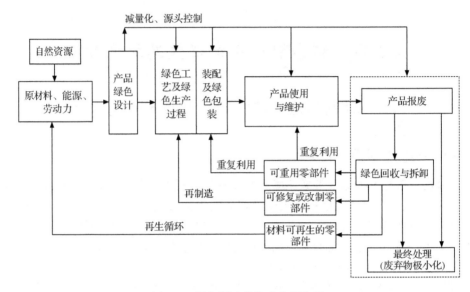

图 2.1　绿色制造的技术内涵流程

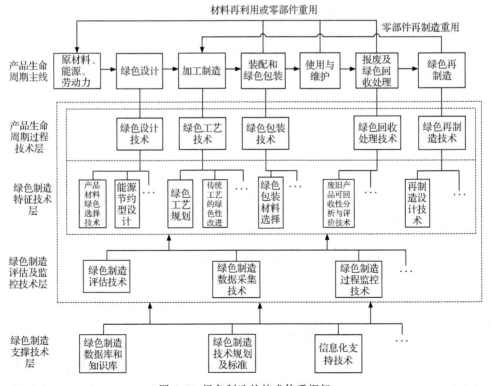

图 2.2　绿色制造的技术体系框架

1. 产品生命周期过程技术层

面向产品生命周期主线,将绿色制造技术划分为绿色设计技术、绿色工艺技术、绿色包装技术、绿色回收处理技术及绿色再制造技术等五个大类关键技术。

绿色设计又称为面向环境的设计、可持续设计(sustainable design)、生态设计(eco-design)、环境意识设计(environmentally conscious design)、生命周期设计,是指在产品及其生命周期全过程的设计中,充分考虑对资源和环境的影响,在充分考虑产品的功能、质量、开发周期和成本的同时,优化各有关设计因素,使得产品及其制造过程对环境的总体影响减到最小[110,111]。

绿色工艺技术又称为绿色生产技术,是指在制造过程中采用先进制造工艺或持续改进传统制造工艺,以改善产品制造过程中的资源消耗和环境污染状况、节约原材料和能源、减少排放物和废弃物的排放,并保障生产人员的职业安全与健康[95,96]。

绿色包装是指能够重复利用、再生循环或降解腐化,且在产品的整个生命周期中对人体及环境不造成公害的适度包装[144]。当今世界公认的发展绿色包装的原则为 3R1D,即减量化(reduce)、重复利用(reuse)、再生循环(recycle)、可降解(degradable)。

绿色回收处理的主要流程包括:产品回收、拆卸、清洗、检测、重复利用、再生循环等。

绿色再制造技术是以机电产品全生命周期设计和管理为指导,以废旧机电产品实现性能跨越式提升为目标,以优质、高效、节能、节材、环保为准则,以先进技术和产业化生产为手段,对废旧机电产品进行修复和改造的技术[108]。

2. 绿色制造特征技术层

面向生命周期主线的五项关键技术需要根据其实施的技术特征进一步划分。通过对比国内外现有文献,以及分析近年来绿色制造技术发展的趋势,可以看出,各关键技术的技术特征各具特点。例如,绿色设计技术主要包括能源节约型设计、环境友好型设计、可拆卸性设计、可回收性设计等,体现了绿色制造的资源节约和环境友好的功能目标特征;绿色工艺技术包括通过技术变革而出现的新型绿色工艺技术、通过技术改进的传统工艺绿色改进技术、通过工艺系统优化而达到绿色改进的生产过程绿色优化技术等。因此,根据各项关键技术的绿色制造特征,可以将产品生命周期过程技术层进一步细分,即构成绿色制造特征技术层。

1) 绿色设计技术

绿色设计是围绕着产品生命周期进行的,绿色设计策略和内容将在很大程度上决定产品生命周期各阶段的绿色属性。绿色设计技术及方法包括:产品材料绿色选择、材料节约型设计、能源节约型设计、环境友好型设计、产品宜人性设计、可拆卸性设计、可回收性设计、可再制造性设计等[106]。绿色设计技术体系如图 2.3 所示。

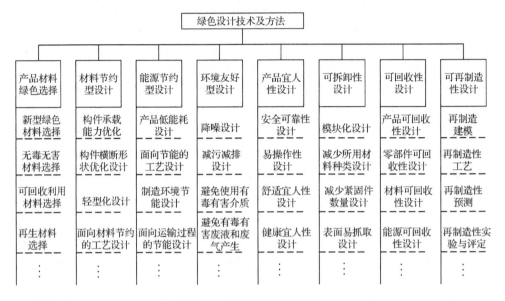

图 2.3　绿色设计技术体系

2) 绿色工艺技术

绿色工艺技术是以绿色制造思想为基础,改善和改进传统加工工艺技术的先进加工工艺技术。如前文所述,产品在加工过程中将排放出大量的废气、废液、废渣、噪声等污染物对环境和人体造成危害。绿色工艺技术旨在改善产品制造过程中的资源消耗和环境污染状况,节约原材料和能源,减少排放物和废弃物的排放,并保障生产人员的职业安全与健康。

绿色工艺技术一般可以归为三类:新型绿色工艺技术、传统工艺的绿色性改进,以及生产过程绿色优化技术。其中,新型绿色工艺技术可分为节能型工艺、节材型工艺、少无固体废弃物工艺、少无液体废弃物工艺、少无气体废弃物工艺等类别,典型的新型绿色工艺技术如干式切削工艺、低温强风冷却切削工艺、金属粉末注射成型工艺、快速原型制造技术等。传统工艺的绿色性改进可以从节约能源、节约原材料、降低噪声、减少排放等方面入手。生产过程绿色优化技术包括:工艺路线绿色优化技术、工艺种类绿色选择技术、工艺参数绿色优化技术、制造资源(机床、切削液、刀具等)绿色选择技术等。绿色工艺技术体系如图 2.4 所示。

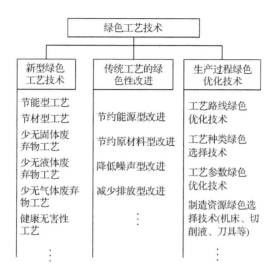

图 2.4　绿色工艺技术体系

3）绿色包装技术

绿色包装是指能够重复利用、再生循环或降解腐化，且在产品的整个生命周期中对人体及环境不造成公害的适度包装，包含以下内涵。

（1）实行包装减量化。包装在满足保护、方便、销售等功能的条件下，应是用量最少。

（2）易于重复利用或回收再生。通过生产再生制品、焚烧利用热能、堆肥化改善土壤等措施，达到再利用的目的。

（3）包装废弃物可以降解腐化。不形成永久垃圾，进而达到改善土壤的目的。

（4）包装材料对人体和生物应无毒无害。包装材料中应不含有毒性的元素、卤素、重金属或含有量应控制在有关标准以下。

（5）包装制品从原材料采集、材料加工、产品制造、产品使用、废弃物回收再生，直至最终处理的生命周期全过程，均不应对人体及环境造成公害。

以上，前四点是绿色包装必须具备的要求；最后一点是采用生命周期分析法，以系统工程的观点，对绿色包装提出的理想的最高要求。根据包装的技术特征，从包装产品生命周期分析，绿色包装技术包含：绿色包装设计技术、绿色包装材料选择技术、绿色包装回收处理技术。绿色包装技术体系如图 2.5 所示。

绿色包装设计主要包括：减量化包装设计、"化零为整"包装设计、可循环重用包装设计、可拆卸性包装设计、多功能包装设计等。

绿色包装材料选择主要包括：轻量化、薄型化、无毒性、无氟化的包装材料选择、可重复利用和再生循环的包装材料选择、可食性包装材料选择、可降解包装材

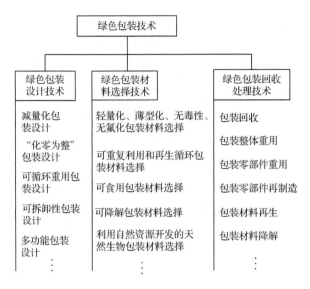

图 2.5　绿色包装技术体系

料选择、利用自然资源开发的天然生物包装材料选择等。

　　绿色包装回收处理技术主要包括:包装回收、包装整体重用、包装零部件重用、包装零部件再制造、包装材料再生、包装材料降解等。

　　4) 绿色回收处理技术

　　产品生命周期终结后,若不回收处理,将造成资源浪费并导致环境污染。绿色回收处理问题是个系统工程问题,从产品设计开始就要充分考虑这个问题,并作系统分类处理。

　　依据技术特征,绿色回收处理技术可以分为:废旧产品可回收性分析与评价技术、废旧产品绿色拆卸技术、废旧产品绿色清洗技术、废旧产品材料绿色分离/回收技术、逆向物流管理技术,如图 2.6 所示。

　　5) 绿色再制造技术

　　绿色再制造技术是使报废产品经过拆卸、清洗、检验,进行翻新修理和再装配后,而恢复到或者接近于新产品的性能标准的一种资源再利用技术。再制造从三个方面体现良好的环境性。首先,再制造对报废产品的若干零部件进行了再利用,直接减少了废弃物数量,因此减轻了环境负担;然后,再制造对零部件的再利用,充分利用了资源,减少了对原始资源的需求,从而减少了原材料和新产品生产过程中的各种污染,保护了环境;最后,再制造实际上等于延长了产品的使用寿命,间接地节约了资源,实现了产品的多生命周期循环。

　　绿色再制造技术的内容体系主要包括:再制造系统设计技术、再制造先进工艺技术、再制造质量控制技术和再制造生产计划与控制技术等,如图 2.7 所示。

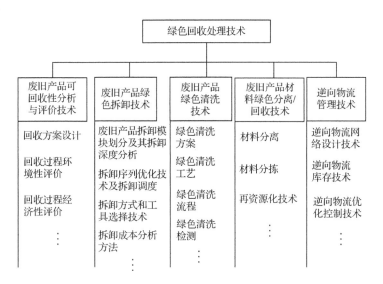

图 2.6　绿色回收处理技术体系

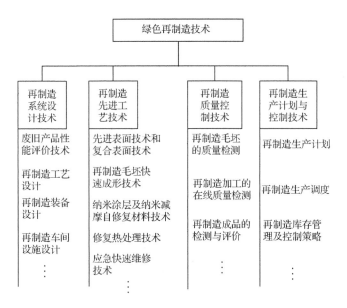

图 2.7　绿色再制造技术体系

3. 绿色制造评估及监控技术层

绿色制造评估及监控技术是对绿色制造全过程进行数据采集、监视、综合评价及反馈控制的相关技术,是绿色制造技术成功实施的保障。主要包括:绿色制造评估技术、绿色制造数据采集技术和绿色制造过程监控技术等,如图 2.8 所示。

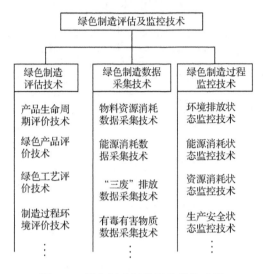

图 2.8　绿色制造评估及监控技术层

4. 绿色制造支撑技术层

绿色制造支撑技术层对前三层提供基础支持,主要包括:绿色制造数据库和知识库、绿色制造规范及标准、信息化支持技术等,如图 2.9 所示。

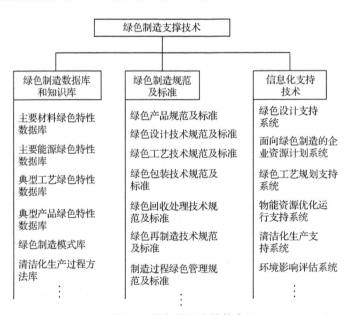

图 2.9　绿色制造支撑技术

2.1.3　绿色制造关键技术

本节针对 2.1.2 节中的绿色制造特征技术层进行较为详细的讲述,其中包括绿色设计技术、绿色工艺技术、绿色包装技术、绿色回收处理技术,以及绿色再制造技术等方面。

1. 绿色设计技术

1) 产品材料绿色选择

材料选择是产品设计的第一步,因此其绿色特性对产品的绿色性能具有极为重要的影响。绿色设计中的材料选择对最终产品的绿色程度具有重要意义。这主要表现在以下两个方面:首先绿色材料是绿色设计的基础,若没有绿色材料可供选择,在很大程度上就影响了绿色设计的最终效果;其次,绿色材料对绿色产品的绿色程度有着重要作用,由非绿色材料制成的产品不能算是绿色产品。因此,绿色设计的材料选择必须建立在绿色材料的基础之上。

绿色材料(green material,GM),又称环境协调材料(environmental conscious materials,ECM)或生态材料(eco-materials),是指那些具有良好使用性能或功能,并对资源和能源消耗少,对生态与环境污染小,有利于人类健康,再生利用率高或可降解循环利用,在制备、使用、废弃直至再生循环利用的整个过程中,都与环境协调共存的一大类材料。

产品材料绿色选择可按以下原则进行。

(1) 采用清洁原材料。

最好避免使用在生产过程、产品的焚烧或填埋过程中产生有害物质排放的原材料。

(2) 尽可能使用可再生原材料或可翻新原材料。

尽量避免使用不可再生的或需很长时间才能再生的原材料,如矿物燃料、金属铜、锌等。

(3) 采用低能耗原材料。

在原材料的采掘和生产过程中需要的工艺过程越复杂所消耗的能源就越多。这种在采掘和生产过程中消耗大量能源的原材料称为高能耗原材料。但有时使用这种高能耗原材料所耗能源却比普通原材料少。例如,碳纤维材料属于高能耗原材料,但在后续的使用过程中因其具有良好的强度、硬度和抗老化等优良特性而节省能源;又如铝也是一种高能耗原材料,因为在冶炼过程中需消耗大量的能源,但当铝被用于经常运输(因为铝较轻)而又有回收系统(因为可以循环使用)的产品时是合适的。因此,使用这类原材料时应综合考虑。

（4）采用再循环原材料。

在生产中尽可能利用再循环原材料,这样可以减少原材料在采掘和生产过程中的能耗。再循环原材料一般在颜色、材质等方面具有一定的优势,如再循环纸张、铝、钢、其他金属和塑料。只要使用得当,这些再循环原材料具有相当的吸引力。企业通过使用或重复使用再循环原材料,可以最大限度地节约投入成本。再循环原材料既可以来源于工业生产过程,也可来源于产品使用后。企业可以通过回收计划对原材料或部件进行再循环。

（5）使用可循环原材料。

可循环原材料是指那些较易再循环利用的材料。这主要取决于材料类型和现有再循环设施。当收集和回用系统还不具备时,也应考虑使用可循环利用的原材料,除非可能导致其他环境问题。通过使用可循环原材料,可以减少后期的填埋废物,从而降低企业的成本,甚至可能是企业的一个新的财源。

产品设计对材料的可循环性具有非常重要的作用,但在具体设计中需要遵循以下准则：

① 针对一种产品或部件仅选用一种可循环原材料;

② 如果选择一种材料不可行,就选择一组相互兼容的材料,特别是对塑料而言;

③ 为了进行再循环,应避免使用那些难以分离的材料,如复合材料、叠层材料、填充材料、阻燃材料及玻璃纤维等;

④ 尽可能选用市场上已经存在的可循环原材料;

⑤ 避免其他材料,如可能残留的黏合剂、其他有碍再循环的细小部件等;

⑥ 减少原材料的使用量。

绿色设计应致力于产品体积的最小化和产品重量的最轻化,以减少原材料的消耗,当然这应该在不影响产品的技术寿命的基础之上。由于产品重量的减轻,使用的原材料减少,相应产生的废物也减少,同时产品运输过程的环境影响也减小。产品及其包装体积的减小,使得同一运输工具一次可运更多的产品,从而降低能耗和成本。

对于绿色材料的选择技术,目前仍然有很多地方值得进一步深入研究,如材料的环境属性没有实现标准化、基础的数据积累薄弱、具有通用性和普遍性的材料数据库建立和维护仍然处于起步阶段,这就给基于环境的材料选择技术带来了很多麻烦。因此,材料环境信息的储存与表达、建立基于环境的材料选择模型可以作为今后研究的重点。

2）材料节约型设计

节约材料不仅可以减少资源的消耗,还可以减少废弃物的排放及环境负荷。常用的节约材料的设计准则如下。

（1）改善构件的承载能力。

（2）提高构件的静强度。

无论在静应力还是在交变应力下工作的构件,进行静强度分析都是强度计算的基础,因此提高构件的静强度对节省材料具有相当重要的意义。

（3）合理设计构件的截面形状。

对于受弯构件,弯曲正应力在截面上的分布是距中性面越远应力越大。从节约材料的角度来进行受弯构件的截面设计,主要考虑以下几个方面。

① 提高 W/A 的比值。

截面抗弯模量 W 与截面积 A 之比可以衡量受弯构件截面的合理性和消耗材料的经济性。其比值越大,截面形状越合理。因此,在受弯构件的设计中工字钢是较为常用的截面形状。如果存在双向受力（有侧向力）的情况,工字钢也会因翼缘窄、侧向刚度不够,而增加支撑或加大型号,目前国外普遍采用 H 形钢替代工字钢。

② 采用中空结构。

中空结构也是受弯构件的合理截面形状,表 2.1 中列出了集中截面形状的抗弯模量和惯性矩比较。

表 2.1　几种截面形状的抗弯模量和惯性矩比较

序号	1	2	3	4	5
截面形状 /mm					
抗弯模量 （相对值）	1	2.90	1.18	2.33	2.75
抗弯惯性矩 （相对值）	1	5.04	1.04	4.13	3.45
抗扭惯性矩 （相对值）	1	5.37	0.88	0.43	1.27

③ 合理设计抗拉、抗压强度不等的材料的构件截面形状。

对于脆性材料（如铸铁等）,由于其抗压性能优于抗拉性能,因此在设计受弯构件时,应根据受力和变形情况,将材料特性和应力分布结合起来考虑。例如,对于脆性材料可以采用图 2.10 所示的截面形状。

对于钢材,一般认为其抗拉、抗压强度相等。但对于承受交变应力作用的构

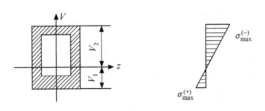

图 2.10 脆性材料在抗拉、抗压强度不等时的构件截面形状

件,拉应力更易形成疲劳损坏。以机动车的板簧为例,板簧的截面形状及弯曲应力分布如图 2.11 所示,此时最大拉、压应力相等。目前,国内外正在研制一种单面双槽的弹簧,其截面形状和弯曲应力分布如图 2.11(b)所示。由图可见,单面双槽板簧使截面的中性轴位置上移,有效地降低了最大拉应力。

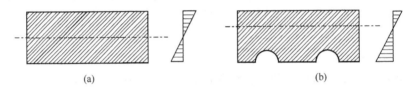

图 2.11 矩形截面板簧和单面双槽板簧的截面形状和弯曲应力分布

④ 合理设计承受弯曲与拉(压)组合变形的构件截面形状。

在机械产品中,有些机架、立柱等构件,承受弯曲变形的同时,还承受拉伸或压缩变形。此时,截面的应力为弯矩引起的应力和轴向拉(或压)应力的叠加。此时,应设计对截面的一根形心主轴非对称的截面形状。

对于轴类零件,由于靠近中心部分应力很小,这部分材料未能充分发挥作用。对于圆截面轴类零件,将中心部分的材料挖去,则最大应力将有所增加,但只要稍微加大外径,即可使最大应力保持原来的数值,甚至降低,从而实现省材料的目的。

(4) 合理设计机械运动方案。

按节材原则设计机械传动系统,除了包括传动系统设计的一般原则,如传动系统应力求简单、合理安排传动顺序、合理分配传动比外,还包括以下原则。

① 推广应用标准化、系列化和通用化的零部件。

产品的"三化"使产品质量的先进性和原材料的利用率得到保证,因此在设计传动装置时应尽可能采用标准化、系列化、通用化的零部件,避免自行设计和单件生产。

② 采用新型传动形式。

近年来出现了很多新型传动形式,如同步带、摆线针轮行星传动、谐波齿轮传动、活齿传动、章动传动等。这些传动形式各具特色,如结构紧凑、传动比大、外廓尺寸小、重量轻等;同时,具有各自的局限性,如制造安装精度要求高、传动效率低等。也就是说,它们都具有各自的适用范围。如果能够合理选择,将起到明显的节材效果。

③ 合理地进行结构改进。

改善结构布置往往可以有效地减小外廓尺寸和重量。

(5) 按节材原则设计执行机构。

在机电产品的设计过程中,原动机和传动装置通常是根据工作条件选配的,而执行机构则是需要设计者自行设计的。因此,执行机构运动方案的设计将直接影响到整机的工作性质、性能和使用效果。同时,对机器的结构、外廓尺寸、重量具有决定性的作用。

(6) 机械装置的轻型化设计。

在满足产品功能、性能的前提下,进行机械装置的轻型化设计不仅可以节约材料,而且可以带来以下优点。

① 能减轻其他部件或构件所承受的载荷,从而减轻机器的总重量。

② 由于机器重量的减轻,能使有效载荷增加(如车辆、挖掘机等)。

③ 节省能源,减小运行费用。

④ 易于操作和搬运(如建筑机械、家用电器、体育设备等)。

从绿色设计的角度出发,机械装置轻型化设计的途径为改善机械装置中零件的受力状况,使其受力减小,从而有效地减小零件尺寸。其主要方法如下。

① 合理地布置零件位置。例如,在传动系统设计中,当同一轴上有两个斜齿轮时,设计时应充分考虑其旋向;又如,若都选择左旋齿,则传递扭矩时,两齿轮啮合力的轴向分力方向相反,中间轴上轴向力的合力为轴向力之差,从而可以减小轴承受到的轴向力。

② 合理设计零件的卸载及均载结构。

③ 减小零件的附加载荷。例如,当轴两端支点跨距较大且工作温度变化大时,应防止轴由于热胀冷缩卡住轴承,在轴与轴承上产生附加热载荷。因此,可以将滚动轴承设计为一端固定、一端可轴向游动,从而避免了因热胀冷缩产生的附加热载荷。

(7) 按照节材原则进行工艺设计。

合理进行工艺设计,可以减少废次品、提高产品合格率,这主要是通过合理的制造工艺来实现。设计时,应从以下几个方面分析着手。

① 选用高质量的加工原材料。

加工原材料质量的好坏,直接影响着产品的质量。以冲裁件为例,板料和卷料是冲裁的主要加工原材料,其热处理或轧制状态、表面平整度等对冲裁件质量有很大的影响。板料必须平整,否则制件将产生翘曲、尺寸超差和卷边等形式的废次品。

② 合理的产品结构工艺设计。

产品的结构工艺要适合加工工艺方式。主要考虑产品或零件的精度等级、形状和尺寸等因素。产品的结构工艺对加工工艺的适应性是制订加工工艺方案及辅助器具设计(如冲压加工中的模具)的依据。设计合理的辅助器具结构和精度,以确保产品生产的质量。

③ 正确制订加工工艺方案。

正确的加工工艺方案是保证产品质量、提高产品合格率的前提。

④ 合理选择零件加工成型方式。

零件成型的工艺方法可分:材料去除法(如车、铣、刨、磨)、材料变形法(如锻压、冲压)和材料添加法(如铸造、注塑和快速成型制造)。在材料去除法中,不可避免地会产生一定的边角料或废料(切屑),如切削加工的材料利用率一般为 65%～70%,而车削加工仅为 60%;而在材料变形法中,材料利用率有所提高,但也不可避免会产生一定的废料,如冲压加工会产生大量的下脚料,材料利用率约为 80%,最高也不会超过 90%,冷挤压的材料利用率约为 80% 以上,高时可达 93%。

⑤ 合理选择毛坯的形状和精度。

尽可能减少加工余量,可以有效地减少资源的消耗。原则上,毛坯应尽可能接近零件的形状和尺寸。

⑥ 设计时,应充分考虑制造过程中产生的"三废"资源化问题。

例如,采用优化下料技术,尽可能重用下脚料,提高材料循环利用率。优化下料是在材料切割过程中采用优化技术合理安排切割形状提高切割精度,产生尽可能少的边角料,以减少材料损失。对于那些不可避免产生的边角料应尽可能实现再生重用。下料排样时,应特别注意剩料的结构形状和尺寸,尽可能与中、小零件的毛坯相符合,以便能直接利用。对于那些下料后未充分利用的剩料,应采用剩料拼凑法尽可能物尽其用。例如,图 2.12 中的零件 A 与零件 B 可从同一种板材上下料,经过精心设计安排后,零件 B 则由零件 A 的剩料制成,这样就大大地提高了材料的利用率。这种优化下料方式在板类零件生产中得到充分利用,如在汽车车门加工中,完全可采用冲压工序产生的板材边角料来生产小零件。

⑦ 对生产中所需的工装夹具、刀具等进行节材设计。

制造企业生产中,会消耗大量的工装夹具、刀具等,因此对它们进行节材设计也同样可以起到节约资源的作用。例如,采用装夹式不重磨刀具代替焊接刀具、刀具采用套料刀结构、适当改变割刀的宽度及形式、改变锥柄钻头的定位基面等都可以起到节约材料的作用。

3) 能源节约型设计

产品在其生产过程中要消耗大量的能量。由于产品结构设计不合理、生产工艺不当、生产设备陈旧及生产过程中管理差等原因,消耗的能量除一部分转化成有

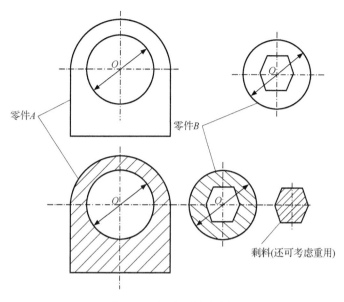

零件A

零件B

剩料(还可考虑重用)

图 2.12　优化下料示意图

用功外,其余大部分能量都转化成为其他形式的能量而浪费掉了。例如,在一般情况下,输入热力机的热量只有约 1/3 转换成输出功率,剩余的 2/3 全部损失在冷却水或废气中;又如,普通机床直接用于切削加工的能量仅占总能耗的 30% 左右,而约有 70% 的能量被浪费掉了。能源的低效率利用不仅造成了能量的浪费,而且带来了各种各样的有害损失。例如,摩擦损失掉的能量伴随着磨损,使机器过早地丧失精度,摩擦损失掉的能量转化为热能,会使机器产生热变形而影响加工精度,损失掉的能量还可能转化成振动和噪声等形式,不仅会降低机器的可靠性,还会污染环境,给劳动者造成不同程度的伤害。

制造过程中的节能设计主要包括以下几个方面。

(1) 面向节能制造的产品设计。

面向节能制造的产品设计主要包括以下几个内容。

① 产品的结构设计。

产品的结构形状对其制造过程的能量消耗具有很大的影响,一般情况下,结构越简单,产品的零件数目越少,制造过程消耗的总能量就越少。

② 零件结构形状设计。

零件本身的形状对制造过程的能量消耗也有影响。因此,在保证产品基本性能的情况下,应尽可能降低零件的复杂程度,减少零件体积的急剧变化(如阶梯轴)。

③ 合理选择零件材料。

不同的材料在加工过程中所需的能量相差很大,因此应认真考虑各种材料在加工过程中的能量消耗,为选择低能耗型零件材料提供依据。这一点对于规模生产尤为重要。例如,对于机加工零件的材料,应尽可能采用切削性能好的材料,如切削 45♯钢的能量消耗就明显小于切削不锈钢。

④ 合理确定零件的精度。

对于精度高的零件,不仅加工方法特殊(如金刚石车削、磨削等),而且加工余量小、走刀量小,通常会消耗更多的能量。

(2) 低能耗加工工艺的设计。

在保证生产率、制造质量和经济性等前提下,应选择低能耗的制造工艺。

① 正确选择加工方法。

同一种零件可能有多种不同的实现方式,如加工草帽形的零件,可以采用冲压、焊接、锻压、车削、爆炸成型等加工工艺方法,但其能量消耗差别很大。应仔细综合考虑多种因素,选取最佳的一种。以锻压为例,生产中常用的锻压方式可分为冷锻、温锻和热锻。其中,冷锻和温锻的能源利用率和材料利用率高于热锻。但冷锻工艺前后的一些处理工艺会造成其他的环境危害,因此温锻是比较好的选择。对于机加工应尽量采用多刀多刃切削、强力切削、高速切削等先进切削加工技术。

② 选择恰当的工艺参数。

恰当地选择加工工艺参数(如走刀量、切削速度、加工余量等)可有效地实现节能。恰当地选择毛坯制备方法,也可有效提高能源利用率。例如,对于直径相差较大的阶梯轴类零件,可以采用棒料做毛坯,也可以采用精锻毛坯,但在毛坯制备方面所消耗的能量却相差很大,因此应综合考虑、优化选择。对于大批量、形状特殊的零件毛坯,应尽量选用异形钢材或精化毛坯。

③ 选择合理的设备。

④ 尽量采用连续切削的加工设备。

⑤ 对于重型零部件的加工,应尽量采用刀具运动而工作台不动的加工设备。

⑥ 尽量采用单能机、专机、组合机床、数控机床、加工中心等先进高效设备。

⑦ 提高设备效率。

在工艺设计时,应尽量考虑制造企业的设备、工装情况,使生产能力尽可能平衡,尽量减少设备的空载运转、低负荷运转时间,或减少设备的频繁起停,提高设备效率,实现节能。以机加工为例,按照机械工业节能设计技术规定,应保证主要设备的平均负荷符合:对于中小批量生产,应尽量达到 80%;对于大批量生产,应尽量达到 70%;进行合理的工序设计。

在节能设计时,不仅要正确选用合理的节能工艺,还应合理地安排加工工序。例如,广泛用于汽车和家用电器生产中的冷轧薄板,在冷轧过程中,钢板要经受70%以上的塑性变形,其结晶组织延伸为纤维状,并极端硬化,因此必须经过退火处理,才能适用于复杂的成形加工。目前,人们通常采用间歇式退火方式(工艺过程见图 2.13),冷轧薄板在冷轧后通过表面清洗设备,用碱液将附在钢板表面的轧制油和铁粉末清洗掉,然后成卷地装入罩式退火炉中,经再结晶软化后,在防锈冷却装置里冷至常温,接着开卷调质轧制,最后经成品检验,分剪后包装交货。间歇式退火中薄板经数次间断加热与冷却,造成很大的能量损失。为在保证质量的情况下节能,人们将间歇式退火改为连续退火,在开卷连续退火的同时,将清洗、检验、分剪等五道工序合并成一道工序。因此,连续退火具有效率高、时间短的优点,可大大改善退火本身的热效率,且由于各工序合并而便于回收和有效利用废热,从而大大降低了能源的消耗。

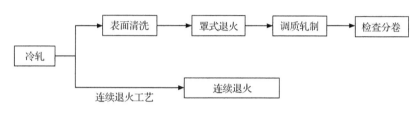

图 2.13　间歇式退火和连续退火工序比较

⑧ 适度自动化加工。

产品或零件加工制造应适度自动化,不应全盘自动化。因为全盘自动化要求一切动作都由机器来完成,必然要消耗较多的能量。事实上,有些动作并非一定要机器完成,由人完成可能更方便、效果更好,同时所需的能量更少。

4) 环境友好型设计

环境问题主要是由产品制造过程中产生的废气、废液、废渣等造成的,因此面向制造过程的环境设计的设计准则主要包括以下内容。

(1) 改进产品体系。产品是工业生产中各种效益的载体。在传统生产中,产品多从单纯的经济性出发进行设计,根据经济效益采集原料、选择加工工艺和设备、确定产品的规格和性能。在这样的设计原则下,必定造成产品在生产制造、使用维护及报废后回收处理过程中产生环境问题。因此,必须改进产品体系,在产品的生命周期全过程中采取绿色制造技术。

(2) 在产品设计中,应尽量采用无毒无害的原材料;当有害物质无法避免时,可以在生产过程中采用"工作地有毒物质随时生产随时使用"的新方法。例如,美国电信业巨头 AT&T 在生产砷化氢(该物质在电子元器件生产中广泛使用)时,就采用了现场按要求合成砷化氢的方法。其基本原理是以金属砷为电极(阴极),置于氢氧化钾的电解溶液中,二者发生电化学反应,生成砷化氢。

(3) 在产品设计时,进行合理的结构设计,减小噪声。例如,在电机设计中,可以通过合理地设计风扇叶片的形状及尺寸、通风口的形状和大小、风道的形状,提高关键零部件的精度。

（4）尽量采用少废无废工艺,减少污染源,如各种添加剂、催化剂和废渣等。

（5）尽量避免使用有毒有害的介质,避免有害废液和废气的产生。

（6）在产品设计时,应考虑产品制造过程中可能的环境污染,并在工艺准备时设计有关的污染处理装备,实现废弃物的重用或安全处置。

（7）采用高效设备,减少污染排放。例如,在喷涂过程中往往会排放出许多有害物质、释放出刺激性气味,对操作者健康造成极大的损害。当采用全封闭的自动化涂装生产线后,就可以将喷涂过程中形成的漆雾在高温下裂解为无害的气体,大大减小污染物对环境的影响。

（8）在制造过程中,提高能源的利用率。能源利用率低一方面造成能源的浪费,另一方面会带来其他污染,如噪声、振动、热辐射等,危害人体健康和工作环境。

5）产品宜人性设计

产品宜人性设计是在产品设计过程中,考虑人的因素,改善人—机—环境系统的协调、统一关系,满足使用者审美的心理与精神上的需求。设计人员必须将"为人而设计"的观念贯穿于产品设计的全过程,即以人为中心展开设计,着重研究物与人之间的关系,从宜人的角度为用户提供心理附加值,为企业提高产品竞争力。机械产品的宜人性设计主要包括以下几个方面。

（1）宜人的美感造型。

就造型而言,首先应考虑功能与形式的统一美,遵循形式服从功能、形式表现功能的原则。设计应以简洁的形态和人性化的流线表现其内涵,摒弃烦琐的外观造型与装饰,强调实用与美观、技术与艺术的高度结合与统一。

例如,防护罩基本上由热轧钢板弯折制成,主要用于安全防护,不影响机床的主要功能,因此在造型设计上有更多的创新自由度。考虑金属板材的加工工艺性和成本,可以得出加工中心主体造型还是以直线型为主,而直线型造型表现理性、严谨和精密,与加工中心的特点正好相符。但是全部采用直线型造型容易缺乏现代感和时尚感。国外的产品在保持主体直线型的同时,在加工中心局部开始采用曲面流线型造型,这对加工工艺提出了更高的要求,却更显人性化。例如,德国斯贝纳 SPINNER VC 610、大乔 WINTEC MV-50 CNC 立式加工中心等,其大曲面的防护罩造型显然优于国内机床;有些防护罩整体为有机玻璃,为实现曲面造型提供了可能性。又如,德国 WALTER、西班牙 AL ECOP,其玻璃防护罩为半圆柱形,使窗即是门,门即是窗,达到了干净、宽敞、明亮的效果,加工工艺也易于实现。另外,德国 DMG 蓝绿色的门及圆柱体装饰,给人以高雅、清新的感觉,控制盘的支托上装饰了优雅舒适的曲线,使操作者倍感亲切,工人在操作时心情舒畅、兴趣倍增,效率得到提高。

（2）色彩设计分析。

色彩有着先声夺人的艺术魅力。实验表明,人们在看物体时,最初的 20s 内,色彩的成分占 80%;2min 后,色彩占 60% ,形体占 40%;5min 后,色彩和形体各占 50%;之后,这种状态将持续下去。当代美国视觉艺术心理学家 Bluemner 指出,色彩能唤起各种情绪,表达感情,甚至影响人们正常的生理感受。因此,色彩有着难以预料的视觉冲击力。在产品的宜人性设计中色彩设计有着极其重要的地位。

在色彩运用中,常常因人、地、时、物的变化而改变。例如,按照包豪斯现代主义设计传统,设计师多以黑、白、灰等中性色彩作为表达语言;而在体现冷静、理性的产品设计中,已出现了红色和黄绿色等纯度及明度变化的配色方案(这点可以从历届国际机床展上看到);有些张扬的配色虽然流露出了对现代主义设计的调侃,但也使人们脑海中原本毫无情致的机械产品变得生动起来,一改传统的黑、灰、深蓝、绿等沉闷色。配色方案的多元化也为产品增添了形象魅力,为用户带来悦目的心理宽慰。

舒适、高雅、清新的感觉是色彩设计惯用风格。产品色彩不宜过分单调,也不宜过分艳丽夺目与零乱,一般采用大面积低纯度的色彩统一全局,再选用小面积的高纯度色彩使之活跃变化。对于加工中心这类精密设备来说,一般 2~3 色为宜,色彩越简洁醒目,整体感越强。例如,以沉着、朴素、纯度不高的色彩为主,点缀以亮丽的色彩,使色彩单纯而不单调,沉静而不沉闷,这样的用色温馨、含蓄、耐看,既反映加工中心精密的功能特征,又可使工人在使用中感觉环境舒适、机器亲切,从而精神愉快、稳定而集中。

(3) 作业方式。

加工中心的门窗、工作台、操作面板等是供人观察和操作的,其尺寸、位置、高度等均应符合"平均人"的尺寸。例如,日本产品的门手柄的尺寸、位置、形状都考虑了人机工程学,直径多取适于亚洲人手握的尺寸(4~5cm),手柄位置多在门中间偏下的位置,这样能尽量使手腕保持自然状态,手与小臂处于一条直线上。操作面板是人机交互的主要界面,人在上面进行细致的信息化控制式操作,它的位置、倾斜角度及其上面的显示、控制装置的大小和位置等,都应使人在观察和操作时处于舒适、准确和高效的工作状态。操作面板的定位不能在中间,一般置于右边位置,以免妨碍观察或操作。

(4) 认知设计。

应注意高技术与人性化原则。人们通常会认为掌握它的操作非常难,需要很高技术水平,从而影响了它的使用。在设计上采用人性化的造型可以拉近人与机器的距离,如从人的认知角度考虑操作面板的设计可以使操作者易学、易懂、易做出反映。作为高效生产的加工中心,除具有高技术外,还应赋予产品深厚的感性,在设计中勿忘记给操作者更多的关心和更通俗方便的操作使用方法,使产品富于人性化,给操作者以亲和力。

（5）安全与环保问题。

加工中心的安全感对于使用有重要意义,安全感体现在使用者的心理及生理两个方面。通过造型语言,如浑然饱满的整体造型、精细的工艺、沉稳的色泽可以给人以心理上的安全感;而合理的尺寸、设计,能够避免无意间触动的按钮开关等可以给人以生理上的安全感。

加工中心除对运动部件和油、气、液、电线、电缆等进行单独防护外,出于对整台机床精度保持性、作业环境保护和人身安全防护性,以及外部感观质量等因素的考虑,多采用全封闭防护造型。全封闭防护装置可减少粉尘入侵和防止铁屑及润滑冷却液飞溅,有些还带有隔声降噪及机电安全连锁功能,故可提高设备的精度保持性及环保水平。

6）可拆卸性设计

拆卸性设计准则就是为了将产品的拆卸性要求及回收约束转化为具体的产品设计而确定的通用或者专用设计准则。合理的拆卸性设计准则,是设计人员进行产品设计和审核时遵循并严格执行的技术文件,也是最终实现产品良好的拆卸性能要求的保证。以下设计准则是根据产品设计经验及技术资料归纳、整理而成的,可供在设计过程中参考。

（1）明确拆卸对象。

在进行产品设计时,首先应该明确产品报废后,哪些零件必须拆卸,应如何进行拆卸,拆卸所得资源应以什么方式进行再生、再利用。总的来说,在技术可能的情况下,确定拆卸对象时应遵循以下原则。

① 对有毒或者轻微毒性的零件或再生过程中会产生严重环境问题的零件应该拆卸,以便于单独处理,如焚化或填埋。

② 对于由贵重材料制成的零部件应能够拆卸,实现零部件重用或贵重材料的再生。

③ 对于制造成本高、寿命长的零部件,应尽可能易于拆卸,以便直接重用或再制造后重用。

（2）尽量减少拆卸工作量。

拆卸工作量是用来衡量产品拆卸性能的重要指标。减少拆卸工作量可以通过两种途径来实现:一种是在保持产品原有的功能要求和使用条件的前提下,尽可能简化产品结构和外形,减少组成零部件数量和类型,或者是使产品的结构设计更加利于拆卸;另一种是尽量简化拆卸工艺,减少拆卸时间,降低对维护、拆卸回收人员的技能要求。在具体实施的过程中,可以参考以下几种准则。

① 尽量使用标准件和通用件,减少拆卸工具的数量和种类,增加自动化拆卸的比例。

② 通过零部件合并,尽量减少零部件数量。在保证产品使用功能和性能的前提下,进行功能集成;将由多个零件完成的功能集中到一个零件或部件上,从而大大地缩短拆卸时间。尤其对于工程塑料类材料,因为它具有易于制成复杂零件的特点,所以特别适于零件功能集成。

③ 尽量减少材料种类。材料种类的减少,将有助于减少拆卸工艺,简化拆卸方法。例如,与 Whirlpool 公司合作的一家德国包装公司,应用减少材料种类原则,将包装材料的种类由 20 种减少到 4 种,使废弃物处理成本下降了 50%,取得了明显的经济效益。

④ 尽量使用兼容性能好的材料组合,材料之间的兼容性对拆卸回收的工作量具有很大的影响。例如,电子线路板是由环氧树脂、玻璃纤维及多种金属共同构成的,由于金属和塑料之间的相容性较差,为了经济、环保地回收报废的电子线路板,就必须将各种材料分离,但这是一个难度和工作量都很大的工作。目前线路板的回收问题还一直困扰着企业界。常用热塑性材料兼容性如表 2.2 所示。若设计时不得不选用不相容的材料,则应将相容材料放在一起,不相容材料之间采用易于分解的连接。这样可简化零件材料的拆卸分离工作,从而降低拆卸成本。图 2.14 是材料相容性与拆卸工作量的比较。假设拆卸对象是由 1、2、3 三个部分组成,箭头表示了这三部分的连接关系。若拆卸对象各组成部分的材料均由不相容材料制成,则需要进行完全拆卸,那么将 1、2、3 各自拆开需要 3 个动作,将 1 拆开需要 1 个动作,将 2 拆开需要 3 个动作,共需分解 7 个连接;而若 1、2、3 各自采用相容材料,则只需分解 3 个箭头所指的连接;若整体采用相容性好的同一种材料,也可以作为一个整体而不需进行拆卸。

表 2.2　常用热塑性材料兼容性

	PE	PVC	PS	PC	PP	PA	POM	SAN	ABS
PE	√	×	×	×	√	×	×	×	×
PVC	×	√	×	×	×	×	×	√	√
PS	×	×	√	×	×	×	×	×	×
PC	×	○	×	√	×	×	×	√	√
PP	○	×	×	×	√	×	×	×	×
PA	×	×	○	×	×	√	×	×	×
POM	×	×	×	×	×	×	√	×	×

注:√—相容性好;○—相容性一般;×—相容性差。

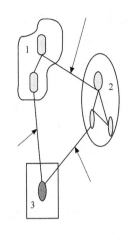

图 2.14　材料相容性与
拆卸工作量

⑤ 采用模块化结构,以模块的方式实现拆卸和重用。模块化设计是实现零部件互换通用、快速更换修理的有效途径。

(3) 在结构上尽量简化设计,减小拆卸难度。

产品零部件之间的连接方式对拆卸性能有重要影响。设计过程中要尽量采用简单的连接方式,尽量减少紧固件数量和类型,在结构设计上应该考虑到拆卸过程中的可操作性并为其留有操作空间,使产品具有良好的可达性和简单的拆卸路线。常用准则如下。

① 尽量减少连接件的数量。一般来说,连接件越少则意味着拆卸工作越少。

② 尽量减少连接件的类型。减少连接件类型,有助于减少拆卸工具的数量和拆卸工艺的设计,因此可有效地降低拆卸难度、缩短拆卸时间、提高拆卸效率。

③ 尽量使用易于拆卸或者易于破坏的连接方式。要方便、无损害地将零部件拆卸下来,就必须选择恰当的连接方式。目前设计中采用的连接方式很多,可分为不可拆卸连接(如铆接、焊接与胶接等)和可拆卸连接(如螺纹连接、搭扣连接等)。选用哪种连接应根据具体情况而定。以塑料件为例,黏结工艺通常不适合面向拆卸回收的设计,因为在拆卸时需要很大的拆卸力,而且其表面残余物在零件回收时很难去除。但是如果零件和黏结剂采用同一种材料,则可一起回收,并用于面向拆卸回收的设计中。

④ 尽量使用简单的拆卸路线。简单的拆卸运动,有助于实现拆卸过程的自动化。因此,应尽可能减少零部件的拆卸运动方向,避免采用复杂的拆卸路线(如曲线运动)。

⑤ 设计时应确保产品具有良好的可达性,给拆卸、分离等操作留有合适的操作空间。传统设计中往往忽视这一点。例如,在零件表面应该给拆卸操作留有可抓持的空间特征,以便零部件处于自由状态时,可以轻松的抓取;应该尽量使需要切割的地方容易操作及到达。

(4) 易于拆卸。

要提高拆卸效率,拆卸的可操作性和方便性是非常重要的。常用的准则如下。

① 设计合理的拆卸基准。合理的拆卸基准不仅有助于方便省时地拆卸各种零件,还易于实现拆卸自动化。

② 设置合理的排放口位置。有些产品在废弃淘汰后,往往含有部分废液,如汽车中的汽油或柴油、润滑油,机床中的润滑油等。为了在拆卸过程中不致使这些废液遍地横流,造成环境污染和影响操作安全,在拆卸前应先将废液排出。因此,

在产品设计时,要设置合理的排放口位置,使这些废液能方便并完全排出。

③ 刚性零件准则。产品设计时,尽量采用刚性零件,因为非刚性零件的拆卸过程比较麻烦。

④ 设计产品时,应优先选用标准化的设备、工具、元器件和零部件,并且尽量减少其品种、规格。

⑤ 封装有毒有害材料,最好将有毒有害材料制成的零部件用一个密封的单元体封装起来,便于单独处理。

(5) 易于分离。

在产品设计时,应尽量考虑避免零件表面的二次加工(如油漆、电镀、涂覆等)、零件及材料本身的损坏、回收机器(如切碎机等)的损坏,并为拆卸回收材料提供便于识别的标志。

① 一次表面准则。即组成产品的零件,其表面最好是一次加工而成,尽量避免在其表面上再进行诸如电镀、涂覆、油漆等的二次加工。因为二次加工后的附加材料往往很难分离,它们残留在零件表面则形成材料回收时的杂质,影响材料的回收质量。

② 设置合理的分类识别标志。产品的组成材料种类较多,特别是复杂的机电产品,为了避免将不同材料混在一起,在设计时就必须考虑设置明显的材料识别标志,以便分类回收。常用的识别方法如下。

模压标志:将识别标志制作在模具上,然后复制到零件表面。

条形识别标志:将识别标志用模具或激光方法制作在零件上,这种标志便于自动识别。

颜色识别标志:用不同的颜色表明不同材料。

③ 减少零件多样性准则。在产品设计时,利用模块化设计原理,尽量采用标准零部件,减少产品零部件种类和结构的多样性。这无论对手工拆卸还是对自动拆卸都是非常重要的。

④ 尽量减少镶嵌物。通常,当零部件中镶嵌了其他种类的材料会大大增加产品回收难度,因为要将不同的物质分离开,在理论和实践中都存在一定的难度。

(6) 产品结构的可预估性准则。

产品在使用过程中,由于存在污染、腐蚀、磨损等,且在一定的时间内需要进行维护,这些因素均会使产品的结构产生不确定性,即产品的最终状态与原始状态之间发生了较大的改变。为了在产品废弃淘汰时,其结构的不确定性减少,设计时应该遵循以下准则。

① 避免将易老化或易腐蚀的材料与需要拆卸、回收的零件组合。

② 要拆卸的零部件应防止外来污染或腐蚀。

　　面向拆卸的设计(design for disassembly,DFD)是目前绿色设计研究的热点问题。拆卸可以分为破坏性拆卸(destructive disassembly)和非破坏性拆卸(non-destructive disassembly)两种。目前对 DFD 的研究主要集中于非破坏性拆卸。

　　目前国内外的学者对于 DFD 的研究可以概括为以下三个方面。

　　① 收集、分类和归纳 DFD 的有关知识,提出 DFD 的设计准则,如减少所用材料的种类,尽量避免零部件拆卸方向和移动的复杂性,尽量使用标准件、通用件等。表 2.3 是一些通用的 DFD 准则。

表 2.3　目前被广泛接受的 DFD 准则

目标	设计准则
减少拆卸工作量	· 尽量将各元素结合成模块 · 减少所有材料的种类 · 采用兼容材料 · 将有害材料组成子装配体
产品可预见性	· 避免易老化及腐蚀材料的连接 · 避免零部件被污染和腐蚀
易于拆卸	· 易于接近液体排放点 · 连接结构应易于去除或被破坏(破坏性拆卸) · 减少紧固件数量 · 尽量采用相同的紧固方法 · 易于接近拆卸点或破坏性切断点 · 尽量避免零部件拆卸方向和移动的复杂性 · 在基础部件上设置中心元素 · 避免在塑料部件中嵌入金属件
易于处理	· 表面易于抓取 · 尽量避免非刚性零部件 · 将有毒物质密封起来
易于分离	· 尽量避免二次处理(如油漆、涂层、电镀等) · 对不同材料进行标志或用颜色加以识别 · 避免零部件或材料损坏机器(如压碎机)
减少多样性	· 利用标准零部件 · 最大限度地减少紧固件类型

　　② 拆卸的可行性评估。例如,有人借助产品的几何信息对其可拆卸性进行评估;也有人利用零部件之间的结合面来判断产品的可拆卸性;还有人提出了 ABC (activity-based-costing)方法、虚拟拆卸等方法。

　　③ 创建新的 DFD 方法和工具。从事这方面研究的人还较少,并且成果多是与 CAD 集成的专家系统,有待进一步研究。

7）可回收性设计

可回收性设计就是在进行产品设计时,充分考虑产品零部件及材料的回收可能性、回收价值大小、回收处理方法、回收处理结构工艺性等与可回收性有关的一系列问题,以达到零部件及材料资源和能源的充分有效利用,并在回收过程中对环境污染为最小的一种设计思想和方法。

产品的回收在其生命周期工程中占有重要的位置,正是通过各种各样的回收策略,产品的生命周期形成了一个闭合的回路。使用寿命终结的产品最终通过回收又进入下一个生命周期的循环之中。面向回收的设计（design for recycling,DFR）正在引起人们的高度重视。产品的一般回收策略可分为使用中的回收和使用后的回收两类,包括:继续使用、重新使用、继续利用和重新利用,如表 2.4 所示。

表 2.4　寿命终了产品及其零部件回收利用的各种形式

循环利用	回收形式	原始产品	回收产品
产品使用 中的回收	外形相同 功能相同 （继续使用）	瓶子	再次填充
		电视机	修理电视机
		汽车轮胎	修补轮胎
	外形相同 功能不同 （重新使用）	牛奶瓶	花瓶
		购物袋	废物袋
		旧轮胎	轮船防护垫
产品使用后的回收或 制造废弃物的回用	外形不同 功能相同 （继续利用）	玻璃瓶	回收玻璃制瓶
		铝罐	回收铝制罐
		板材下脚料	金属板材
	外形不同 功能不同 （重新利用）	玻璃窗	回收玻璃制瓶
		铝罐	铝制门窗
		板材下脚料	电线

废弃产品的回收利用能减轻对原材料的消耗,同时减少废弃物对环境的危害。产品能否方便拆卸直接影响到产品的可回收性。美国、欧洲、日本等制定的回收法规引起学术界和工业界的高度重视,目前的研究主要集中在回收准则、产品废弃分析、回收经济性分析与评估、材料相容性分析和设计、材料回收工艺与方法等方面。美国、德国、日本等国家在汽车、家电等行业应用面向回收的产品设计思想,取得了良好的社会、经济效益。德国奔驰汽车公司在汽车的整个生命周期（包括设计、制造、使用、维护和报废）都体现回收利用的概念。从汽车设计开始,就注重汽车的可回收性;在生产、使用过程中产生的废弃物、废能、废气、废液等做到全部回收;到报废时,汽车本身再拆解回收、利用。德国大众汽车公司已将可回收设计法应用于新一代汽车开发。欧盟委员会（European Lommission）成立了由政府和工业界代表

组成的工作组,着手提高废旧汽车的回收利用率,该工作组制定的规范激励制造商将汽车设计得更易拆解回收,减少不易于回收利用的材料种类和数量,促进应用可回收利用的材料及零部件。日本的丰田、本田、马自达等各大汽车公司都积极开展了汽车的可回收性设计,开发回收利用新技术。

目前,回收主要还局限于材料的回收,而且是一般通过压碎后再分类的方法进行回收,显然压碎后的材料混合在一起难于分离,回收效率低、难度大。因此,如何加强零部件的回收再利用是一个值得研究的课题。前面所述的面向拆卸的设计,便是解决这一问题的很好方法。

8)可再制造性设计

产品的再制造性设计主要是指在产品设计阶段对产品的再制造性进行考虑,并提出再制造性指标和要求,使得产品在寿命末端具有良好的再制造性,其中设计阶段的再制造性与产品的可维修性、可靠性、保障性具有密切的相互关系。影响再制造性的是产品再制造的各个阶段,其全过程包括废旧产品的回收、拆解、分类、清洗、修复或升级、装配、检测等。在产品设计阶段就考虑产品的再制造性能够显著地提高产品在寿命末端的再制造能力。

根据目前定性研究情况,再制造性设计主要应考虑以下几个方面。

(1)易于运输性。

虽然通常并不将废旧产品的收集作为再制造的主要步骤,但其直接为再制造提供了不同品质的原料,而且收集费用一般占再制造总体费用很大的比例,因此对再制造具有至关重要的影响。产品设计过程必须考虑末端产品的运输性,使得产品更经济、安全地运输到再制造工厂。例如,对于大的产品,在装卸时需要使用叉式升运机,因此要设计出足够的底部支撑面;尽量减少产品突出的部分,以避免在运输中碰坏,并可以节约存储时的效率。

(2)易于拆解性。

拆解是再制造的必需步骤,如果设计过程中没有考虑拆解性,则可能使得再制造拆解过程成为劳动密集型过程,降低再制造的经济性。再制造的拆解不同于再循环,需要保证拆解过程中造成尽量少的零件损坏。目前对提高产品的拆解性提出了很多要求,如减少接头的数量和类型、减少产品的拆解深度、避免使用永固性的接头、考虑接头的拆解时间和效率。目前一些公司已经认识到了这些问题,现在开始使用卡式接头、模块化零件、插入式接头。这种类型更容易拆解,减少了装配和拆解的时间,但也增加了拆解过程中不可修复类故障的发生,增加了再制造费用。因为在卡销类连接情况下一旦损坏,则整修零件需要报废。因此,尽管卡销类接头在生产和加工过程中具有明显的优点,但原制造商仍然考虑使用螺钉和相似的连接,尤其是在接头容易损坏的部件。

（3）易于分类性。

零件分类正确与否,直接影响到再制造产品的质量。易于分类的零件也可以明显的降低再制造总体时间。为了使拆解后的零件易于分类,设计时要采用标准化的零件,尽量减少零件的种类。对相似的零件设计时应该进行标记,增加零件的类别特征,减少零件分类时间。

（4）易于清洗性。

清洗是再制造中重要的一步,而且是劳动力集中的一步,易于清洗的零件可以显著地提高再制造的经济性。可达性是清洗难易程度的关键,目前存在的清洗方法包括:超声波清洗法、水或溶剂清洗法等。设计时应该使外面的部件具有易清洗且适合清洗的表面特征,如采用平整表面、采用合适的表面材料和涂料,以减少表面在清洗过程中的损伤概率等。

（5）易于修复（升级）性。

再制造过程中一个重要的部分是对原制造产品的修复和升级,使之达到新品的质量,并能够使再制造产品具有一定的市场竞争力。由于再制造依赖于零部件的再利用,设计时要增加零部件的可靠性,减少材料和结构的磨损和断裂,防止零部件的脏污和腐蚀;采用易于替换的标准化零部件和可以改造的结构并预留模块接口,以增加升级性;采用模块化设计,通过模块替换或者增加模块而升级再制造产品。

（6）易于装配性。

再制造零部件装配成再制造产品是保证再制造产品质量的重要一环,对再制造时间也具有明显的影响。采用模块化设计和零部件的标准化设计明显有利于装配的进行。据估计,再制造设计中如果拆解时间能够减少 10%,通常装配时间则可以减少 5%。另外,再制造系统中的产品可能被多次拆解和再装配,因此设计的产品应有较高的连接质量。

新产品的设计是一个综合的考虑过程,需要综合分析功能、经济、环境、材料等多种因素,必须将产品末端再制造的考虑作为整体的一部分,进行系统考虑,保证产品寿命末端的再制造能力,以实现产品的最佳化回收。

2. 绿色工艺技术

针对绿色工艺技术,在此主要介绍几种新型绿色工艺技术。

1）干切削技术[145]

随着高速加工技术的迅猛发展,加工过程中使用切削液的用量越来越大,其流量有时高达 80～100L/min。但大量切削液的使用造成了非常突出的负面影响。

（1）零件的生产成本大幅度提高。在零件加工的总成本中,切削液费用约占 16%,而刀具的费用只占总成本的 4%。

（2）造成对环境的严重污染。如将未经处理的切削液排入江河湖海,就会污染土地、水源和空气,严重影响动植物的生长,破坏生态环境。

（3）直接危害车间工人的身体健康。目前生产中广泛使用的水基切削液含有对人体有害的化学成分。在切削(磨削)过程中,切削液受热挥发形成烟雾,在车间常常弥漫着难闻的异味,会引起操作工人肺部和呼吸道的诸多疾病,手和切削液直接接触,还会诱发多种皮肤病,直接影响工人健康。

上述负面影响,已成为机械工业发展的一大障碍。这就使人们会提出这样一个问题:机械加工中能否不用或少用切削液。干切削(dry cutting)技术就是在这样的历史背景下应运而生,并从 20 世纪 90 年代中期迅速发展起来的。目前,在干切削研究和应用方面,德国处于国际领先地位。日本已成功开发不使用切削液的干式加工中心。我国成都工具研究所、山东工业大学和清华大学等单位对超硬刀具材料及刀具涂层技术进行过系统的研究,陶瓷刀具在我国目前已形成了一定的生产能力,这些都为干切削技术的研究与应用打下了初步的技术基础。北京机床研究所已成功开发能实现高速干切削的 KT 系列加工中心;重庆机床厂研制的 YKS3112 六轴四联动高速数控滚齿机床能够实现齿轮的干式滚切加工。

进行干切削时,由于缺少了切削液的润滑、冷却和辅助排屑与断屑等作用,切削热会急剧增加,机床加工区温度明显上升,刀具耐用度大大降低。要使干切削得以顺利进行,达到或超过湿加工时的加工质量、生产率和刀具耐用度,就必须从刀具、机床和工件各方面采取一系列的措施。因此,干切削技术是一项庞大的系统工程,其中最大的难点在于如何提高刀具在干切削中的性能,同时对机床结构、工件材料及工艺过程等提出了新的要求。

（1）干切削的刀具技术。

刀具能否承受干切削时巨大的热能,是实现干切削的关键。主要措施如下。

① 采用新型的刀具材料,干切削不仅要求刀具材料有很高的红硬性和热韧性,而且必须有良好的耐磨性、耐热冲击和抗黏结性。陶瓷刀具(Al_2O_3,Si_3N_4)、金属陶瓷(cermet)等材料的硬度在高温下也很少降低,即具有很好的红硬性,因此很适用于一般目的的干切削。可是这类材料一般较脆、热韧性不好,不适用于进行断续切削。立方氮化硼(CBN)、聚晶金刚石(PCD)、超细晶粒硬质合金等超硬刀具材料则广泛用于干切削。

② 采用涂层技术对刀具进行涂层处理,是提高刀具性能的重要途径。涂层刀具分两大类:一类是硬涂层刀具,如 TiN、TiC 和 Al_2O_3 等涂层刀具,这类刀具表面硬度高、耐磨性好;另一类是软涂层刀具,如 MoS_2、WS 等涂层刀具,这类涂层刀具也称为自润滑刀具,它与工件材料的摩擦系数很低,只有 0.01 左右,能减小切削力和降低切削温度。切削实验表明,无涂层丝锥只能加工 20 个螺孔;用 TiAlN 涂层丝锥时可加工 1000 个螺孔;而 MoS_2 涂层的丝锥则可加工 4000 个螺孔。高速钢

和硬质合金经过 PVD 涂层处理后,可以用于干切削。原来只适用于进行铸铁干切削的 CBN 刀具,在经过涂层处理后也可用来加工钢、铝合金和其他超硬合金。实际上,涂层有类似于冷却液的功能,它产生一个隔热层,使热不会或很少传入刀具,从而能在较长的时间内保持刀尖的坚硬和锋利。涂层还有在高速干切削中保持刀具材料不受化学反应的作用。在发展干切削技术过程中,要特别注意涂层刀具的有效应用。

③ 优化刀具参数和切削用量。刀具的几何参数和结构设计必须满足干切削对断屑和排屑的要求。断屑槽在韧性材料加工中对断屑起着很关键的作用。目前在车刀三维曲面断屑槽方面的设计制造技术已经比较成熟,可针对不同的工件材料和切削用量,很快设计出相应的断屑槽结构与尺寸,并能大大提高断屑折断能力和对切屑流动方向的控制能力。高速加工有切削力小、散热快、加工过程稳定性好等优点,高速切削技术与干切削技术的有机结合,将获得生产效率高、加工质量好和无环境污染等多重利益。

(2) 干切削的机床技术。

设计干切削机床时要考虑的特殊问题主要有两个:一个是切削热的散发;另一个是切屑和灰尘的排出。干切削时在机床加工区产生的热量较大,如不及时从机床的主体结构中排出去,就会使机床产生热变形,影响工件加工精度和机床工作可靠性。对于一些无法排出的热量,相关部件应采取隔热措施。为了便于排屑,干切削机床应尽可能采用立式主轴和倾斜式床身。工作台上的倾斜盖板可用绝热材料制成,将大量热切屑直接送入螺旋排屑槽。采用吸气系统可防止工作台和其他支承部件上热切屑的堆积。内置的循环冷气系统用以提高机床工艺系统的热稳定性。在加工区的某些关键部位设置温度传感器,用以监控机床温度场的变化情况,必要时通过数控系统进行精确的误差补偿。过滤系统可将干切削过程中产生的尘埃颗粒滤掉并被抽风系统及时吸走。产生灰尘的加工区应和机床的主轴部件及液压、电气系统严加隔离。此外还可以通过对这些部件施加微压,以防止灰尘的侵入。对铝合金或纤维等增强塑料进行干切削时,必须采用高速加工中心或其他高速数控机床。其主轴转速一般高达 25000~60000r/min,主电动机功率为 25~60kW,通常都采用电主轴的传动结构方式;进给速度高达 60~100m/min,加速度为 $2g \sim 8g$($g = 9.81$m/s^2),为普通数控机床的 10 倍以上,现已逐步用直线伺服电动机替代滚珠丝杠来实现高速进给运动。

(3) 干切削的工艺技术。

工件材料在很大程度上决定了实施干切削的可能性。难于进行干切削的工件材料和加工方法的组合如表 2.5 所示。

表 2.5　难于进行干切削的工件材料和加工方法组合表

加工方法 工件材料	车削	铣削	铰削	攻丝	钻孔
钢		√	√	√	
铝合金		√		√	
超硬合金	√	√	√	√	√

注：√为难于进行干切削。

　　铝合金传热系数高，在加工过程中会吸收大量的切削热；热膨胀系数大，使工件发生热变形；硬度和熔点都较低，加工过程中的切屑很容易与刀具发生胶焊或粘连，这是铝合金干切削时遇到的最大难题。解决这一难题的最好办法是采用高速干切削。在高速切削中，95%～98%的切削热都传给了切屑，切屑在与刀具前刀面接触的界面上会被局部熔化，形成一层极薄的液态薄膜，因此切屑很容易在瞬间被切离工件，大大减小了切削力和产生积屑瘤的可能性，工件可以保持常温状态，既提高了生产效率，又改善了铝合金工件的加工精度和表面质量。为了减少高温下刀具和工件之间材料的扩散和黏结，应特别注意刀具材料与工件之间的合理搭配。例如，金刚石（碳元素 C）与铁元素有很强的化学亲和力，故金刚石刀具虽然很硬，但不宜于用来加工钢铁工件；钛合金和某些高温合金中有钛元素，因此也不能用含钛的涂层刀具进行干切削。又如，PCBN 刀具能够对淬硬钢、冷硬铸铁和经过表面热喷涂的硬质工件材料进行干切削，而在加工中、低硬度的工件时，其刀具寿命还不及普通硬质合金的寿命高。

　　硬车是一种以车代磨的新工艺，用于某些不适宜进行磨削的回转体零件的加工，是一种高效的干切削技术。在对氮化硅（Si_3N_4）工件进行硬车时，由于该材料有极高的抗拉强度，使任何刀具都很快破损。可采用激光辅助切削，用激光束对工件切削区进行预热，使工件材料局部软化（其抗拉强度由 750MPa 降至 400MPa），则可减小切削阻力 30%～70%，刀具磨损可降低 80%左右，干切削过程中的振动也大为减小，大大提高了材料切除率，使干切削得以顺利进行。

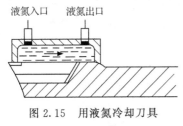

图 2.15　用液氮冷却刀具
加工示意图

　　钛铝钒合金（Ti_6Al_4V）和反应烧结氮化硅（RBSN）是典型的难加工材料，其传热系数很小，干加工中产生大量的热，使刀具材料发生化学分解，刀具很快磨损。图 2.15 为用液氮冷却刀具加工这类材料的新方法。

　　在车刀前刀面上倒装了一个金属帽状物，其内腔与刀片的上表面共同组成一个密闭室。

帽状物上有液氮的入口和出口。在干切削过程中,液氮不断在密闭室中流动,吸收刀片上的切削热,使刀具不产生过高的温升,始终保持良好的切削性能,顺利实现干切削。图 2.16 是用 PBCN 刀具加工 RBSN 工件材料时刀具磨损量的实验结果。在不使用液氮冷却刀具时,PCBN 刀具车削长度仅为 40mm,后刀面磨损量却高达 3mm,切削无法进行下去。采用上述液氮装置后,刀具磨损情况大为改善,车削长度 160mm 后,后刀面仅磨损 0.4mm。被加工工件的圆度误差也从 20μm 减至 3.2μm。液氮是一种很容易获得的原料,价格便宜,还可以反复使用。

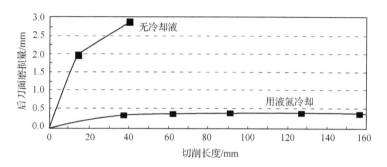

图 2.16　用 PCBN 刀具加工 RBSN 工件材料时刀具磨损量的实验结果

2) 低温强风冷却切削[146]

用低温强风对切削部分冷却和排屑是一种新的无污染加工方法。通常,人们认为气体的比热低,因此冷却效果比液体差,但采用低温风作为介质进行吸热、传热和对流,与此同时通过降低切削环境温度加快了切削热在工件、切屑和刀具上的传导,可达到降低温度、提高刀具耐用度的目的。由传热的基本方程 $Q = a \cdot A \cdot \Delta Q$ 也可以说明低温风冷却能够获得理想的冷却效果和经济效益。

（1）一般冷却气体介质温度可以控制在 $-50 \sim -15℃$ 内,而切削液不能低于 $0℃$,低温气体扩大了切削区温度和冷却介质之间的温差 ΔQ,因此有较强的冷却能力。

（2）一定压力的气体射向切削区,其通过切削区的流速大于一般浇注切削液,单位时间通过切削区截面的冷气越多,说明通过切削区动态的换热面积 A 越大,因此冷却的能力和效果也越好。

（3）气体比液体更容易进入切削区及刀具与切屑和工件的接触界面,冷却作用更直接受益。气体介质是空气,无成本,也无排放和处理费用。因此,切削过程的运行效果和效益均比较理想。

建造一个有效的低温气体冷却系统,如图 2.17 所示。

图 2.18 为采用水基浇注冷却、自然冷却和低温风冷却（-15℃）三种冷却条件下,以 $v = 49\mathrm{m/min}$、$f = 0.15\mathrm{mm/r}$ 的工艺参数切削轴承钢得到的切削力对比曲

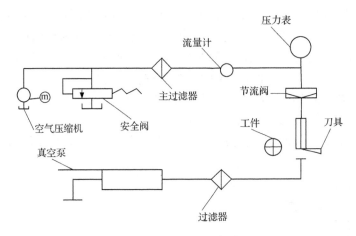

图 2.17　低温气体冷却系统

线。由图可见,自然冷却切削时切削力最大,低温风冷却次之,水基浇注冷却最小;随着切削深度加大,切削力上升,低温风冷却曲线有向水基浇注冷却曲线靠近的趋势,且都远离自然冷却曲线,说明随着切削力增大,低温风冷却效果越来越好。

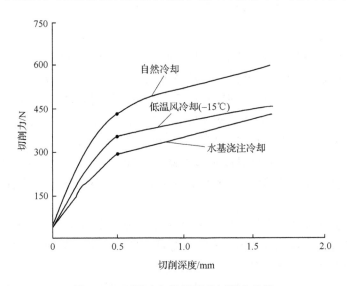

图 2.18　不同冷却条件下的切削力比较

　　图 2.19 是用不同冷却方法切削 45♯钢,取 $a_p = 1.0$mm、$f = 0.2$mm/r 时切削热对比曲线。由图可见,具有和图 2.18 同样的趋势,切削热的温度越高,低温风冷却的冷却效果越好;在一定条件下超过了水基浇注冷却的冷却效果。这些实验都表明,低温风冷却能取得良好的冷却效果,且随着切削力、切削热增大,效果更加明显。

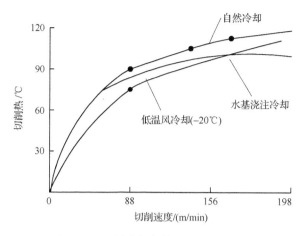

图 2.19　不同冷却条件下的切削热比较

　　如果以低温风冷却为基础,辅以微量润滑油及冷却介质,借助低温风射流在雾化中射向切削区,则射向切削区的润滑油比常规加注方式更容易进入切削区,减少摩擦;冷却介质以特殊的方式射向切削区,如能达到沸腾汽化,其换热冷却作用远远高于一般的冷却,从而能充分地降低切削温度,保护和延长刀具切削性能,增强被加工零件质量的稳定性;同时好的冷却效果能减少润滑油在切削区的挥发,增强润滑作用,使整个切削过程各个因素作用效果趋于良性循环。这种切削方式称为准干切削加工。理想的准干切削是以低温或亚低温气体射流为动力,给予切削区最小润滑(满足基本的润滑条件)和最大冷却(有限冷却介质达到沸腾汽化的最大冷却效果),极大地提高切削过程各效果的冷却切削方法,或称之为最小润滑、最大冷却技术。低温风冷却切削(-12℃)和准干切削两种情况下沿切削长度方向切削力的比较,如图 2.20 所示。可见,随着切削长度的增加,准干切削情况下的切削力增加得很缓慢,曲线较平坦,明显优于低温风冷却切削情况下切削力曲线随切削长度增加而上升较快的状况。这说明准干切削不仅比低温风冷却切削状况好,而且切削过程平稳性好,被加工零件的尺寸一致性好。

　　3) 金属注射成形技术

　　金属注射成形(metal injection molding ,MIM)是 20 世纪 80 年代以来粉末冶金学科及其相关领域研究的热点。通过在金属粉末中加入一定的聚合物及添加剂组元均匀混合,用注射成形机成形,然后将成形坯中的黏结剂脱除,最后经烧结致密化得到最终产品。

　　采用注射成形技术形成各种材质、形状的材料与制品,解决了多年来一直困扰粉末冶金领域的复杂形状制品成形难的问题。目前,全球范围内已有数百个为金属注射成形技术服务或直接从事金属注射成形技术的公司,其产品从传统工业用

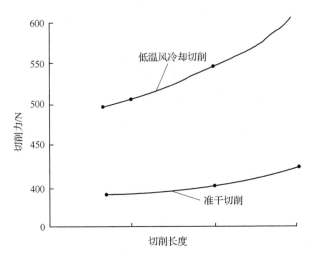

图 2.20　不同切削长度方向的切削力的比较

的硬质工具、机械产品到高温发动机部件,从计算机用的磁盘驱动器到手表业用产品、医用产品,甚至军工产品等近百种。因此,金属注射成形技术被誉为当今最热门的零部件成形技术。

金属注射成形技术由于采用注射成形,可以一次成形出各种复杂形状,如各种外部切槽、外螺纹、锥形外表面、交叉孔和盲孔、凹台与键销、加强筋板、表面滚花等,免除了烦琐的多道机加工工序,减少了材料的消耗;由于在流动状态下,均匀填充模腔成形,模腔内各点压力一致,消除了传统粉末冶金压制成形不可避免的沿压制方向的密度梯度;并可以获得组织结构均匀、力学性能优异的近净成形零部件,而且可以实现不同材料零部件一体化,材料适应性广、自动化程度高、生产成本低,材料的利用率几乎达到 100%,是绿色工艺技术的典型代表之一。据初步调查,仅在轻武器行业中,金属注射成形技术就有着巨大的潜在市场,有近 25% 的零部件适合于用粉末冶金注射成形技术来生产。

金属注射成形的关键技术包括黏结剂技术、脱脂技术、烧结技术、精度及成分控制和计算机模拟等。

(1) 黏结剂技术。

黏结剂是金属注射成形技术的核心,其加入与脱除最为关键,对注射成形坯的质量、脱脂、尺寸精度、合金中碳和氧的含量等影响很大,因此得到越来越多的关注。

理想的黏结剂应具备以下特征。

① 熔点低、固化性好,在室温具有较高的强度(大于 4MPa);黏度低(一般小于 10Pa·s)、流动性好,且黏度随温度变化小,粒度对应变速率的敏感性小。

② 与原料粉末间不发生化学反应,与粉末润湿性好(润湿角小于 5°),黏附性强。

③ 黏结剂中各组元可化学部分互溶,不发生相分离,热分解温度范围宽,其分解产物无腐蚀性、无毒、残留量低、金属含量低,分解温度应高于混合温度和成形温度。

④ 黏结剂的成本低、易获取、生产安全、不污染环境、不吸水、无易挥发组元、循环加热不变质(可重复使用)、热导率高、热膨胀系数小、链节长度短、无结晶取向。

目前研究较多的黏结剂体系为热塑性体系(蜡基黏结剂、聚合物基黏结剂)、热固性体系、凝胶水基体系。

(2) 脱脂技术。

通过对脱脂动力学的分析,可以发现在脱脂过程中存在动力学控制步骤转化的过程,有学者提出了临界厚度的概念。临界厚度大,意味着脱脂初始阶段升温速率可以较快,脱脂所需时间可以相对缩短;临界厚度小,脱脂初始阶段就必须缓慢升温,以免产生鼓泡、裂纹、变形等缺陷。生产实践中临界厚度越大,脱脂处理越容易。通过对脱脂过程中控制步骤的理论计算,可以得到脱脂临界厚度与粉末大小、脱脂温度和装载量的关系:①临界厚度与粉末颗粒大小成正比关系,粉末颗粒越大,临界厚度越大;②临界厚度与脱脂温度成反比关系,温度越高,临界厚度越小;③临界厚度与装载量成反比关系,装载量越大,临界厚度越小。

(3) 烧结技术。

传统的液相烧结过程分为三个阶段,即液相生成与颗粒重排、固相溶解与析出、固相骨架形成和晶粒长大。液相烧结合金的大部分致密化发生在固相烧结阶段。缺陷的扩散及相互作用、合金相的形成,以及碳相促进钨颗粒自扩散,产生晶界迁移,形成多面体形钨晶粒,是导致大部分致密化的主要原因。缺陷的相互作用在早期阶段起作用,相的形成是相互作用的多组元体系液相烧结高密度合金致密化的主要原因。合金元素的互扩散产生新缺陷,有助于致密化。粒度和孔隙度对致密化有较大影响。小空位的扩散相当于原子扩散,很明显,在此阶段主要是原子的表面扩散占优势,表面自由能降低为主要驱动力。细粉末具有较大的比表面,驱动力较大、致密化较快,此阶段为固相烧结的早期阶段。若还存在其他更重要的因素,则缺陷的相互作用不是产生致密化的主要原因。

(4) 精度及成分控制。

随着金属注射成形技术的发展,金属注射成形制品的尺寸精度在不断提高。在硬质合金、铁基合金的注射成形中,成分控制(特别是碳含量的控制)对零件的性能有很大影响。碳含量是影响硬质合金性能的关键因素,微量的碳含量波动会引起合金相组成的变化,从而影响合金的性能。

（5）计算机模拟。

目前国际上对粉末注射成形过程的模拟研究绝大部分都是沿用塑料注射成形过程的研究方法，即基于连续介质模型，不考虑喂料在流动过程中的内部结构变化及模壁冷凝层的影响，并认为流动是充分发展的，引入润滑近似理论，将充模过程视为广义的 Hele2Shaw 流动，使之成为一个相对简单的非线性动力学系统。大部分聚合物成形和粉末注射工艺的模型都以 Hele2Shaw 模型为基础。

当采用有限元法和有限差分法分析数值时，两种方法的相似性在于将一个偏微分方程式转变成一系列几何方程；不同之处在于有限元法将区域划分成离散的有限块，然后用泰勒展开式得到足够精确的解，而有限差分法则是采用可能会降低精度的梯形小格子来代替斜边区划分出大量区间的方法，编程简单、运算有效。在一定内存的情况下，有限差分法比有限元法多计算 20～50 倍的单元格子区，这样就能处理小区间现象和大的温度、速度梯度的情况，因此特别适用于在快速填充时因低热传导性而具有大的温度、动量梯度特征的粉末注射成形和聚合物成形工艺。

国内学者还提出设想，将分形和混沌理论引入金属注射成形过程的研究，建立颗粒模型、两相流模型，采用多重网格等新的数值方法进行过程模拟来解决问题。大力开展计算机模拟技术的研究，发展更加符合实际状态的颗粒模型和相应的数值模拟计算方法，开发出诸如产品设计、生产过程控制与模拟的计算机应用软件，可以更深入地分析粉末成形过程，研究粉末成形本质，缩短产品开发周期，提高产品质量。

4）喷雾冷却技术

切削液在金属切削中主要起两个作用：一是润滑作用；二是冷却作用。切削液能否充分发挥有效的润滑作用，其渗透能力强弱是一个重要的因素。常规的浇注式切削液在切削加工中的渗透以液体渗透和气体渗透两种方式进行：液体渗透效率较低，在高速切削时效率更低；气体渗透是由于浇注在切屑表面裂纹中的液体随着切削温度的上升发生汽化而向前刀面进行渗透的。实验证明，常规切削液的渗透能力不强，能够被汽化的液体量很少，使润滑效果受到限制。而喷雾冷却形成的气液两相流体，能够弥补切削液渗透能力的不足。气液两相流体喷射到切削区时，有较高的速度，动能较大，因此渗透能力较强。此外，在气液两相射流中微量液体的尺寸很小，遇到温度较高的金属极易汽化，可从多个方面向刀具前刀面渗透。虽然射流中的液体量很少，但被汽化的部分则比连续浇注切削液时多，因此润滑效果较好。

在金属加工中切削热主要来源于金属的塑性变形，切削区的冷却过程就是固体与流体之间的传热过程。由于流体与固体分子之间的吸引力和流体黏度作用，在固体表面就有一个流体滞流层，从而增加了热阻。滞流层越厚，热阻越大，而滞流层的厚度主要取决于流体的流动性，即黏度。黏度小的流体冷却效果比黏度大的流体冷却效果好。

喷雾冷却就是将微量液体混入压力气流中,形成雾状的气液两相流体,通过喷雾产生射流,射到切削区,使工件和刀具得到充分冷却和润滑。

由于喷雾冷却具有良好的冷却和润滑效果,在切削加工过程中应用喷雾冷却技术可显著提高切削加工生产效率和零部件加工质量。

(1) 两相射流对切削区有清理作用,减少了氧化皮、细铁屑等对刀具的磨损,可提高刀具的耐用度;喷雾冷却装置体积小,安装操作方便;冷却液耗量少,工作环境清洁,有利于保护操作者的身体健康。

(2) 喷雾冷却技术特别适合用于高速切削、缓进给磨削、强力磨削等发热量大的加工场合,以及加工精度要求高的高强度、高硬度合金钢材料。

(3) 将喷雾冷却装置用于数控机床,可实现冷却自动化;如在普通机床上应用,通过简化结构,以手动气路开关代替分水滤气器和电磁阀,可在实现喷雾冷却的同时降低成本。

5) 刀具涂层技术

经过表面涂层的高速钢刀具和硬质合金刀具已得到广泛应用。近年在工业发达国家中,涂层刀具占全部刀具使用量的一半以上。随着科学技术的进步,难加工材料的使用日益增多,材料的力学性能不断提高,而且对加工效率的要求也不断提高,传统的未涂层刀具常常不能适应新的要求。一般高速钢刀具的硬度仅为62～68HRC(760～960HV),硬质合金刀具的硬度仅为 89～93.5HRA(1300～1850HV),对于难加工材料的高效加工已不适用。可以采取各种措施,提高刀具材料的硬度与耐磨性,但同时必然带来刀具材料抗弯强度和冲击韧性的下降,即材料变脆,从而影响着刀具的使用性。在韧性较好的刀具基体上,进行表面涂层,涂覆具有高硬度、高耐磨、耐高温材料的薄层,是解决上述矛盾的最好方法。刀具经过涂层后,与未涂层刀具相比,允许采用更高的切削速度,从而提高了加工效率;能在同样的切削速度下大幅度地提高刀具使用寿命;减小刀具与工件材料之间的摩擦系数,从而减小切削力;能改善被加工零件的表面质量;能使涂层硬质合金刀片有较宽的适用范围。

刀具表面涂层的关键技术如下。

(1) 涂层材料应有良好的力学性能和耐磨性,且能耐高温。

(2) 涂层材料必须与基体材料有良好的结合强度。

(3) 涂层材料的物理性能与基体材料要有良好的配合。例如,二者的线膨胀系数应尽量接近,以免刀具表面在涂层过程中产生残余拉应力。

(4) 涂层前要进行必要的预处理,如表面净化和 CVD 涂层前的切削刃钝化等。

(5) 要有先进的涂层设备和涂层工艺。

3. 绿色包装技术

1) 绿色包装设计原则

(1) 避免过分包装。

过分包装现象目前很严重,如包装层次过多、繁杂花哨、喧宾夺主(包装成本超过产品成本),这样不但造成资源浪费和环境污染,而且增加了产品成本。一般情况下,产品包装层次为1~2层,常见的为2层,即内包装和外包装,有的中间夹一层,也有只用一层包装的。在进行包装设计时应考虑避免过分包装,如减少包装体积、重量、层数,采用薄形化包装等。

(2) "化零为整"包装。

对一些产品尽量散装或加大包装容积,对产品进行"化零为整"包装。一些发达国家的散装水泥推广非常快,如日本、美国水泥的散装率已分别达94%和92%,西欧大多数国家也达到60%~90%。据统计,每发展1万t散装水泥可节约袋纸60t、造纸用木材330m³、电力7万度、煤炭111.5t,减少水泥损失500t,综合经济效益32.1万元。而目前我国水泥散装率只有10%左右。

(3) 设计可循环重用包装。

例如,某厂的机床以前采用木材包装,消耗大量来自大自然的木材,对环境直接造成影响;后来改成水泥板包装结构,每次机床产品运到用户后,可方便地拆卸回收水泥板,反复使用。另外,批发运输的包装常常用可重用容器,如各种大小的箱子、钢丝框、木箱、瓶子、塑料盒等是其代表形式。

(4) 设计可拆卸性包装结构。

设计可拆卸性包装结构有利于减少包装回收利用的工作量、降低回收成本、提高回收价值。

(5) 设计多功能包装。

日本出现了一些多功能包装。将包装制成展销陈列柜、储存柜、玩具等,延长了包装的生命周期。

另外,通过改善产品结构使其适应包装设计,也有助于简化包装。在实际的包装结构设计中,应结合实际,根据具体情况,设计合理的包装结构,减少包装材料的消耗和对环境的污染。

2) 绿色包装材料选择

(1) 选用无毒无害材料。

在包装品的设计和生产中,要尽量减少有害物质,特别是重金属、卤素等更应剔除干净。在满足质量、功能等要求的前提下,应尽量使用其他无毒材料来代替。例如,日本金属罐行业已逐渐淘汰了锡的使用,在许多情况下都采用非锡罐。

(2) 选用可再生包装材料。

可再生包装材料是指在包装使用废弃后,经过加工处理后,可以重用的包装材料。目前,纸、玻璃、铝等包装材料的回收技术已比较成熟,因此回收率较高。

(3) 选用可降解的包装材料。

特别是塑料包装材料,因为目前很多塑料包装材料都不能降解,而焚烧处理又将产生大量的有毒气体,所以应该考虑可降解的塑料或其他可降解材料加以取代。按美国材料实验学会(ASTM)在 1989 年确定的定义,可降解塑料是在特定时间和环境的条件下,其化学结构将发展变化的一种塑料。根据促进化学结构发生降解变化的因素来分类,降解塑料可分为生物降解塑料和光降解塑料两类。前者在细菌、真菌和藻类等微生物作用下,塑料产生分解直至消失。后者在日光照射或其他强光源下,发生劣化反应,从而丧失机械强度而分解的塑料。

(4) 避免包装材料超标。

目前的包装行业出现这种现象:一是在材料的种类上盲目上档,如对同一商品包装,能用纸质的,偏要用塑料的,能用塑料的,偏要用金属或陶瓷的,能用国产的,偏要用进口的;二是在材料等级上一味攀高,如同一包装材料,能用中、低档的,偏要用高档的,能用薄型的,偏要用厚型的,能用低克重的,偏要用高克重的。这样造成了严重资源浪费和环境污染。

(5) 减少材料种类。

一般来说,多种材料包装不像单一材料那样适合回收利用。

(6) 采用回收再生材料。

由于包装通常是一次性消费,可以采用再生材料,这样不但可以降低成本,还可以节约材料和促进材料的回收再生。

以上介绍的是常见的选择材料原则。在实际选择包装材料时,应根据具体的情况,综合考虑多方面的因素,如成本、产品特性等,选择合理的生态包装材料。

3) 绿色包装回收处理技术

绿色包装的回收处理技术主要包括填埋、焚化、降解、回收利用等。由于各国国情不同对包装废弃物处理的方法也有较大差异。日本使用填埋、焚烧和回收利用的百分比分别为 23%、64% 和 13%;欧洲大多数国家以焚烧为主,如瑞士、丹麦、德国的处理方法中焚烧所占的百分比分别为 80%、75%、50% 以上;而美国的处理则以填埋为主。

(1) 填埋。

填埋即将包装废弃物填埋于凹地里。这是包装废弃物处理中技术简单、经济省力、历史悠久的一种最简便方法,不少国家过去以此作为包装废弃物的一种主要的处理方法。但该方法占用了地球上有限的土地资源,对不可降解的塑料又会成为长期埋存地下的垃圾,不仅污染了环境,而且浪费了大量可从塑料废弃物中提取的有价值的原料资源和能源。除此以外,一般普通的填埋场由于设施简陋,其填埋的垃圾缺少氧化而自然退化缓慢,其渗出液又会污染地下水源,逸出的甲烷气体会污染空气和引起爆炸,因此受到居民的强烈反对。现代化的填埋场增设了防渗衬垫,设置了渗出液引流装置和甲烷排放装置,虽然避免了普通填埋场的缺陷,却使填埋场投资和填埋处理费急剧增加。1970 年,美国每吨包装废弃物的填埋处理费仅为 2 美元,而 1988 年却猛增到 50 美元。因此,随着近年包装废弃物的迅速增加,填埋这种处理方法已被许多国家所摒弃。但在我国,当其他处理方法尚未发展起来时,利用城郊农村的山谷、低地填埋,也不失为解决包装废弃物处理的一种方法。

(2) 焚烧。

焚烧即将废弃物丢入焚烧炉中焚化。这是日本和欧洲国家处理包装废弃物的一种有效方法。其主要目的是消灭垃圾,但有些塑料垃圾(如聚氯乙烯、聚丙烯腈)在焚烧时会产生有害气体,损伤炉体,同时造成空气中的二次污染形成公害;尤其是排放物可能导致酸雨,剩余灰烬中残存重金属及有害物质,对生态环境及人类健康造成危害;加之焚烧炉设备投资大,处理费用高,德国每吨包装废弃物焚烧处理成本达到 53 美元。因此,现在单纯焚烧处理已逐渐受到限制。目前,一方面,对焚烧炉进行改进,设置排烟脱硫设备或电器吸尘机,使垃圾充分燃烧;另一方面,通过焚烧回收热能,用于发电,燃烧 1kg 塑料可回收热能 18.4 ~ 46.0MJ（4400 ~ 11000kcal）,发电量约为 5234～6987 kW/t。因此,通过焚烧回收热能和发电被认为是一种再资源化手段而日益受到重视。日本和欧洲一些国家主要通过焚烧发电,比利时等国则通过焚烧供给工业用蒸汽。卢森堡 90％的包装废弃物用于焚化处理,丹麦为 25％,日本为 64％。美国则认为焚烧排放的气体有害国民健康,浪费可用尽资源,焚烧回收热能的成本又很高,因此使用焚烧率远低于西欧和日本。我国人口众多,消耗的废弃物绝对数量也多,焚烧对我国应是一种处理废弃物可选用的方法,尤其是焚烧后能量可供发电、取暖,有较大的经济效益和社会效益。我国应当引进国外先进的焚烧炉（如丹麦等国生产的)技术,选择好布点位置,逐步在我国各地推广使用。

(3) 降解。

针对塑料包装而言,主要有光降解塑料和生物降解塑料。前者是在太阳光辐照条件下产生分解而消失,受地理环境和气候制约性很大,因此推广应用受到限制;后者是在微生物作用下产生分解而消失,该技术尚未完全成熟,而且要达到对环境无污染,必须与堆肥化处理配合,但该方法是实现塑料包装废弃物回归大自然循环的好办法。

(4) 回收利用。

回收利用主要包括循环重用、机械回收再生、化学回收再生、堆肥化。循环重用是指某些包装使用后,经过一定处理可多次重复使用。回收再生则是保护环境、促进包装材料循环再生利用的一种最积极的包装废弃物回收处理方法,也是解决固体废弃物最有效的方法。近年来,包装废弃物的回收利用越来越受到世界瞩目,它不仅是一个技术问题、经济问题,而且更是一个社会工程问题,主要包括:废弃物的回收、分选及分离、再生产三个环节。当前包装废弃物的回收利用技术主要有以下几个方面。

① 循环重用。

循环重用是一种有效节约原料资源和能源、减少包装废弃物的重要手段。包装行业应当十分重视发展这种手段,采取多种措施积极发展能回收复用的包装,努力提高包装重用率。包装重用率的提高,一是推行押金制度和有偿回收。在德国、瑞士、荷兰等国均实行押金制度。在美国还实行一种"有偿回收"的办法,在一些公共场所设置玻璃自动回收机,当空瓶投放入机器后,自动付出硬币。机器将空瓶压碎,再按透明和有色两种分类储存。二是开发灭菌洗涤技术和重灌装的浓缩产品。瑞典等国重视使用灭菌洗涤技术,使 PET 瓶重复使用 20 次后废弃,有一家最大的乳晶厂近年还推出一种重复使用 75 次的聚碳酸酯树脂塑料瓶。德国大量使用可回收的碳酸酯瓶罐,采用新技术,可回收再利用 100 次以上。美国大力发展浓缩的洗涤用品和相关的重灌装技术,如 Downy 和 Tide 等织物洗涤品均是可重灌装的浓缩产品,其重灌率达到 40％。三是发展周转包装。食品及禽蛋的周转箱已在我国推广使用,集装箱运输,尤其是灌装散装水泥也在我国发展很快。目前我国集装箱已发展到 40 万～50 万箱,其中灌装散装水泥已达到 2000 多万 t。在日本和我国还研究开发了钢桶的修复技术和设备,努力提高钢桶的重用率。

② 机械回收再生。

机械回收再生可以分为简单再生和复合再生两种。简单再生主要用于包装容器厂家的边角废料,也包括易清洗回收的一次性使用的废弃物,其成分比较简单、干净。再生料可单独使用或以一定比例掺混在新料中使用,并可采用现有工艺和设备,是目前主要采用和行之有效的方法。复合再生主要用于商品流通消费后通过不同渠道收集的包装废弃物,其特点是杂质多、脏污较严重、回收困难。其回收技术实质上涉及废弃物的利用问题,需要较高的回收技术和高效设备,各国都投以较大的人力和物力进行研究开发。

③ 化学回收再生。

化学回收再生作为调和塑料与环境的可行性办法而受到各国的重视。该方法是将包装废弃物由聚合物分解为单体、化合物、燃料等可再用成分,使塑料回收真正成为闭环过程。它与机械回收再生相比具有以下优点:分解生成的化工原料的质量可与新料媲美,而机械回收再生聚合物均有不同程度的降解。另外,化学回收再生具有大量处理废弃物的潜力,既能实现再资源化又能真正治理塑料废弃物对环境的污染。化学回收再生虽然从反应机理而言并不新颖,但要全部投入使用还有不少工程技术问题有待解决。

④ 堆肥化。

堆肥化虽是古老的、传统采用处理生活垃圾的方法,但随着技术的进步和生物降解塑料技术的开发,近年来才开始被欧美国家认可,并用于处理大规模包装废弃物。具有导向性的欧盟规划中将堆肥化作为包装材料回收利用的一种方式,即重新利用有机废弃物来改良土壤,并正在建立有机物回收和堆肥化联合会(ORCA)。该联合会以欧洲政府部门和立法局的名义印发有关堆肥化文件,论述有关包装废弃物的堆肥化不但可作为正在受到威胁的泥土的补给,而且有助于阻止欧洲大陆质量的逐渐下降。德国、英国、法国在新的有关废弃物处理法规指导下,也开始将堆肥化作为一种回收利用方式。德国法兰克福学院前几年发表的有关报告中指出,德国目前约有 15 个城市采用堆肥化方法处理包装废弃物中的有机成分,德国拟广泛推广应用堆肥化系统,并建议生物降解包装材料的堆肥化应当认为等同于它们的回收,这将使国家有关废弃物处理法中规定的包装工业要求达到 60% 的回收目标较容易实现。法国拥有 100 套堆肥化设备,这些设备每年能处理 150 万 t 的家庭混合废弃物,从而能生产 60 万 t 的堆肥化产品。

堆肥化技术虽已逐渐进入实用化,并被认为是一个有发展潜力的处理方法。但目前存在一些问题,特别是尚缺乏堆肥化产品的质量标准,意大利、法国的一些地区曾出现对某些堆肥化产品杂质含量过高的抱怨。因此,进一步完善堆肥化设备与处理技术,尽快通过鉴定与监测系统建立相应的质量标准是堆肥化技术能否迅速开展运用的关键。

我国堆肥化技术的研究已经起步,为使之在改良土壤、增进肥力方面发挥更大的作用,今后应更进一步加大研究和应用的力度。

4. 绿色回收处理技术

1) 废旧产品可回收性分析与评价技术

综合评价废旧产品不同层次的处理方案(如产品再制造、零部件再利用或再制造、材料回收、填埋等),对各种方案的处理成本和回收价值进行分析与评价,确定出最佳的回收处理方案,从而以最少的成本代价,获得最高的回收价值。

2) 废旧产品绿色拆卸技术

主要研究与废旧产品拆卸过程有关的系列技术,如废旧产品拆卸模块划分及其拆卸深度、拆卸序列优化技术及拆卸调度、拆卸方式和工具选择技术、拆卸成本分析方法等。

3）废旧产品绿色清洗技术

再制造清洗是指在再制造过程中，借助于清洗设备将清洗液作用于工件表面，采用机械、物理、化学或电化学方法，去除设备及其零部件表面附着的油脂、锈蚀、泥垢、水垢和积炭等污物，使工件表面达到所要求清洁度的过程。由于清洗的位置、目的、材料的复杂程度不同，在清洗过程中所使用的清洗技术和方法也不同，常常需要连续或者同时应用多种清洗方法。通常采用的清洗方法有汽油清洗、热水喷洗或蒸汽清洗、化学清洗剂清洗或化学浴、擦洗或钢刷刷洗、高压或常压喷洗、喷砂、电解清洗、气相清洗、超声波清洗及多步清洗等方法。

4）废旧产品材料绿色分离/回收技术

对于无法重用的产品或零部件，通过材料的分离、分解而产生回收材料（包括金属材料和非金属材料两类）。主要研究废旧产品材料回收相关的技术，包括破碎、材料分离/分拣、焚烧、填埋等工艺。目前研究比较多的是印刷线路板的再资源化，其工艺方法有机械物理法、化学溶剂法、焚烧热解法，以及新出现的超临界流体技术等。

5）逆向物流管理技术

产品回收体系一般需要完成以下几个核心功能：收集、检验与分类、循环、废弃物处理、再分销。

逆向物流管理是指计划、实施及控制从消费点到目标源（包括 OEM 或第三方）的有效且成本可行的材料物流、在制品存货、废旧产品与相关信息的传递过程，目的是获得产品的残余价值及进行恰当的处理。有效的回收网络可以节约存货、运输及废弃物处理成本，同时改善对用户的服务，但也受到环境保护及企业理念的制约。

逆向物流管理技术的主要内容有：逆向物流网络设计技术、产品跟踪管理技术和库存管理技术等。逆向物流网络设计包括：确定回收系统中各种物流设施的选址、数量及其相应的物流量分配等，从而降低回收成本。

5. 绿色再制造技术

1）再制造设计技术

再制造设计技术包括：废旧产品可再制造性评价技术、再制造工艺设计、工艺装备设计、车间设施设计。

2）再制造先进工艺技术

高新技术在废旧产品再制造中的应用不但解决了再制造工艺中的难题，而且大大提高了再制造产品的质量和品质。这些高新技术包括：先进表面技术、再制造毛坯快速成形技术、纳米涂层及纳米减摩自修复材料技术、修复热处理技术、过时产品的性能升级技术等。

（1）先进表面技术。

运用单一表面技术在某些苛刻工况下很难满足要求，往往需要与其他表面技术加以复合，形成具有不同功能性的多元多层复合涂覆层，以提高再制造产品的性能和功能。

（2）再制造毛坯快速成形技术。

再制造毛坯快速成形技术是利用原有废旧的零件作为再制造零件毛坯，根据离散/堆积成形原理，利用 CAD 零件模型所确定的几何信息，采用积分的原理和激光同轴扫描技术进行金属的熔融堆积快速成形。

（3）纳米涂层及纳米减摩自修复材料技术。

纳米涂层及纳米减摩自修复材料技术是以纳米粉体材料为基础，通过特定的工艺手段，对固体的表面进行强化、改性，或者赋予表面新功能，或者对损伤的表面进行自修复。

（4）修复热处理技术。

修复热处理技术是解决长期运转的大型设备零部件内部损伤问题的再制造技术之一。有些重要零部件（如汽轮机叶片、锅炉过热管、各种转子、发动机曲轴等）制造过程耗资巨大、价格昂贵，在其失效后往往只是用作炼钢废料回收，浪费严重。

修复热处理技术是在允许的受热变形范围内，通过恢复内部显微组织结构来恢复零部件整体使用性能，如采用重新奥氏体化并辅以适当的冷却使显微组织得以恢复，采用合理的重新回火使绝大部分已有微裂纹被碳化物颗粒通过"搭桥"而自愈合等。

（5）过时产品的性能升级技术。

为延长废旧产品及零部件的技术寿命和经济寿命，要适时对过时产品进行技术改造，用高新技术装备过时产品，实现技术升级。

3）再制造质量控制技术

再制造质量控制技术包括：再制造毛坯的质量检测、再制造加工的在线质量检测、再制造成品的检测与评价。

再制造质量控制与检测技术研究主要采用涡流、磁记忆等无损检测技术评价服役再制造零部件的状态，建立再制造零部件的无损检测标准和评价规范；监测再制造过程中的技术工艺参数及零部件表面质量和性能，通过反馈实现再制造工艺的自动控制调节。

4）再制造生产计划与控制技术

再制造生产计划与控制包括对再制造企业内部的技术、设备、人员及生产过程进行管理，以保证获取最大的经济及环境效益。此阶段是废旧产品生成再制造产品的阶段，对再制造产品的市场竞争力、质量、成本等具有关键的影响作用，尤其是对高新再制造技术的正确使用和决策，可以决定产品的质量和性能。该阶段的管理是整个再制造管理的核心部分。

与制造系统相比,再制造具有更多的不确定性,因此也存在许多特殊问题,如材料回收的不确定性、随机性、动态性、提前期、工艺路线变性、工时变性和产品更新换代快等。当今消费者个性化需求也逐渐增多,这些都要求再制造商寻求更为柔性的工艺方法,以适应多变的市场需求。

再制造加工路线和加工时间不确定是实际再制造生产中最关心的问题。加工路线不确定是回收产品的个体状况不确定的一种反映,高度变动的加工时间也是回收产品可利用状况的函数。资源计划、调度、车间作业管理及物料管理等都因为这些不确定性因素而变得复杂。例如,在再制造操作中,有些任务(如清洗)比较明确,但有些生产活动随机性比较强,依赖于部件的状况。每个部件必须在清洗、测试和评价之后才能确定是否能用于再制造,再制造决策的滞后使得计划提前期变短。这增加了生产资源计划、调度和库存控制的复杂性,加大了管理的复杂性。

再制造生产与制造生产相比,具有许多新生工艺活动,需要对其管理进行特殊研究。例如,传统的制造过程中没有"拆卸—检测"这一环节,生产物流的最终目标是确定的;而再制造生产则不可缺少"拆卸—检测"这一环节,并且物料的去向由其自身状态决定,再制造的具体步骤与废旧产品的个体状态直接相关,具有更大的不确定性,这加大了生产计划的制定及生产路线的设计和仓储等的复杂性。这些不同于制造生产过程管理的内容都需要进行特殊研究。

再制造生产计划与控制包括:再制造的生产计划、生产调度、库存管理及控制策略等。

2.2　绿色制造运行模式总体框架

在借鉴现有研究和总结作者多年研究工作的基础上,本节提出了一种五层结构的绿色制造运行模式总体框架,如图 2.21 所示。

第一层是绿色制造的战略目标层,即制造企业经济效益和可持续发展效益协调最大化。第二层是企业运行过程目标层,包括时间(time, T)、质量(quality, Q)、成本(cost, C)、服务(service, S)、资源消耗(resource consumption, R)和环境影响(environmental impact, E)六大目标。实施绿色制造要实现产品开发周期及生产周期尽可能短、产品质量水平尽可能高、产品成本尽可能低、产品的售前及售后服务尽可能好、产品的资源消耗尽可能少、产品对环境的影响尽可能小。第三层是产品设计过程主线层,主要包括产品设计、材料选择、制造环境设计、工艺设计、包装设计、产品回收处理方案设计及再制造方案设计等。第四层是产品生命周期过程主线层,主要包括原材料获取(含产品材料、包装材料和辅助材料等)、制造加工过程、产品装配、产品包装、产品使用及维修、产品回收处理及再制造等。实际上,产

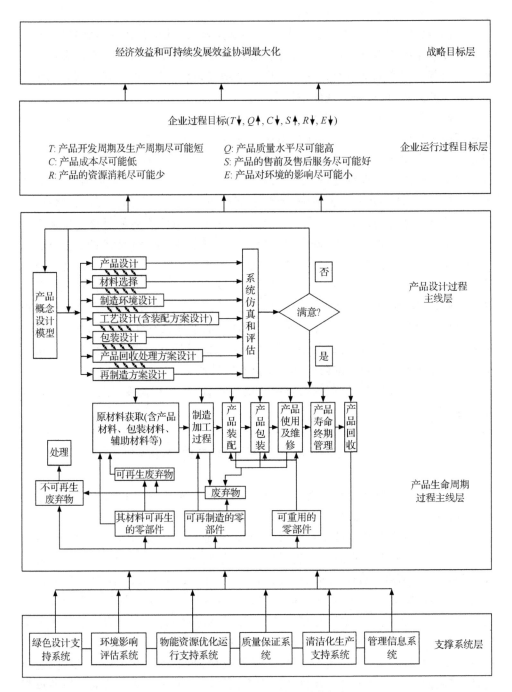

图 2.21　绿色制造运行模型总体框架

品设计也包含在产品生命周期过程主线中,但设计是其中的主导环节,产品整个生命周期的绩效在很大程度上是由设计阶段决定的,因此为了突出设计的重要性,单独建立产品设计过程主线层。第五层是支撑系统层,包括绿色设计支持系统、清洁化生产支持系统、管理信息系统和环境影响评估系统等。

　　五层结构之间的关系非常紧密,形成一个有机的整体。实施绿色制造首要的就是确定战略目标及实施绿色制造的动力所在,否则就会失去方向性。因此,第一层绿色制造战略目标层是制造企业追求的终极目标,是可持续发展战略的直接体现。第二层是第一层战略目标的具体体现,即战略目标通过六大过程目标来实现。六大过程目标可以进一步细分,形成更为具体的指标体系。第三层产品设计过程是产品生命周期的保障,体现了绿色制造从源头上解决资源环境问题(source reduction)的思想,同时设计过程要考虑战略目标和六个过程目标。第四层体现了产品生命周期思想,即绿色制造是面向产品生命周期的,在生命周期的每个环节都要考虑绿色制造理念,尽可能按照绿色设计的方案去开展,以实现其战略目标和过程目标。可以说,第三层和第四层是整个运行模式的具体载体。绿色制造的实施离不开各种支撑系统,第五层支撑系统层为整个绿色制造运行提供技术支撑。

　　下面将对绿色制造运行模式总体框架的五个层次进行更为详细的论述。

2.2.1　企业战略目标

　　绿色制造的实施要求企业既要考虑经济效益,又要考虑可持续发展效益。于是实施绿色制造的企业(简称绿色制造企业)追求的企业战略目标将从单一的经济效益优化变革到经济效益和可持续发展效益协调最大化,如图 2.22 所示。

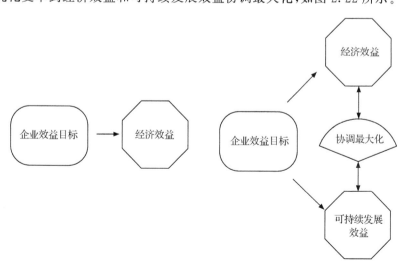

(a) 传统制造企业效益目标　　　　　　　(b) 绿色制造企业效益目标

图 2.22　企业最终目标变革

经济效益是企业存在与发展的基本条件。但是,新的市场环境赋予了企业取得满意经济效益的更加丰富的途径。

绿色制造企业追求的社会效益主要关注环境效益或可持续发展效益。环境对经济具有支持作用,可以从三个方面来理解。

(1) 环境提供了经济活动中所必需的原材料和能源,包括不可再生资源、可再生资源和半可再生资源。

(2) 环境具有吸收、容纳、降解社会经济活动中所排放废弃物的功能,即环境具有自净能力。这一功能具有公共特征,存在于市场交换关系之外。但是环境承载力是有限的。

(3) 环境向个体和社会提供了自然服务,这涉及经济活动过程与环境间物质和能量的直接性物理交换(生态和气候保护、物质材料的循环和能量的流动、生物差异等)及个体直接的福利效益(休闲、健康、美学等)。

协调优化强调经济效益与社会效益之间存在着有机的联系。

(1) 社会经济再生产过程以社会环境资源的再生产过程为前提条件,而社会环境资源的再生产过程又受到经济再生产过程的影响,并对其具有约束作用。污染物的产生和自然资源的消耗,以及环境质量状况是经济与环境的结合部。

(2) 环境具有有限的自净能力和资源再生能力,它决定了在一定条件下环境所能容纳、降解污染物的能力和为社会经济发展提供资源和能源的能力。如果社会经济活动产生的环境污染及对资源和能源的消耗与环境承载能力相协调,就能充分利用环境的自净能力与资源再生能力,达到环境与经济的协调发展。

2.2.2　企业过程目标

1. 企业过程目标体系

企业过程目标是进行绿色制造的决策所追求的目标。相对于美国麻省理工学院 Chryssolouris 教授于 1992 年提出的著名的制造决策属性的时间(T)、质量(Q)、成本(C)、柔性(flexibility, F)四面体模型,本节在模型中增加了环境影响(E)、资源消耗(R)、服务(S),如图 2.23 所示。减少了柔性,是因为模型中的时间目标有快速响应市场需求的含义,实际隐含了柔性的要求。加入服务属性,是因为对于现代制造企业,客户服务成为了一个重要的环节。客户满意度的提升和客户忠诚度的实现对于制造销售具有极其重要的意义。同时,将绿色制

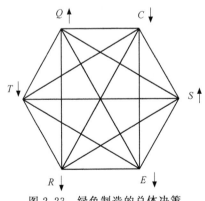

图 2.23　绿色制造的总体决策
目标框架

造的特征目标,即环境影响 E 和资源消耗 R 作为重要因素加以考虑。因此,该过程目标主要由 $T—Q—C—S—R—E$ 等决策指标组成。即在进行绿色制造决策时追求的目标是:产品开发周期及生产周期 (T) 尽可能短,产品质量水平 (Q) 尽可能高,产品成本 (C) 尽可能低,产品的售前及售后服务 (S) 尽可能好,产品的资源消耗 (R) 尽可能少,产品对环境的影响 (E) 尽可能小。这里的决策目标是从绿色制造全局的角度提出的,而不是局部的优化目标。这些目标集合只有处于一种整体最优化的状态,才可达到经济效益和可持续发展效益协调优化的战略目标。

2. 绿色制造目标体系的构成

根据绿色制造运行模式总体框架,制造企业实施绿色制造追求的目标包括时间、质量、成本、服务,以及资源消耗、环境影响。为了确定绿色制造目标方案,必须将六大目标进一步细分为更具体的指标体系。

1) 绿色制造成本目标的指标体系

(1) 设施和设备成本:实施绿色制造需要基础设施(场地、水、电、气供应、房屋等)、制造设备和储运装置等,这些方面的投资费用都将以折旧费的形式计入制造或产品的成本中。

(2) 材料成本:包括制造产品所需要的原材料、工具消耗和辅助材料(冷却剂、润滑油、清洗剂等)消耗。

(3) 劳动力成本:制造产品的直接劳动,也包括开发新工艺或产品付出的劳动。

(4) 能源成本:对耗能小的绿色制造过程,能源所占成本的比例低,可以忽略不计;但对耗能大的绿色制造过程,能耗甚至可能成为制造或产品的主要成本因素。

(5) 维护和培训成本:为保证绿色制造的正常实施所进行的维护、修理工作和需要的维护人员、备件等,以及为适应新设备、新技术、新法规、新标准的必要培训。

2) 绿色制造时间目标的指标体系

(1) 绿色制造的时间表示绿色制造对于产品的设计和生产过程变化(品种、批量、要求的交货时间等)而作出反应的快慢程度。为了使绿色制造具有较强的生存能力,一般都希望从产品的订货、设计、制造到产品出厂的整个过程时间要短;当生产过程发生变化时,反应要快,响应时间要短。

(2) 绿色制造的生产率表示绿色制造能以多快的速度制造出产品,即单位时间内生产绿色产品的数量。绿色制造的实际生产率除了与加工设备的生产率、工艺、夹具的先进性和操作人员的技术熟练程度有密切关系外,还与设备的可靠性有很大关系。可靠性是系统或设备在给定条件下和确定时间内完成所要求工作的可能程度。为了使绿色制造能可靠地正常运行,除了强调单个要素的可靠性外,最主要是简化整个系统或设备结构。在满足制造功能的情况下,优化结构,舍弃那些可有可无的环节,使整个系统或设备的可靠性提高。

3) 绿色制造质量目标的指标体系

产品质量反映的是产品满足用户期望值的程度。但是,用户满足与否不仅取决于产品的技术特性,还往往取决于产品的实用性、耐用性、绿色性和其他许多主观的、难以用数值来描述的因素。在规划、设计和运行绿色制造时,应该建立起绿色产品的质量指标体系。绿色产品的质量,应该从产品设计、产品制造和产品使用及维护等方面考虑。

(1) 产品设计之初就不合理(如结构欠佳、提出过高和不必要的技术要求等),会给制造和装配带来很大的困难,会增加制造和装配成本、增加制造和使用过程中物料和能源消耗等,因此用户对这类"天生"有缺陷的产品难以满意。不合理的产品设计可以通过性能评价、仿真技术、绿色产品生命周期评价等给予修正。在制造过程中的产品质量,可以用许多不同的尺度来评价。

(2) 在制造阶段,产品的质量是指生产工艺满足产品设计参数(如技术特征、性能、技术要求等)的程度,产品的质量实质上就是产品各种技术特征和性能的集合,主要包括两个方面的要求:构成产品结构和外形的几何特征,以及产品所用材料表现出的物理和化学性能。绿色制造生产出来的产品一方面要与事先提出的技术及资源环境要求相吻合,另一方面要很快地被市场所接受,这也是质量的两方面内涵。

(3) 有些制造质量方面的指标,要通过使用和时间才能给出确切的评价,如产品的能源消耗、环境影响、耐磨性、抗疲劳性等。

4) 绿色制造服务目标的指标体系

现代制造企业都将 20 世纪 80 年代中后期提出的"使顾客完全满意(TCS)"作为自己的业务工作理念、目标和精神,进行观念转变(从卖方主导市场转变为买方主导市场,确立 TCS 信念),建立以 TCS 为基础的企业文化,并将 TCS 的要求落实到每个部门与员工的工作要求与业绩考核上。

(1) 绿色制造系统的服务目标,除了考虑一般制造系统的 TCS 外,还需要考虑满足顾客的绿色需求,为顾客提供绿色产品。一项调查结果显示:瑞典 85% 的消费者愿意为环境的清洁而支付较高价格;加拿大 80% 的消费者愿意多付 10% 的价格购买对环境有益的产品;欧洲 40% 的消费者喜欢购买环境标志产品而放弃传统产品。

(2) 绿色制造的服务还要求企业对产品生命终期的废旧产品进行回收利用和无害化处理,做到对产品整个生命周期的服务。例如,目前在家电行业推广比较多的生产者责任制,即要求制造企业回收废旧产品。

5）绿色制造资源消耗目标的指标体系

（1）资源种类：可再生资源还是不可再生资源，稀有资源还是丰富资源等。

（2）资源特性：重点是制造资源对环境的影响特性、价格特性。

（3）资源消耗状况：绿色制造中资源消耗的绝对量、利用率、损耗率等状况。

6）绿色制造环境影响目标的指标体系

（1）生态环境影响，即绿色制造及其产品在整个生命周期中对生态环境造成的影响，如制造过程中产生的废气、废液、废物、噪声、辐射、产品寿命终结后的处理等对生态环境的影响。

（2）职业健康，产品全生命周期过程中各个环节可能对劳动者职业健康造成的损害。

（3）安全性，产品全生命周期过程中各个环节因故障等产生的设备及其周围环境的不安全性。

3. 绿色制造的决策框架模型

（1）决策目标向量的构成。

对前面所说的绿色制造的任意一个决策目标，一般情况下均包括复杂的组成部分。例如，环境问题包括：废弃物污染 E_1，噪声干扰 E_2，…，粉尘污染 E_i，…，废气污染 E_e 等。因此，可将以上各目标看成是由各组成部分组成的向量，如 E 可看成由 e 个部分（$E_1, E_2, \cdots, E_i, \cdots, E_e$）组成，即

$$\boldsymbol{E} = (E_1, E_2, \cdots, E_e) \tag{2.1}$$

同理，其他各目标可表示为

$$\boldsymbol{T} = (T_1, T_2, \cdots, T_t) \tag{2.2}$$

$$\boldsymbol{Q} = (Q_1, Q_2, \cdots, Q_q) \tag{2.3}$$

$$\boldsymbol{C} = (C_1, C_2, \cdots, C_c) \tag{2.4}$$

$$\boldsymbol{S} = (S_1, S_2, \cdots, S_s) \tag{2.5}$$

$$\boldsymbol{R} = (R_1, R_2, \cdots, R_r) \tag{2.6}$$

（2）决策问题向量的构成。

一个决策问题可看做由若干类决策向量 $\boldsymbol{X}, \boldsymbol{Y}, \cdots$ 组成；每一个决策向量 $\boldsymbol{X}$ 又包含若干个决策变量（$x_1, x_2, \cdots, x_m$），构成了各决策向量中的元素，于是整个决策问题的决策变量可用以下决策向量组描述：

$$\begin{bmatrix} \boldsymbol{X}(x_1, x_2, \cdots, x_m) \\ \boldsymbol{Y}(y_1, y_2, \cdots, y_n) \\ \vdots \end{bmatrix} \tag{2.7}$$

（3）技术经济模型的构成。

绿色制造决策问题中的决策变量大多是与技术问题有关的,而绿色制造中的决策目标 T、Q、C、S、R、E 主要与经济和环境问题有关。因此,本节将联系决策变量和决策目标之间的模型称为技术经济模型,即

$$\begin{bmatrix} T_i = T_i(\boldsymbol{X}, \boldsymbol{Y}, \cdots); i = 1, 2, \cdots, t \\ Q_j = Q_j(\boldsymbol{X}, \boldsymbol{Y}, \cdots); j = 1, 2, \cdots, q \\ C_k = C_k(\boldsymbol{X}, \boldsymbol{Y}, \cdots); k = 1, 2, \cdots, c \\ S_n = S_n(\boldsymbol{X}, \boldsymbol{Y}, \cdots); n = 1, 2, \cdots, s \\ R_m = R_m(\boldsymbol{X}, \boldsymbol{Y}, \cdots); m = 1, 2, \cdots, r \\ E_l = E_l(\boldsymbol{X}, \boldsymbol{Y}, \cdots); l = 1, 2, \cdots, e \end{bmatrix} \qquad (2.8)$$

技术经济模型体现决策变量到决策目标的映射关系,如图 2.24 所示。

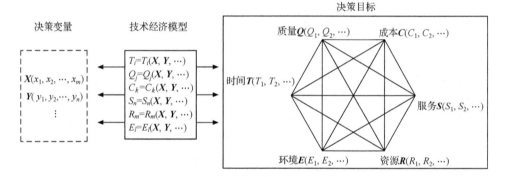

图 2.24　决策变量到决策目标的映射示意图

绿色制造的六大决策目标集合组成了绿色制造规划、设计、运行的目标函数,由决策变量到决策目标映射的技术经济模型为绿色制造的科学化、系统化的评价和决策提供了依据和条件。六大决策目标既相互独立,又紧密联系,因此应该以系统的观点去看绿色制造的总体决策框架模型,从而把握绿色制造的主要特征和内在联系。绿色制造的总体决策框架模型可以在绿色制造的决策过程中提供量化的分析结果,从而为决策提供辅助技术支持。

2.2.3　产品设计过程主线

制造的核心是产品,产品的特性 70％取决于设计。产品设计是指从确定产品设计任务书起到确定产品结构为止的一系列技术工作的准备和管理,是产品开发的重要环节,是产品生产过程的开始。产品设计阶段要全面确定整个产品的结构、规格,从而确定整个生产系统的布局,因此产品设计的意义重大,具有"牵一发而动全局"的重要意义。如果一个产品的设计缺乏生产观点,那么生产时就将耗费大量

费用来调整和更换设备、物料和劳动力。相反,好的产品设计,不仅表现在功能上的优越性,而且便于制造、生产成本低,从而使产品的综合竞争力得以增强。许多在市场竞争中占优势的企业都十分注意产品设计的细节,以便设计出造价低而又具有独特功能的产品。许多发达国家的公司都将设计看做热门的战略工具,认为好的设计是赢得顾客的关键。

而现有设计方法多考虑产品生命周期的某个或某些阶段的功能和性能,很少从全生命周期的角度系统考虑产品技术、经济和环境的综合特性。因此,要提高产品的绿色性能,必须从设计阶段开始。绿色设计策略围绕产品本身特性及其上述的产品生命周期各个阶段展开,其涉及的主要内容框架如图 2.25 所示。

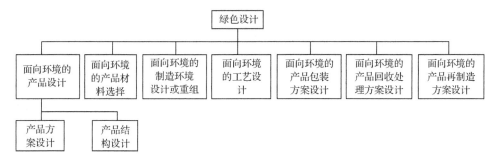

图 2.25　绿色设计的主要内容框架

1. 面向环境的产品设计

(1) 面向环境的产品方案设计。

产品方案设计一般是指涉及产品原理、方法、总体布局、产品类型等方面的选择和设计。面向环境的产品方案优化设计是指选择或设计产品方案,使得在保证产品功能和质量及其他必要条件的前提下,产品及其制造过程的资源利用率尽可能高、环境污染尽可能小。产品方案不同和产品方案设计的优劣将在很大程度上决定产品及其制造过程对环境的影响。例如,设计电冰箱产品,采用氟利昂制冷方案还是采用无氟制冷方案,显然对于产品本身,特别是使用过程对环境的污染将完全不同。

(2) 面向环境的产品结构设计。

面向环境的产品结构设计的主要目标是采用尽可能合理和优化的结构,以减少资源的消耗和浪费,从而减少对环境的影响。这方面的途径和措施很多,如简化产品结构,采用功能多样化和复合化的零件,以及简单的连接方法,使整体装置的零件数减少;优化构件布置,优化构件的相互位置关系及其相关尺寸的大小,减小产品的整体尺寸、体积和重量;改善构件受力状况,减少因构件破坏失效而造成的资源损失等。

2. 面向环境的产品材料选择

产品材料选取不当,将会对环境造成很大的影响和污染。面向环境的产品材料选择需要从材料的制备、加工、使用,以及报废处理等材料的全生命周期角度进行思考。例如,现有的一次性饮料杯有纸杯和聚苯乙烯杯,一般认为前者的材料是绿色的,因为它易于回收处理。但是,纸杯虽然产品本身的绿色性好,但纸的生产过程对资源和环境的影响大。因此,一次性纸杯和聚苯乙烯杯到底哪个绿色性好,还应根据实际情况(包括纸的生产过程)综合比较后确定。

进行面向环境的产品材料选择,由于其复杂性,至今没有固定、可靠的方法。应该根据实际情况,采用系统分析的方法从材料及其产品生命周期全过程对环境的多方面影响加以考虑,并综合考虑产品功能、质量和产品成本等多方面的因素,选择相对最优的材料。

3. 面向环境的制造环境设计或重组

制造环境是指实施制造过程的工厂、车间或制造单元。制造环境中设备和设施的构成、布局等也会对资源消耗、人们的工作环境状况及外部环境产生较大的影响。例如,能耗大的设备直接造成资源的浪费,并对环境污染产生影响;设备或生产线布局的不合理可能造成产品工艺路线难以优化,从而导致资源浪费;车间的脏、乱、差不仅直接影响生产环境和员工的情绪与身体健康,而且可能导致某些事故发生。

面向环境的制造环境设计或重组是指应根据产品的制造加工的要求,创造出一个低消耗、低噪声、高效率和优美协调的工作环境。这方面的工作既是一个技术问题,也是一个管理问题,应从两者的结合统筹考虑和实施。

4. 面向环境的工艺设计

面向环境的工艺设计又称绿色工艺规划。工艺规划是对制造加工方法和过程的优化选择和规划设计。一般来说,工艺规划包括两方面内容:工艺方案优化和工艺参数优化。工艺方案优化往往是从若干可能的工艺方案中选出其中最优或相对较优的方案。工艺参数优化一般是针对所选定的制造加工工艺,优选该制造加工过程的有关工艺参数,使得加工过程实现优化运行,如切削加工过程的切削用量优化就是此种情形。

大量的研究和实践表明,产品制造过程的工艺方案不同,物料和能源的消耗将不同,从而对环境的影响也不同。绿色工艺规划是一种通过对工艺路线、工艺方法、工艺装备、工艺参数、工艺方案等进行优化决策和规划,从而改善工艺过程及其各个环节的环境友好性,使得产品制造过程的经济效益和社会效益协调优化的工艺规划方法。环境友好性包括两方面的内容:资源消耗和环境影响。其中,资源消耗包括原材料消耗、能量消耗、刀具消耗、切削液消耗、其他辅助原材料消耗等;环境影响包括大气污染排放、废液污染排放、固体废弃物的污染排放和物理性污染排放,以及职业健康与安全危害。面向绿色制造的工艺规划不是对传统工艺规划的一种否定,而是对传统工艺规划的一种补充和发展,甚至是一种使得产品制造过程具有更好环境友好性的辅助手段。

5. 面向环境的产品包装方案设计

面向环境的产品包装方案设计,就是要从环境保护的角度,优化产品包装方案,使得资源消耗和废弃物产生最小。这方面的途径和措施很多,如采用可回收重用的包装材料和包装结构,使得包装可重复使用;采用可回收处理和再生的包装材料,避免包装废弃物对环境的污染;优化包装方案和包装结构,减少包装材料消耗等。

6. 面向环境的产品回收处理方案设计

面向环境的产品回收处理问题是个系统工程问题,应从产品设计开始就要充分考虑这个问题,按照回收利用的效率,依次考虑产品可拆卸性和零部件的重用性、产品材料的可回收性、材料的可降解性和可处理性,尽可能减少焚烧或填埋等处理方式。

2.2.4　产品生命周期过程主线

本节从原材料获取、产品制造加工、产品装配、产品包装、产品使用及维修,以及产品回收处理(包括再利用、再制造和再循环等)等阶段介绍产品生命周期过程主线。

1. 原材料获取

原材料包括产品材料、包装材料、辅助材料等。原材料获取是产品生命周期的第一步,在这个过程中会造成资源、能源的消耗及环境的污染。与原材料生产相关的行业,如冶金、化工等,都是造成环境污染的主要行业。各种统计表明,从能源、资源消费的比例和造成环境污染的根源分析,材料及其产品生产是造成能源短缺、资源过度消耗乃至枯竭,以及环境污染的主要原因之一。对于如重型机械等原材料消耗数量巨大的产品,需要特别注意其原材料生产过程对环境的影响。

在这个阶段减少环境影响的一个途径是原材料的循环利用,即在产品报废以后回收利用产品的原材料。此外,越来越多的高科技的运用也可以减少环境的影响。例如,通过使用遥感遥测技术、先进的数据处理技术和计算机建模技术,更精确地确定可开采资源的位置和分布情况,最大限度地减少挖掘测试孔的次数,并通过开采高品位的矿石来减少表层岩石的挖掘量。

2. 产品制造加工

在产品生命周期过程中,制造过程是产品从概念、设计方案到产品的物化过程,是直接造成资源消耗和环境影响的关键环节之一。制造过程可以划分为流程制造和离散制造。由于流程制造造成的环境污染更为直接和明显,因此很早就受到了关注,并形成了专门的学科分支。而由于离散制造的工艺过程分散,单个产品表现出的环境影响问题不突出,长期以来没有受到重视。但由于离散制造过程的量大面广、涉及的工艺类别繁多,其环境问题也非常严重。

产品制造过程中的环境排放(environmental impact)包括:大气污染排放、废液污染排放、固体废弃物的污染排放和物理性污染排放。工艺过程中的废气排放包括有毒气体、粉尘、烟尘、窒息性气体、燃煤废气、燃油废气等;工艺过程中的废水排放包括含铬污水、含油污水、含氰污水、含重金属污水、含尘污水、酸碱污水等;工艺过程中还产生许多物理性污染排放,如振动、激光、弧光、噪声、高温、热辐射、电磁辐射、电离辐射等;工艺过程的废渣排放可以划分为有毒废渣和其他废渣两大类。某制造过程的环境污染物排放如图 2.26 所示。

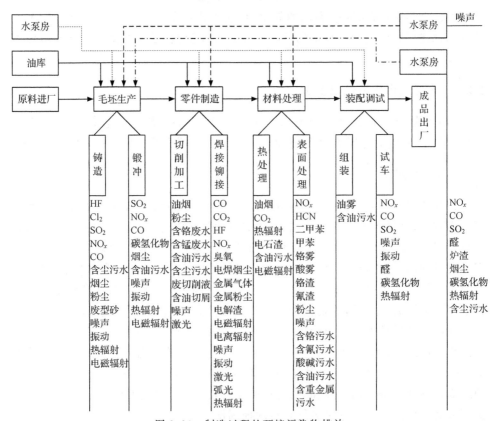

图 2.26　制造过程的环境污染物排放

制造过程中降低环境污染的途径主要有:①优化/改进现有工艺,如合理安排工艺路线、优化工艺参数,可以提高工艺的资源环境特性;②在保证加工质量和效率的前提下,合理选择切削液或减少切削液的用量;③开发环境友好型工艺,取代污染大、技术落后的传统工艺;④开发一些节约资源和具有良好环境特性的新工艺、新技术,如干切削技术、冷扩展技术、金属粉末注射成型工艺、"汽束"喷雾冷却技术、刀具涂层技术、快速原形制造(RPM)技术等。

此外,加强生产企业管理人员和生产人员的环境意识教育,改变以前仅抓成本、抓质量、抓效率的观念,在加工过程中规范操作,避免一些不必要的资源浪费和环境污染也是十分必要的。

3. 产品装配

产品生产的最后一步往往是装配,其任务是将零部件装配成一种有用的产品。产品装配消耗的主要资源是各种连接操作所需的能量。不过与产品制造相比,产品装配的能耗是较少的。在运送待装配部件的过程中会产生固体废弃物,如各种包装材料;运输车辆会排放废气和颗粒物;装配过程中的清洁等步骤会产生废液。

新技术的使用可以解决这个阶段的大部分环境问题。例如,表面涂层是装配过程最大的能量消费者和污染源,尤其是在挥发性有机化合物排放方面。新的自动化封装技术减少了涂料的过喷现象。目前,一种新型的粉末涂料采用空气喷涂法喷到金属表面,通过静电作用附着其上,可以基本上不用溶剂。

4. 产品包装

产品包装是现代产品生命周期中的一个重要环节,而且随着工业的发展和人民生活水平的提高,这个环节对企业的竞争与发展显得越来越重要。但是产品包装一方面消耗大量资源,另一方面在包装过程和拆装后往往产生大量废弃物,造成严重的环境污染。因此,产品包装的资源消耗问题和环境污染问题应是绿色制造需要解决的主要问题之一。

包装多属一次性消费品,寿命周期短、废弃物排放量大。据统计,包装废弃物年排放量在重量上约占城市固定废弃物的 1/3,而在体积上则占 1/2,且排放量以每年 10% 的速度递增,这使得包装废弃物对环境的污染问题日益突出。许多国家先后制定了严格的包装废弃物限制法。

例如,塑料包装由于具有重量轻、强度大、防潮等优点被广泛使用。然而,其自然降解时间长,达到 100 年以上,而且往往消费一次即被丢弃,形成了"白色污染",对人类生存环境造成很大压力。为此,2007 年 12 月 31 日,中华人民共和国国务院办公厅下发了《国务院办公厅关于限制生产销售使用塑料购物袋的通知》。该通知明确规定:"从 2008 年 6 月 1 日起,在全国范围内禁止生产、销售、使用厚度小于 0.025 毫米的塑料购物袋……自 2008 年 6 月 1 日起,在所有超市、商场、集贸市场等商品零售场所实行塑料购物袋有偿使用制度,一律不得免费提供塑料购物袋。"

实行包装减量化以及使用绿色包装材料可以大大减少对环境的影响。绿色包装材料除了具有基本性能,如保护性、加工操作性、外观装饰性外,应对人体健康及生态环境均无害,既可以回收利用,又可以自然风化回归自然。例如,由于目前电视机采用的发泡泡沫塑料包装会造成环境污染,新研制出一种瓦楞纸板包装,这种全纸式包装方法完全符合环保要求,且包装方便、结构可靠、成本低。

5. 产品使用及维修

用户在产品的使用期内需使用消耗品(如能源、水、洗涤剂等)及其他产品(如电池、磁带等)。很多耐用消费品在其使用阶段的能源消耗要大于其制造阶段,如汽车、机床、电器等。例如,在比较汽车制造和其他产品制造的能耗时,通常会认为制造汽车的能耗高。但是,在汽车的整个生命周期中,使用过程的能量消耗远远超过其制造过程。从环境角度考虑,降低汽车的油耗比降低其制造过程的能耗更为重要。在产品的设计阶段应考虑减少这些方面可能造成的环境负面影响。

6. 产品回收处理

废旧产品的回收处理不仅能实现资源再生,而且能够减轻大量废弃物对环境的破坏和对人类健康的危害。回收处理过程根据废旧产品的质量状况,可以分为三个层次,即再利用、再制造、再循环,如图 2.27 所示。

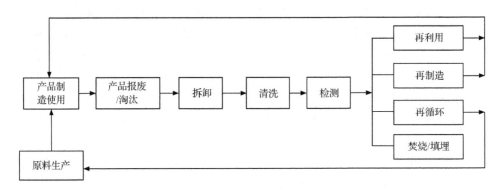

图 2.27　产品回收处理过程示意图

（1）再利用。

再利用主要是指对经检测合格的废旧产品零部件的直接利用。到达技术寿命的废旧产品中，不少零部件可能还是完好的，部分零部件的物质寿命可以是产品寿命的多倍。对于这些检测后的合格零部件可以直接使用，既可用于产品再制造中生成再制造产品，也可用于新品组装生成同类新产品，还可用于产品维修中作为替换备件。

（2）再制造。

产品再制造的典型工艺流程，如图 2.28 所示，主要包括拆卸、清洗、测试、加工或修复、再装配等步骤。可以看出，产品从旧到新的过程也是较为复杂的。这些环节中的任意一个出问题都直接影响到再制造的效益和产品质量。对于不同的产品来说，上述再制造工艺差别较大，其费用差别也比较大。通常，复杂的机械产品，如汽车变速箱、发动机、机床等，主要的费用集中于零件的再制造加工及替换的新零件费用。而对于电子产品，只有很少的零件可以进行再制造加工，因此拆卸和装配步骤的费用往往比较多。

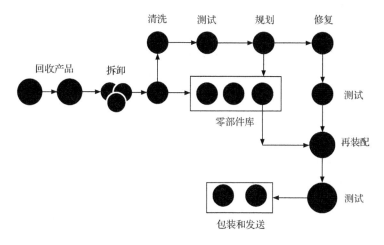

图 2.28　再制造工艺流程示意图

（3）再循环。

再制造过程中对一些因目前的技术水平不能进行修复或经济上不合算的零部件，可列为再循环处理。再循环是指回收的废旧产品能够实现材料或者能源的再利用，主要包括原态再循环和易态再循环两种形式。原态再循环是指将废旧机电产品零部件恢复到其原材料的状态，并且回收的材料与原材料具有完全相同的性能。易态再循环是指将废旧机电产品的材料回收后制成其他低层次用途材料或者通过焚烧可燃烧物回收能量的方式。

2.2.5　绿色制造支撑系统

企业实施绿色制造,离不开各种支撑系统,主要包括绿色设计支持系统、清洁化生产支持系统、物能资源优化运行支持系统、管理信息系统、环境影响评估系统和质量保证系统等功能分系统。

下面对分系统中与绿色制造直接相关的几个分系统作简要说明。

(1) 绿色设计系统,除包括一般现代集成制造系统(CIMS)中的工程设计自动化系统的有关内容(如 CAD、CAPP、CAM 等)外,还特别强调绿色设计。例如,合肥工业大学开发了绿色设计支持系统软件。

(2) 物能资源系统主要包括以下三方面内容。

① 面向环境的产品材料选择,是要在产品设计中尽可能选用对生态环境影响小的材料,即选用绿色材料。

② 面向产品生命周期和多生命周期的物料流系统,包括物料种类、物料消耗量、物料环境特性等。

③ 能量流系统,包括能量的种类、消耗状况(各消耗环节的构成、利用率、损耗率等)、对环境的影响等。

(3) 制造过程系统,除包括一般制造系统中制造过程系统的有关内容外,还特别强调绿色性的制造过程,即清洁化生产过程。在清洁化生产支持系统方面,作者所在的绿色制造研究团队开发了两套支持系统软件:面向绿色制造的工艺规划应用支持系统(2003SR9386)和面向绿色制造的机械加工任务优化调度支持系统(2008SR01172)。

(4) 环境影响评估系统,包括制造过程物料资源的消耗状况、制造过程能源的消耗状况、制造过程对环境的污染状况、产品使用过程对环境的污染状况、产品寿命终结后对环境的污染状况。目前,已有机构开发了产品生命周期评价软件,如美国 Carnegie Mellon 大学绿色设计研究中心开发的 EIO-LCA 软件,荷兰 Pre Consultants 公司开发的 SimaPro 软件,德国斯图加特大学 IKP 研究所开发的 Gabi 软件等。

2.3　绿色制造运行模式的应用路线图

绿色制造运行模式总体框架为绿色制造的实施提供了一种参考模型,对总体框架需要做出以下几点说明。

首先,该框架模型,特别是其中的产品生命周期过程主线层、产品设计过程主线层是以离散型制造为例进行描述的。实际上,不同行业的产品生命周期过程是差别比较大的(如电子制造行业与机械制造行业差别就非常大),而且不同生命周期环节的环境影响也是差别比较大的。因此,在建立绿色制造运行模式时,必须结合行业或企业的资源环境特点,来制定具体的面向特定行业或企业的绿色制造运行模式。

其次,模型是从整个产品生命周期的角度进行描述的,一般来讲,某一个制造企业仅仅包括产品生命周期中的一个环节(如以制造为主的零部件配套企业)或几个环节(如以设计、制造为主的企业),因此整个产品生命周期一般涉及多家企业。

绿色制造运行模式的应用路线图如图 2.29 所示,包括通用性维、行业维、生命周期维等三个维度。通用性维包括总体模型、行业模型、企业模型三个层次,行业维是一组具有不同绿色制造特征的典型行业,生命周期维是对产品生命周期各个环节的具体描述。

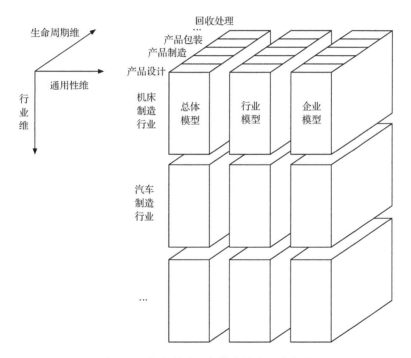

图 2.29　绿色制造运行模式的应用路线图

在通用性维中,总体模型即是绿色制造运行模式总体框架,行业模型描述的是某个行业的绿色制造运行模式,企业模型描述的则是某个企业的绿色制造运行模式。总体模型、行业模型、企业模型之间是一种“面—线—点”的关系,层层深化、不断深入,由绿色制造运行模式总体框架可以派生出不同制造行业或企业的绿色制造运行模式,其关系如图 2.30 所示。

总体模型则是在提炼、总结、提升的基础上抽取的具有绿色制造共性特征的模型,具有一些基本结构,是搭建行业模型和企业模型的基础。一个行业模型的建立

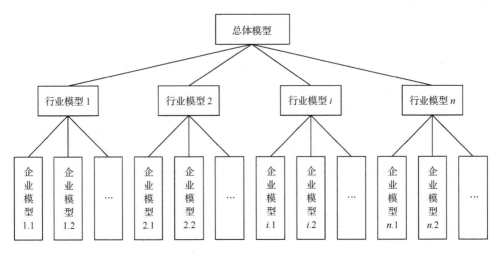

图 2.30　总体模型、行业模型、企业模型之间关系示意图

是在分析、总结几个同行业企业的资源环境状况之后,首先建立一个初步的模型,通过对这个模型进行分析、优化和重组,并在应用过程中不断对模型结构进行改进和细化,从而逐步形成具有较大指导意义的行业模型。通过建立行业模型,可以提供一些绿色制造运行模式的参考模板,通过对这些模板的实例化和定制,可以快速、准确地构造具体的企业模型。因此,在新建某一企业模型时,根据企业所属行业,抽取行业模型,并以行业模型为模板,根据企业具体情况选取该行业中资源环境特性明显的几个重要的生命周期环节,在行业模型的基础上进行适当的改动,即可构建企业绿色制造运行模式。

　　行业维抽象和整合一组具有绿色制造特点的特征型行业。根据国民经济行业分类(GB/T 4754—2002),制造行业主要包括七大行业,即金属制品行业、通用设备行业、专用设备行业、交通运输设备行业、电气机械及器材行业、通信设备与电子设备行业、仪器仪表及文化与办公用机械行业。但是,绿色制造运行模式的行业维不能完全按照这种行业分类,而应该按照绿色制造特征进行分类,因为不同绿色制造特征的行业其绿色制造模式差别比较大。例如,机床制造行业绿色制造特点主要体现在产品的设计和回收处理方面,侧重绿色设计模式和再制造模式;电子行业主要体现在制造过程和回收处理方面,侧重清洁生产和废旧产品再资源化模式。并且,虽然两个行业都体现在回收处理环节,但其内涵是不一样的。机床的床身等很多基础部件都是铸造件,经过长时间的时效,其可靠性更加稳定,对其进行再制造后可以直接重用;而电子行业由于产品中含有大量的金属材料,尤其是贵金属材料,因此回收处理主要表现为废旧产品的再资源化。因此,可从绿色制造角度对行业进行分析和划分,如机床行业、汽车行业、电子行业、家电行业等。

　　生命周期维包括整个产品生命周期阶段,如绿色设计模式、绿色生产模式、绿色包装模式、绿色维护模式、废旧产品回收处理模式等。一般的,绿色设计模式应包含绿色设计目标、绿色设计方法、绿色设计流程等;绿色生产模式包括生产过程中资源消耗和环境排放的监控,生产过程绿色化改进措施等;绿色包装模式包括绿色包装材料、绿色包装方式、包装材料的回收等;废旧产品回收处理模式包括回收处理方式、回收处理流程、回收处理技术及回收处理的效益等。不同行业的生命周期环节各异,因此生命周期维需要根据不同行业具体分析。

第3章　典型行业的绿色制造运行模式

3.1　行业绿色制造运行模式规划

　　绿色制造行业模型,即面向行业的绿色制造运行模式,它基于运行模式总体框架,具有行业特点,重点针对行业的资源环境等绿色问题展开,是对总体框架在行业应用方面的进一步深化。同时,行业模型的建立需要分析、总结多个同行业企业的典型业务流程、企业行为特征,特别是资源环境状况,提炼一些行业共性的问题,以形成具有较大指导意义的行业绿色制造运行模式。行业绿色制造运行模式的建立和维护非常重要,是在对大量工程应用案例、诸多企业的一般特征进行抽取而来的,并且需要在应用过程中不断对模型结构进行优化、改进和细化。它能够为该行业企业的产品设计活动、产品制造过程、产品回收处理等过程的绿色化提供有实际应用价值的模型框架基础,帮助企业诊断和优化,提高资源效率,减少环境排放及职业健康危害,实现企业的健康、可持续发展。

　　因此,行业的绿色制造运行模式的建立是一个由粗到精、由浅到深、由特殊到一般的过程,可以按照发现问题—分析问题—解决问题的思路展开,首先分析行业的资源环境问题,然后结合行业特点从产品全生命周期分析产生问题原因,从而构建行业绿色制造运行模式。

　　(1)发现问题。从产品生命周期角度,调研该行业中涉及的一系列企业,并通过对这些企业典型业务流程(如设计流程、制造流程等)和企业行为特征(如主动绿色化还是被动绿色化)等进行分析和提炼,从而发现该行业普遍存在的资源环境问题。

　　(2)分析问题。针对上述资源环境问题,对整个产品生命周期进行系统分析,从系统的角度分析产生这些问题的原因。可以运用因果图(鱼刺图)、排列图、相关图等手段从人员、设备、材料、工艺方法等方面分析产生环境问题的各种原因和影响因素。

　　(3)解决问题。构建行业的绿色制造运行模式,如绿色设计模式、绿色生产模式、绿色包装模式、绿色维护模式、废旧产品回收处理模式等,为绿色制造实施提供参考。

　　(4)模型的应用和优化。将行业绿色制造运行模式在该行业的不同企业进行应用,根据应用过程反馈的问题进行优化和改进。

　　下面将分别介绍机床行业、电子行业、汽车行业、家电行业等几个典型行业的绿色制造运行模式。

3.2　机床行业绿色制造运行模式

3.2.1　机床行业绿色制造简介

　　机床行业作为基础装备制造业,对于振兴我国装备制造业起着非常重要的作用。近年来,随着我国制造业的发展,对机床尤其是高端机床的需求量非常大,给机床行业的快速发展带来了机遇。然而,传统的机床制造业的快速发展,是以巨大的资源消耗和严重的环境影响为代价的,几乎没有考虑机床产品在生产、使用过程中,以及报废后对环境造成的危害,特别是加工过程中切削液消耗大、油雾和油污污染严重、漏油混油现象严重,对生态环境和人类特别有害。因此亟须在机床行业实施绿色制造,以推动机床行业健康持续的发展。

　　目前,机床的节能环保、绿色制造技术已成为研究热点。例如,文献[147]提出了若干齿轮加工机床绿色设计与制造策略;文献[148]~[151]研究了干切削、半干切削技术及最少量切削液加工技术。也有不少文献对机床再制造进行了研究,如文献[152]运用多体系统运动学理论建立了三轴再制造机床的空间几何误差模型;文献[153]提出了用 BP + GA 的混合算法优化分配可修复零部件精度参数的方法;文献[154]提出采用先进的表面工程技术(如纳米复合电刷镀技术、微脉冲冷焊技术、高强度纳米黏结技术等)恢复机床的机械精度。当前已经出现了不少专门从事机床再制造业务的企业,美国已有 200 多家专门从事机床再制造的公司,如 Maintenance Service 等;此外,许多机床制造商也非常重视机床再制造业务,如德国吉特迈集团股份公司等著名机床企业[155]。

　　为了系统全面地在机床行业实施绿色制造,本节围绕机床产品生命周期对机床行业绿色制造运行模式进行研究。首先对传统的机床产品生命周期的绿色特性进行了分析,指出其存在的问题;然后综合考虑面向绿色制造的机床产品生命周期(即在传统的机床产品生命周期的基础上,又重点考虑了机床生命终期的回收再制造),重点介绍机床行业的绿色设计过程、绿色生产过程和绿色再制造过程。

3.2.2　传统的机床产品绿色特性分析

　　传统的机床产品生命周期过程包括:机床设计过程、制造过程、使用与维护过程及机床淘汰或报废过程四个主要阶段。这四个阶段均不断地消耗物料、能量并产生环境排放,如图 3.1 所示。

　　传统机床的绿色特性总结如表 3.1 所示。

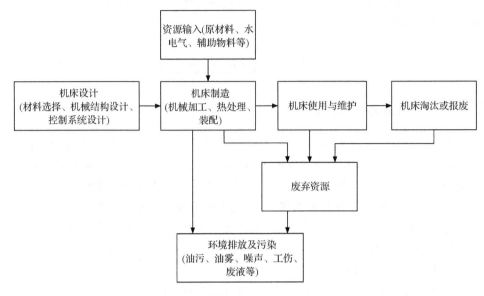

图 3.1　机床资源环境交换过程

表 3.1　传统机床的绿色特性

阶段	技术特征	资源环境影响
设计	传动链长 结构复杂 零件复杂多样 功能单一	能效低 机床笨重,材料消耗大 零件通用性及重用性差
制造	材料消耗大 制造工艺复杂 工艺过程多	场地占用大 能耗大 材料及刀具、工装等辅助物料消耗大 劳动力密集
使用与维护	精度低 生产效率低 柔性差 安全风险大 在使用过程中,油雾、漏油、混油等现象严重 可调整维护性差	单位产能能耗大 工作环境油雾、油污污染大 生产安全性差 废油排放污染车间环境
报废处理	没有考虑回收重用问题	造成资源循环重用率低下

3.2.3　机床绿色设计过程

机床绿色设计模式如图 3.2 所示,包括以下几个部分。

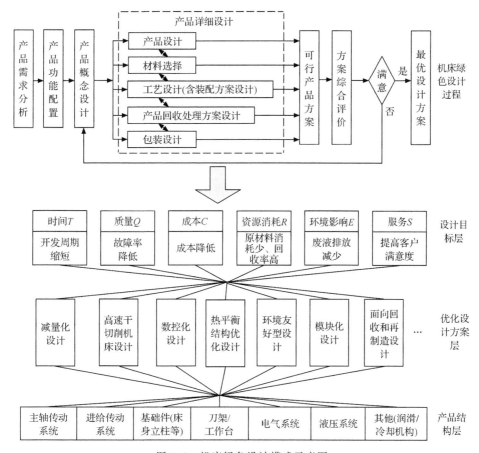

图 3.2 机床绿色设计模式示意图

(1) 机床绿色设计过程包括:产品需求分析、产品功能配置、产品概念设计、产品详细设计、产品方案综合评价等过程。产品需求分析的信息主要来源于三个方面:市场用户调查、竞争对手的产品分析、国外同行业产品分析。产品功能配置包括:预设计产品的型号、规格、参数、机床布局及主要结构、主要精度指标、产品大概价格。产品概念设计包括:产品主要结构的实现方式及实现该方式的主要配置、产品成本的估算。产品详细设计包括:产品设计、材料选择、工艺设计、产品回收处理方案设计、包装设计等。设计过程实际上是一种并行设计模式,如机床的具体设计过程中需要与工艺人员就制造工艺不断进行沟通、交流,以保证设计方案的可制造性,同时要考虑其使用过程中的能耗、可维护性,以及产品报废后的可拆卸性和可回收性等。产品方案综合评价是对已设计出的可行的方案进行评价,尤其是资源消耗和环境影响评价,若满意则作为最终绿色设计方案,否则重新进行设计。

(2) 设计目标层,在传统的设计目标时间(T)、质量(Q)、成本(C)、服务(S)的基础上,重点考虑资源消耗(R)和环境影响(E)。在设计初期就要设定具体的设计目标值,如资源消耗方面,要设定材料有效利用率、可回收利用率等具体目标值。这些目标值是设计过程中的依据,也是方案综合评价时候的重要依据。特别需要注意的是,由于机床属于装备制造业,是工作母机,因此机床设计的目标不仅包括机床自身加工制造过程中的目标,而且要考虑其在使用过程中的目标。

(3)优化设计方案层包括:一些常用的机床优化设计技术和方法,如减量化设计、高速干切削机床设计、数控化设计、热平衡结构优化设计、环境友好型设计、面向回收和再制造设计等。

① 减量化设计。

在同一性能情况下,零件结构越小,所用材料越少,越可节约资源的使用量,使零件的绿色性能得以提高。因此,在零件的设计过程中要提高机械零件计算载荷的准确度,尽量使结构简单而不降低功能,原材料消耗最少而不影响使用寿命。

② 高速干切屑机床设计。

高速干切屑技术是在使用具有很好的热稳定性和很高的刚度的机床的前提下,选用具有良好导热性、耐高温和高硬度的刀具,在切削加工过程中不使用任何切削液,完全消除了切削液的负面影响,是一种符合生态要求的绿色切削加工方式。要实现高速干切削,必须开展高速干切削机床的设计。

与传统机床相比,高速干切削机床要求床身有足够的刚性,便于强力切削时机床变形小,产生的振动小;排屑系统通畅及热平衡性,保证将滚烫的切削迅速排出,以便快速地散发加工产生的热量,防止机床的温度升高。

③ 数控化设计。

普通机床的传动系统主要是变速机构的设计,传动链多、传动关系复杂。与之相比,数控机床的主传动采用交、直流主轴调速电动机,电动机调速范围大,可无级调速,使主轴箱的结构大大简化,并且由于齿轮的减少,降低了噪声,也减少了功率或效率损耗。

④ 热平衡结构优化设计。

机床热平衡结构主要是各种基础件(如床身、立柱等)内部腔室的对称设计、合理布局,使冷却液能在内腔循环流动,有利于机床的热平衡;加工过程中的冷却油与在内腔中循环的冷却液达到一定的动态平衡,对控制整机的温度、保证热稳定性、降低热能排放方面有较好的效果。

⑤ 环境友好型设计。

环境友好型设计要不产生或产生较少的污染。例如,采用全密封护罩,使加工过程中不会产生切屑液的飞溅;冷却油和润滑油采用独立不同的油路,很好减少了冷却油与润滑油相互之间的混油可能性;对冷却油进行强制冷却(主要措施是通过油冷机),并进行过滤,循环冷却;采用油雾分离器对加工过程中产出的雾化油烟进行分离、排放;应用磁力排屑器对切屑与冷却液进行分离,一是为了冷却液的循环利用,二是减少了冷却液随切屑的排出量。

⑥ 面向回收和再制造的设计。

面向回收和再制造的设计就是考虑机床的维修和报废后的回收利用。例如,在机床设计时,设置合理的调整环节及精度补偿环节,以便在机床精度丧失后的重新恢复;在床身导轨设计时,就必须考虑在导轨产生磨损后的修复措施,以及机床报废后的重用或材料回收利用等措施。

(4) 产品结构层。典型的机床机械结构主要由基础件、主轴传动系统、进给传动系统、回转工作台、换刀装置、其他机械功能部件及电气系统、液压系统等组成。基础件主要是指床身、立柱、工作台、主轴箱体等大件。除特殊情况采用板焊材料、人造花岗岩材料外,绝大部分都是用铸铁材料。其他机械功能部件,主要指润滑、冷却、排屑和监控机构。

3.2.4　机床绿色生产过程

机床行业绿色生产过程如图 3.3 所示,包括三个部分。左边是机床制造的三个主要阶段,即原材料加工成毛坯、毛坯加工成零件、零件装配成整机。中间是主要的工艺及其环境排放,主要工艺过程包括:材料下料、铸造、锻造、焊接、机械加工、热加工、涂装、装配等。其中,原材料加工成毛坯可以通过铸造、锻造、焊接和下料四种工艺进行,毛坯加工成零件的工艺主要是机械加工(包括车、钻、镗、铣、刨、磨等)、热加工和涂装,零件装配成整机过程包括装配、调试、总机涂装等。主要环境排放包括:固废、废液、废气、粉尘、热污染、噪声等。右边是生产过程绿色化的目标和一些基本措施,目标即资源利用率高和环境排放小,绿色化措施可以从绿色化设备、绿色化工艺、废弃资源回收利用、无害化末端处理等角度考虑。

下面重点分析环境污染比较严重的铸造和涂装两道主要工序。

1. 铸造

铸造是指将熔化的金属液浇注到具有和零件形状相适应的铸型空腔中,待其凝固、冷却后,获得毛坯或零件的方法。铸造包括砂型铸造、熔模铸造、金属型铸造、压力铸造、离心铸造等多种类型,其中用途最广的是砂型铸造。铸造工艺主要的工艺过程为:造型、浇注、凝固与冷却、落砂、去浇冒口、清理。

机床制造过程中的铸造工艺的主要加工对象是基础件,如床身、立柱、工作台、主轴箱体等。现有的机床逐渐一般采用的均是砂型铸造。砂型铸造的工艺经过长期的发展,已比较固定,其典型工艺如下。

(1) 由铸件工艺人员根据设计及相关的工艺要求,确定合理的铸造工艺图。铸造工艺图是在零件图中用各种工艺符号表示出铸造工艺方案的图形,其中包括:

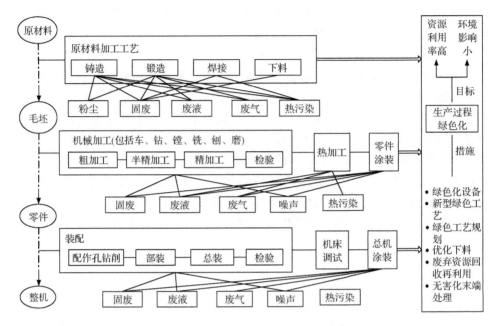

图 3.3　机床制造行业绿色生产过程示意图

铸件的浇注位置;铸型分型面;型芯的数量、形状、固定方法及下芯次序;加工余量;起模斜度;收缩率;浇注系统;冒口;冷铁的尺寸和布置等。铸造工艺图是指导模样(芯盒)设计、生产准备、铸型制造和铸件检验的基本工艺文件。依据铸造工艺图,结合所选造型方法,便可绘制出模样图及合箱图。

(2)制作木模、芯盒、活块及浇注系统等。制作木模是应用木料按铸造工艺图,做出零件的实体和空腔,木模的材料主要是木材,可结合工厂所在地的资源选择不同的木料,但必须进行干燥以控制其含水量达到相应等级木模的国家要求。

(3)制造芯骨。芯骨的作用是为了使型芯具有较强的强度,所以要求其自身应有足够的强度和刚度,应能保证砂芯在吊运、烘干和使用过程中不变形、不断裂。

(4)造型(芯)配料。造型材料主要是树脂砂,其质量应符合相关规定,辅助材料包括:黏土、膨润土、石墨粉、煤粉、合脂黏结剂等。

(5)制芯。砂芯是形成铸件的内腔所必需的结构,大砂芯中间需放炉渣、焦炭或其他通气物,砂芯的工作面和浇注系统应刷涂料。

(6)造型。当前面的准备工作都做好之后,将砂芯、木模、活块、浇注系统和冷铁按工艺图纸要求的位置尺寸置于砂箱内,然后用砂舂实,不得造成上述结构的损坏、变形和移位。

(7)砂型及砂芯的烘干。造型完成之后,装炉,进行烘干。

（8）合箱。由于砂型铸造至少为两箱造型,所以必须合箱,以形成封闭,进行浇注。

（9）冲天炉熔化和浇铸。将焦炭、石灰石、生铁、废钢、回炉料、铁合金,以及其他辅助材料放入冲天炉内熔化,然后通过浇注系统进行浇注。

（10）开箱、落砂、清理和底漆。

（11）消除应力的热失效。

铸造过程中的主要环境排放及其处理方式如表 3.2 所示。

表 3.2　铸造过程中的主要环境排放及其处理方式

环境排放	处理方式
冲天炉燃烧过程中金属氧化物、焦炭、粉尘、氮氧化物、二氧化硫等的挥发	根据需要采用外热送风、水冷无炉衬连续作业冲天炉;推行冲天炉、感应炉双联熔炼工艺;推广冲天炉除湿送风技术,冲天炉变频控制技术,增加除尘装置,减少电力耗费
造型、浇注、落砂、表面清理过程中砂、其他灰分的挥发;制芯过程中砂、黏结剂的挥发	主要是通过两个途径来实现:一是采用新的铸造工艺来控制各种挥发,如气体冲击加压的新型造型机、化学硬化砂型等新的造型工艺减少型砂溃散的程度;二是对不可避免的落砂进行回收,经过磁选(去除旧砂中的铁块、铁钉等)、破碎(破碎大砂团)、除尘、筛分等工艺过程,再重复使用
废水的排放	废水无害化处理
固废的产生,如铸造废砂、煤渣、粉煤灰等	尽可能再生重用铸造旧砂;研究铸造用后的旧砂用于高速公路路基材料,特别是铬铁矿砂的回收利用
噪声	风机和振动机械是主要的噪声源,一般可采用封闭噪声源,对风机室进行封闭;安装消声器;使用个人防护
热辐射	热污染主要来源于出炉铁液、熔渣和打炉残料的热辐射,可以设置残料车承接打炉残料并用水熄灭;设置分渣器并进行粒化处理;使用个人防护等

2. 涂装

涂装的目的是保护被涂物,并对被涂物起装饰作用,提高产品使用寿命和美化外观。不同零部件根据涂装目的的不同,其涂装工艺有繁有简,其主要工艺流程为:漆前处理(除锈、脱脂、磷化等)、涂漆(电泳、浸漆、淋涂、喷涂等)、质量检查。

对于机床行业而言,涂装前处理工件大致可分为铸件、钣金件、有色金属、非金属材料(工程塑料件)四大类。不同的材料有不同的涂装工艺,下面以机床行业中最常见的铸件为例进行说明。

（1）机床涂装前的表面处理:除油→除锈→金属表面氧化、磷化、钝化处理。

① 除油。机床行业中,机加工件比较复杂,而且加工时均需要使用冷却液、乳化液等来冷却循环,因此一般金属件都会粘上油污、灰尘、杂质等污物,这样就必须利用溶解、皂化、乳化作用除去物件表面油污。碱液、有机溶剂、乳化剂三种除油方

法较多被机床行业使用。除油的方法就是用这些溶剂来清洗零件,达到表面净化的目的。

②除锈,有手工除锈、机械除锈和化学除锈三种方式。机械行业中,一般采用前两种,而又由于手工除锈的效率低下,目前一般采用机械除锈。机械除锈的工具较多,如风动刷、除锈枪、电动刷及电动轮等,它们都是利用冲击液摩擦的作用除去锈蚀及其他污物。典型的,如抛丸、喷砂处理,是利用高压气体将砂粒通过专用喷嘴,以高速喷射于被处理的金属表面上,将金属氧化皮、锈、旧漆膜、油污等污物除去。

③金属表面氧化、磷化、钝化处理,就是将清洁后的金属表面经过化学作用,形成一层紧密的、细微的、防腐性能很强的薄膜的化学转化过程,以提高防腐蚀性和增加金属与漆膜附着力,达到涂装的需要。氧化的典型工艺如发蓝等。磷化就是将金属件放入磷酸盐溶液中进行处理的过程。钝化过程一般都与磷化过程一起处理。

(2)机床涂装:主要包括零部件涂装、机床钣金件涂装与成品机床涂装等三部分内容。其过程主要如下。

①涂料准备,包括涂料的搅拌、稀释、过滤和调色等。

②涂装,通常采用刷涂法、喷涂法、浸涂法和刮涂法等。各种涂装方式,除了各具有一定的优点外,也存在各自的局限性。刷涂法主要是使用手工的方式。喷涂法是利用机械产生的能力作为动力,将涂料从喷具中喷涂到工件表面的施工方法。浸涂法主要适用于化学的方法,在机械行业中使用较少。刮涂和砂磨主要应用于工件表面的平整度处理。

(3)机床补漆操作:包含机床总装后的全部涂装操作工序,其过程与上述基本一致,但不是大面积涂装。

涂装过程中的主要环境排放及其处理方式如表3.3所示。

表 3.3　涂装过程中的主要环境排放及其处理方式

环境排放	处理方式
涂装废水的排放	主要采用化学(如中和法、氧化还原法等)和物理(如过滤法、重力分离法等)的方法
酸雾、碱雾、漆雾、苯、二甲苯等的挥发	有机废气的处理,由通风系统、水洗漆除雾系统组成,一般采用顶部送风、底部抽风的方式将漆雾送入水洗层,经液力旋流动力管喷射洗涤后由排风机经高排气筒排放;对收集的有机废气经活性炭吸附后排放
喷丸粉尘	喷丸产生的粉尘应先经过集气,由旋风和布袋除尘分离器除尘,再经排气筒高空排放
打磨粉尘	打磨过程中的粉尘使用配有布袋除尘的打磨器,打磨粉尘部分被吸入小布袋除尘器中;经布袋除尘后,少量粉尘和未被吸入布袋除尘器的粉尘一起经净化装置净化,再由高排气筒排放
设备噪声	噪声防治措施主要是采用消声器、隔声罩等措施;同时在设计涂装场地时,应当考虑削减房间内的混响效应,在房顶架吊吸声物体

3.2.5　机床再制造过程

机床再制造过程如图 3.4 所示,一般包括废旧机床回收、拆卸、清洗、检测分类、机床及零部件再设计、再制造生产加工、整机再装配、调试、检验及销售等过程。一般来讲,机床再制造可分为产品级再制造和零部件级再制造两种形式。

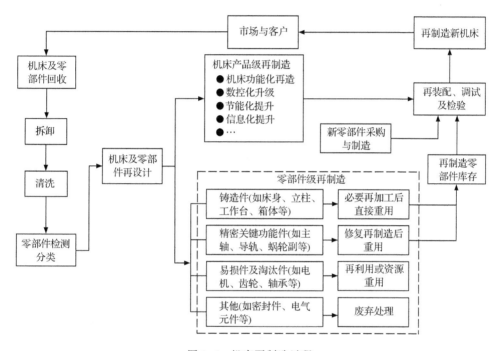

图 3.4　机床再制造过程

机床产品级再制造是对机床整体性能进行提升,包括机床功能化再造、数控化升级、节能化提升等。这里重点介绍机床功能化再造。机床功能化再造一般是解决机床最容易出现的运动精度及重复定位精度出现超差等精度问题,其典型的措施包括运动间隙的重新调整(如垫片的调整)、零件的重新修复或加工等。此外,为了方便这类问题的解决,在机床设计时就需要考虑其维修方便性,如将镶条设计成1:100 锥度、压板设计成由安装面与调整面组成、导轨设计成三角导轨形式等。

机床零部件级再制造根据零部件的不同可以分为四个层次,即再利用、再修复、再资源化及废弃处理。床身、立柱、工作台、箱体等大中型铸造件,其时效性和稳定性好,再制造技术难度及成本低,而重用价值高,因此力求完全重用。主轴、导轨、蜗轮副、转台等机床功能部件,其精度及可靠性要求高,新购成本也很高,因此通常需要先对其进行探伤检测及技术性检测,然后采用先进制造技术和表面工程技术对其进行修复再制造,达到新制品性能要求而重用。废旧机床中还有一部分易损件和淘汰件,如电机、齿轮、轴承等,一般采用更换新件的方式以保证再制造机床的质量。而这些废旧件一般采取降低技术级别在其他产品中再使用的方式实现资源循环重用。此外,密封件、电气部分通常会作报废弃用处理。

3.3　电子行业绿色制造运行模式

3.3.1　电子行业绿色制造简介

自 20 世纪 90 年代以来,电子信息技术取得了高速的发展。电子产品的制造过程不仅会产生对环境和人体有害的物质,而且存在极大的资源浪费。据统计,一个工作站所用硅片的重量不到 28.35g,却需要 4.08kg 氢氧化钠和 14.06kg 其他化学制剂来中和其制造过程产生的废水;制造 1.81kg 印刷电路板要产生 20.87kg 废料[156]。此外,电子产品使用数量的增加及产品生命周期的缩短使得电子产品报废量十分惊人。一直以来,芯片和电路板中含有大量贵金属和普通金属(如金、钯、铜和铅),外壳材料为钢铁,这使得电子产品的循环利用在经济上富有吸引力。随着电子产品中贵金属的用量不断减少(如芯片不再镀金)和热塑性工程塑料开始在外壳材料中占据主导地位,回收电子产品的经济性逐渐降低。这些淘汰和报废的产品对生态环境污染非常严重。

针对电子行业的环境问题,出台了不少相关的法律法规,最为典型的欧盟颁布的 ROHS 指令和 WEEE 指令,禁止使用有毒有害物质,并实现电子废物的再利用和再循环。这些已经成为了影响电子行业国际贸易的绿色壁垒,这使得电子制造企业更加关注电子产品的环境问题,并且逐步实施绿色制造。绿色制造是解决电子行业的环境污染问题,以及应对相关的法律法规的有效途径。

实际上,在电子行业实施绿色制造有很多优势:电子行业追求的微型化、低成本、高效率和绿色制造的目标是一致的;技术进步使得电子产品的生命周期只有 18~48 个月,设计的变化导致生产工艺的变化,电子行业主要加工设备每 5~10 年要进行更新换代,因此相对其他行业,电子行业实施绿色制造速度会较快,实施成本较低;电子产品的高质量要求及生产电子产品工艺的复杂性使得电子行业拥有较好的管理和分析大量数据的能力,这有助于绿色制造的实施。

目前,已有不少关于电子产品的绿色制造方面的研究。文献[17]和[67]分别研究了印刷线路板生产过程中的资源消耗和环境排放问题。文献[157]研究了印刷线路板的生产工艺的绿色化问题,包括清洁工艺、蚀刻工艺、焊接工艺等,并进行了实验。文献[158]提出了一种环境友好型的印刷线路板制造替代工艺,并进行了实验。文献[159]~[161]研究了电子制造中的无铅工艺。关于再资源化方面研究相对较多,如文献[162]和[163]研究了废弃印刷线路板的机械式回收,文献[164]

和[165]研究了废弃印刷线路板的热解回收,文献[166]和[167]研究了基于超临界流体技术的废弃线路板回收工艺。

可见,电子行业绿色制造的实施已经引起重视,并已取得了一定成果。本节通过企业调研,并在上述国内外相关研究的基础上,建立电子行业绿色制造运行模式,首先分析了电子产品生命周期过程,然后对其中的绿色设计、绿色生产和再资源化三个重要环节进行了深入的研究。

3.3.2 电子产品生命周期过程分析

电子行业既生产电子产品(如计算机),又为其他产品(如冰箱、洗衣机、空调、微波炉、机床、飞机等)提供电子器件。《电子信息产品污染控制管理办法》中的电子信息产品,是指采用电子信息技术制造的电子雷达产品、电子通信产品、广播电视产品、计算机产品、家用电子产品、电子测量仪器产品、电子专用产品、电子元器件产品、电子应用产品、电子材料产品等产品及其配件。

一般的电子产品生命周期过程可以概括为电子器件生产(包括集成电路/芯片生产、印刷线路板生产、印刷线路板装配),电子产品装配、使用、报废,废旧电子产品(废旧线路板等)的拆卸和再资源化等步骤,如图 3.5 所示。电子产品量大面广,因此本节选取资源环境问题比较严重而且是电子产品行业共性的电子器件行业来研究电子产品行业绿色制造运行模式,即研究对象是图 3.5 中虚线内涉及的过程。下面对其资源环境问题进行分析。

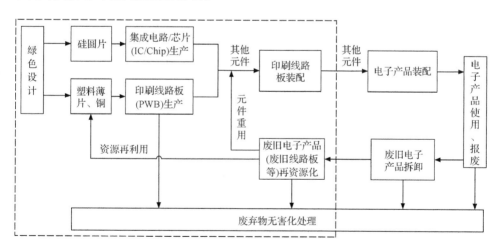

图 3.5 电子产品生命周期过程示意图

电子产品制造过程中产生大量废弃物和有毒有害物质[17,67],这里选取典型的环境排放进行介绍。

(1)固体废弃物。电子产品生产过程中产生的固体废弃物数量是很大的,特别是在集成电路的制造过程中,废弃材料的质量可超过芯片自身质量的几千倍,其中有害化学废弃物的质量可超过芯片质量的几百倍。

(2)废液和废水。电子行业的液体排放物包括:含铜电镀废液和焊料涂覆废液;集成电路生产过程中产生的有机废液;很多生产工艺中有清洁步骤,水清洗剂和非水清洗剂都会产生废水和废液。

(3)气体排放。气体排放主要是集成电路生产中产生的全氟烷烃(PFC),全氟烷烃包括 C_2F_6、C_3F_8 和 CF_4 等温室效应气体,能使全球气候变暖。

此外,针对数量巨大的废旧电子产品,其再资源化的工业化还是以经济利益为主要目的,电子废料的再资源化只是对其中特别有价值的组分和材料(如各种贵金属元素和铜、铝、铅、锡等普通金属元素)进行再生和利用,非金属材料回收较少,资源回收利用率低。对废旧电子器件的不合理处理会产生大量的废气、废液和废渣(由于有多种回收工艺,详见 3.3.5 节),给环境造成极大污染。广东贵屿就是一个典型的例子。因此,在电子废弃物的再资源化过程中无害化措施是非常必要的。如何解决该难题,是二次资源处理过程中必须重点考虑的问题之一。

下面重点介绍电子产品的绿色设计、绿色生产和废旧电子产品的再资源化。

3.3.3　电子产品绿色设计

电子产品绿色设计包含三个层次,设计目标层、设计方案层、产品结构层,如图 3.6 所示。电子产品的绿色设计目标要求开发周期短、质量高、客户满意度高、成本低、水/有毒物质及能源消耗少、废液及固体废弃物少。一般的电子产品绿色设计方案包括:减量化设计、小型化设计、可拆卸性设计、可回收性设计、环境友好型设计等。电子产品基本结构包括集成电路/芯片、印刷线路板,以及其他元器件,如电池、大功率电阻器、电容器、振荡电路等。下面重点介绍电子产品的减量化设计、可拆卸性设计和可回收性设计。

1. 减量化设计

电子产品绿色设计的一个重要方面是减量化设计。减量化设计使得电子产品的尺寸越来越小,可以减少生产过程中的能源、水和化学品的消耗量,并减少环境排放,同时可以减少使用过程中的能耗,即电子产品储存同等信息量所需的能量越来越少。例如,IBM 公司现有的数据储存产品在存储 1MB 数据时,所需能量只相当于 20 年前产品能耗的 1%。

实现电子产品减量化设计主要通过新技术的发展。例如,集成电路技术将大量电容、电阻和电感器件与线路板集成在一起,大大减少线路板的尺寸、质量及焊接件的数目;随着芯片尺寸大小接近物理极限,出现了量子计算芯片技术,具有高复杂计算能力且低能耗的特点,可以完成传统计算机无法完成的任务,目前该技术

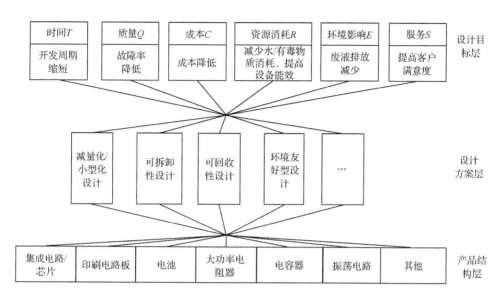

图 3.6　电子产品绿色设计

已在实验室得到验证。

2. 可拆卸性设计和可回收性设计

为了有效回收电子产品,需开展可拆卸性设计和可回收性设计,具体技术措施包括:在塑料中不再使用溴化阻燃剂、减少产品中的使用的塑料种类、淘汰含铅焊料等。

3.3.4　电子产品绿色生产

电子产品绿色生产过程如图 3.7 所示,左边是电子产品的生产过程,涉及三个步骤,即集成电路/芯片(integrated circuits,IC/Chip)生产、印刷电路板(printed circuit board,PCB)生产、印刷电路板装配,组成电子器件。每个步骤包含多道工序,其主要的资源消耗和环境排放,在图的中间。图的右边是电子产品生产过程中的一些绿色化措施。

1. 电子产品生产工序及其资源消耗和环境排放状况分析

三个主要步骤的具体工序及其资源消耗和环境排放状况具体如下。

1)集成电路/芯片生产

集成电路/芯片生产是在硅圆片(silicon wafer)上进行的,分为三个步骤,首先在硅圆片上生产集成电路,然后将硅圆片分割成单个的集成电路,即芯片,最后将芯片进行封装。这几步一般都是在硅圆片制造车间进行。

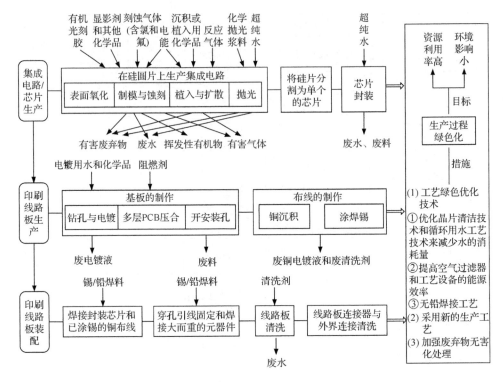

图 3.7　电子产品绿色生产过程

集成电路的生产过程分为四步:第一步氧化薄硅片的表面;第二步在氧化后的硅片上覆盖断流器掩膜,并通过化学反应除去断流器区域内的氧化层;第三步用离子轰击法将原子植入选定区域,并通过扩散作用使植入原子迁移到合适的深度;第四步去掉更多的氧化物。反复进行上述步骤就可构造出高导电区和低导电区,形成多重平面晶体管。芯片的外部接触点以及晶体管之间的连接是靠沉积图案化的金属导电层。不同的金属导电层之间用绝缘材料分开。金属层和绝缘层的生产过程和晶体管相似。一般可能要重复几百次上述基本步骤。

硅片完成上述集成电路生产后,需要将硅片分割为单个的集成电路(即芯片),然后进行芯片封装,目前芯片封装形式大多为陶瓷封装或塑料封装。这个过程主要有硅圆减薄(磨片)、硅圆切割(划片)、上芯(粘片)、压焊(键合)、封装(包封)、前固化、电镀、打印、后固化、切筋、装管、封后测试等工序。

集成电路的生产工序涉及有毒的操作剂,并且集成电路的生产对生产环境的要求很高,因此各工序之间晶片的清洗和保证超清洁的生产环境要用到大量的水、能源和化学品。此外,对于减薄、划片、上芯、压焊、包封、前固化等工序要求必须在超净厂房内进行,需要大量超纯水进行清洗,还会产生废料。

2）印刷电路板生产

印刷电路板是集成电路和其他电子元件安放和相互连接的平台。印刷电路板的材料通常为玻璃纤维强化环氧树脂。由于塑料易燃，通常要加入阻燃剂，目前已有相关法规（如欧盟的 ROHS）禁止使用某些溴化阻燃剂。相对于芯片生产，印刷电路板的生产对环境的要求没有那么高。其生产过程可分为两步。

（1）基板的制作。基板的制作包括钻孔与电镀、多层 PCB 压合、开安装孔等工序。目前使用的 PCB 大多为多层板，在将每一层板黏合前必须先钻孔并运用镀通孔技术在孔壁内部作金属处理与电镀，以使各层板可以互相连接。镀通孔所用的电镀槽需要大量的水和化学品。压合动作需要很大压力，包括在各层间加入绝缘层，以及将彼此粘牢等。电路板上需开好安装孔，这个过程包括钻孔、剪切、修整等工序，会产生很多废料。

（2）布线的制作。按设计好的图案将铜沉积到电路板上，除去多余物，并涂上一层焊锡以便进行后续的元件粘贴。沉积得到的铜导线比集成电路上的导线要粗很多，典型宽度为 1～2mm。这个过程产生大量含铜电镀废液和废清洗剂。然后需要测试 PCB 是否有短路或断路的情况，可以使用光学或电子方式测试。

3）印刷线路板装配

印刷线路板装配是将印刷线路板、集成电路和其他元件（电池、大功率电阻器、电容器、振荡电路等）组装在一起。首先将封装芯片和已涂锡的铜布线焊接在板上，然后通过在线路板上穿孔引线固定和焊接一些器件，最后线路板需要进行清洗。这样，线路板就可以加入连接器与外界连接。

装配过程中主要是需要锡/铅焊料和清洗剂，含铅焊料会造成严重的环境污染，目前欧盟的 WEEE 和 ROHS 等指令都禁止使用含铅焊料。

2. 绿色化措施

电子产品生产过程中的绿色化措施如下。

1）工艺绿色优化技术

工艺绿色优化技术主要是对现有的一些工艺从资源环境方面进行改善，下面选取典型的绿色优化措施进行介绍。

（1）采用优化晶片清洁技术和循环用水工艺技术来减少水的消耗量。

由于芯片和印刷电路板的生产经常需要清洗，导致消耗的水的质量远超过产品的自重。一般而言，电子行业每生产 1g 最终产品要消耗大约 1kg 的水。

（2）提高空气过滤器和工艺设备的能源效率。

由于电子产品制造过程工艺效率较高，而且材料消耗较少，就整体而言，电子产品制造业能源消耗并不是很高。但因为电子产品要求洁净度很高的制造环境，所以在电子产品整个生产过程中，过滤厂房的空气所消耗的能量最多。

（3）寻求替代性的无毒材料。

虽然电子产品所用材料的绝对量并不大,但是使用的原材料种类多,并且一部分属于有毒有害物质。电子行业的生产工艺中许多步骤都要用到有毒有害的蚀刻剂和其他化学品,如印刷电路板制造过程中使用的铜电镀液和溴化阻燃剂等,以及封装中使用的锡—铅焊料,并且这些生产工艺中有许多清洁步骤,涉及水清洗剂和非水清洗剂。

目前针对无铅焊接材料的研究特别多,正在研究和已经实用化的无铅焊料大体上分为三大类别,即高温的锡银系、锡铜系,中温的锡锌系,以及低温的锡铋系等。国际锡研究协会(ITRI)的焊接技术研究部门对已开发的主要无铅焊料进行了综合性能实验比较。其比较结果是锡—银—铜焊料最好,是目前使用最多的主流无铅焊料合金。

2）采用新的生产工艺

针对传统工艺无法改善的环境问题,必须积极寻求新的生产工艺,如采用微通道、固体导电电路代替电镀铜孔来传导电流。由于微通道取消了钻孔工艺,可以减少废弃物产生量并节约用水量。值得注意的是,新的生产工艺在一定程度上会减少资源消耗和环境排放,但也必须关注新工艺是否带来新的环境问题。

3）废弃物末端的无害化处理

对一些目前不可避免的环境排放问题,需要加强末端无害化处理。

3.3.5　废旧电子产品再资源化

当前,废旧电子产品资源再生技术的研究已经成为全球的热点。废旧线路板再资源化回收具有两个目标:面向元器件功能的回收和面向材料的回收。目前,对废旧电子电器产品整机通过修理翻新再制造,或者对其元器件、零部件进行拆解分类,用作修理配件、备件和降级使用方面的报道不多,报道多是实验室级别的研究工作,目前主要还是以材料级的资源化为主。电子废物一般拆分为印刷线路板、电缆电线、显像管等几类,再根据各自的组成特点分别进行处理。本节主要介绍印刷线路板的再资源化,分别对目前再资源化的主要方法(机械物理法、化学溶剂法和焚烧热解法)进行详细介绍。

1. 线路板拆解

面向元器件功能的回收就需要首先对废旧线路板进行拆解,并尽可能保证拆解下来的元器件的性能。而元器件的封装尺寸精度则需要规范的加热操作,以及合理的分离操作共同保障。印刷线路板上元器件的拆解几乎不产生环境问题,是线路板回收的首选方式。目前已有一些面向线路板维修用的设备和产品,而面向产品生命周期末端的线路板整体拆解装备虽然公布了一些专利,但工业实际应用的效果不佳。

带元器件线路板的拆卸方式有两种:选择性拆卸和整体拆卸。在选择性拆卸中,一些待拆卸的元器件首先被确定坐标以定位,再确定连接方式以移除。在整体拆卸中,加热整块带元器件线路板,对所有元器件进行解焊,再将它们全部去除掉。整体拆卸的拆卸效率较高,但拆卸下的元器件会受到物理伤害,而且额外增加了对拆卸下的元器件进行分类这一工序,使处理时间和费用增加。Feldmann 等基于振动原理拆卸插装元器件。将带元器件的线路板固定在实验装置上,改变振动频率和振幅,插装元器件可全部去除。Feldmann 等还设计了线路板拆卸的模块与布局[168]。Knoth 等认为刚性的、针对某一具体产品型号的自动拆卸方式在目前经济上并不可行。为此提出了两个新概念:①柔性拆卸单元;②拆卸族。在柔性拆卸单元中,包含以下主要模块:拆卸机器人或拆卸机构;抓取机构;传输系统;进给系统;电子元器件数据库;识别系统等。在这两个概念的基础上,Knoth 等研制了线路板半自动拆卸单元[169]。日本 NEC 公司开发了一套自动拆卸废旧线路板中电子元器件的装置。它采用红外加热,垂直方向冲击与水平方向刮刷两级去除方式分别去除插装元器件和贴片元器件。回收工艺流程包括去除元器件和焊剂、粉碎线路板基板、分离成富含铜的粉末和玻璃纤维与树脂粉末。Hosoda 等提出了一种分离焊点的新方法,利用在常温下呈液态的元素镓扩散到连接界面而使界面溶解,从而分离被连接的两部分[170]。

2. 线路板资源再生[171]

当废旧线路板以材料作为回收目标时,就是回收印刷线路板里面的金属材料和非金属材料。废旧印刷线路板中通常含有 30%的塑料、30%的惰性氧化物及 40%的金属。金属分为两类:常见金属和贵金属。常见金属包括 20%的铜、8%的铁、2%的镍、4%的锡、2%的锌等,约占废弃物总重量的 39%;贵金属有 0.1%的金、0.2%的银、0.005%的钯等,约占 1%。金属材料具有极高的经济价值,可以回收使用。经济价值相对较低的树脂材料,也可以回收用于涂料、铺路材料或塑料制备的填料等,或者作为增强材料和绝缘胶黏材料重新利用。

目前印刷线路板的回收处理方法和回收工艺主要分为三大类:一是机械物理法,包括破碎、制粉和分选等多道工艺,其中日本、美国、德国、俄罗斯等国对机械物理法处理废线路板的工艺研究较多;二是化学溶剂法,包括酸洗法、剥离法、置换法、沉淀法和电解法等;三是焚烧热解法,包括火法冶金、直接焚化法、防氧化焙烧法和裂解法等。此外也出现了一些新工艺方法,如超临界流体回收工艺,但多处于实验室研究阶段。下面主要介绍三大类主要工艺方法:

(1) 机械物理法。

机械物理法工艺原理是:首先将废旧印刷线路板进行预先的分类整理和元器

件拆卸等预处理,然后进行多级破碎得到一定颗粒大小的金属和非金属粉末状混合物,再经过多级分选得到金属或非金属的粉末状材料富集体,最后经过冶炼等工艺提纯得到需要的材料物质。回收处理的步骤主要是:预处理、破碎、分选、冶炼等,如图 3.8 所示为德国 Daimler Benz Ulm Research Center 开发的工艺路线。

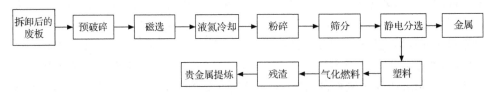

图 3.8　机械物理法回收废旧印刷线路板的工艺路线

由于印刷线路板组成复杂,破碎过程中会产生大量粉尘,散发有害气体,连续破碎还会导致材料氧化等现象。为此,有些研究采用低温冷冻粉碎技术,但是设备成本高,运转时需要液氮,能耗大,同时对环境影响较大;也有些研究在破碎过程中加入水流冷却和去除粉尘,但易造成水资源的浪费和污染。

机械物理法是目前应用最广的工艺方法,具有成本低、技术成熟、操作简单等优点,但是最终产物是金属和非金属的粉末状富集物,需要其他工艺进一步提纯,才可以使用,资源的回收率低。

(2) 化学溶剂法。

化学溶剂法是废旧印刷线路板的另一种使用较广的回收处理工艺方法。该工艺方法主要是利用强酸或强氧化剂将线路板中的金属溶解制成化合物溶剂,分离后再通过还原剂还原获得金属。一般工业应用中利用浓硝酸、浓硫酸或者王水等强酸或强氧化剂将废旧线路板溶解,其中的金属被制成化合物,非金属沉淀为废渣。通过不同的还原剂获得金、银、钯等贵重金属产品,含有高浓度铜离子的废酸则可会回收硫酸铜或电解铜。典型回收工艺如图 3.9 所示。

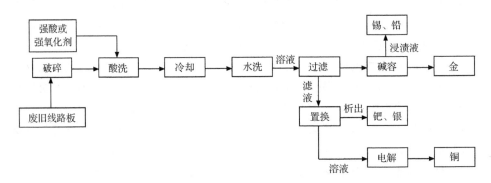

图 3.9　化学溶剂法回收废旧印刷线路板的工艺路线

这种工艺的优点是能得到最终较纯的金属产品,但废液、废渣难处理,环境污染严重。目前该方法使用较少,主要被一些没有正规资质的回收企业应用,对环境造成了极大的污染。

（3）焚烧热解法。

焚烧法是将废旧印刷线路板在供氧的情况下充分燃烧,然后对灰渣进行粉碎后提纯。一般工艺流程如图 3.10 所示,其主要思路是:废旧线路板经过机械粉碎后,送入焚化炉中焚烧,将所含树脂分解破坏,剩余之残渣为裸露的金属及玻璃纤维,将其粉碎后即可送往金属冶炼厂进行金属回收。这种工艺能耗大、环境污染严重,且回收材料易氧化,回收率低,目前工业应用极少。

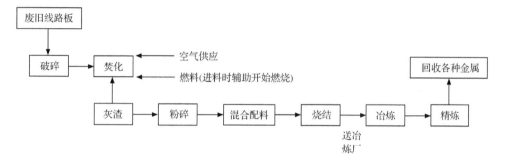

图 3.10　焚烧法回收废旧印刷线路板的工艺路线

热解法是在缺氧或无氧条件下将废旧印刷线路板加热至一定温度使其分解生成气体、液体油、固体焦结物,并加以回收的工艺过程。一般工艺流程如图 3.11 所示,先拆除线路板上的元件,然后将线路板粉碎至一定尺寸,送入反应器中热解。线路板中的黏结材料环氧树脂等聚合物在惰性气体保护下加热到一定温度发生热分解,生成低相对分子质量的物质,冷凝由反应器出来的热解油气,得到不凝性气体和液态热解油;金属和玻璃纤维等成分基本不发生性质变化,留在反应器中作为固相残渣,采用简单的物理方法即可分离回收。

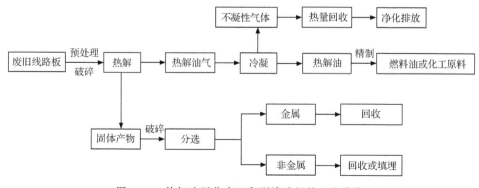

图 3.11　热解法回收废旧印刷线路板的工艺路线

线路板热解气体主要成分是 CO_2、CO、HBr、低脂脂肪烃和一些低相对分子质量的芳烃。热解气体具有一定的热值,可对其进行热量回收。热解油成分复杂、沸点范围大、热值高,具有类似原油的性质,可以作为燃油使用或者提取高附加值物质作为化工原料。热解的固体残渣经破碎后分选得到金属和非金属的粉末状富集体,再各自回收或填埋。

3.4　汽车行业绿色制造运行模式

3.4.1　汽车行业绿色制造简介

汽车行业的绿色制造在国内外都受到了广泛的重视。2001 年,世界技术评估中心的《环境友好制造最终报告》中分析了汽车行业的环境问题,并对福特、通用、戴姆勒-克莱斯勒、丰田、大众、宝马等世界知名汽车制造企业的环境战略和环境管理进行了实证研究[44]。美国政府已经耗资 10 亿美元用于支持汽车制造企业开发新一代汽车项目(partnership for a new generation of vehicles,PNGV),美国汽车三大巨头通用汽车、福特汽车、戴姆勒-克莱斯勒汽车及美国环保署都参与该项研究。他们明确提出了以减少排放、减少油耗、减少能耗、满足安全要求为目标的汽车绿色设计。在 2004 年,他们公布的研究成果表明,在减少整车重量(20%～40%)、减少 CO_2 排放(CO_2 排放率低于 140g/km)、提高能源效率、提升整车性能架构、完全可回收等方面已经取得了重要进展。在欧洲,重量仅为 682kg,可由柴油、汽油或生物油料驱动的 Smart Car 研究也取得了重要进展。该车型通过面向组装及拆卸的设计(95% 可回收),在 4～4.5h 就可以生产完成,且具有良好的动力和安全性能。日本自 2001 年开始规划由抛弃型进入循环型的社会发展模式,开始推行全回收(total recycle)或零废弃(zero waste)的观念。日本本田汽车在 2001 年就提出要全面实施绿色制造,他们要求其制造工厂要建设成绿色工厂(green factory),即鼓励减少环境排放和资源消耗,采用尽可能多的可循环物料,还要求实行绿色采购(green purchase),即供应商要满足 ISO 14001 的要求,减少包装废料,采用能源节约工艺。日本丰田汽车将绿色制造也纳入其精益生产模式,由丰田产业设备制造部门(Toyota Industrial Equipment Manufacturing,TIEM)专门负责这项工作。2004～2006 年,丰田汽车哥伦比亚公司减少有机化合物排放 33%,减少有害空气污染排放 80%,减少能源消耗 40%,减少天然气消耗 65%,提高了循环利用率 70%,并因此获得了该国政府的环境杰出奖。此外,欧盟、美国的汽车业正在大力推广无废弃物加工技术,新型环保材料被大量采用。目前,世界各知名汽车厂商积极开展环境友好制造的研究与实践,每年定期公布其资源及环境报告,向国际社会展示其在绿色制造领域取得的节约资源、减少环境不良影响的成果。绿色制造中的一些专题技术也受到汽车制造企业的推行,如通用等汽车企业采用奥贝球铁代替淬火钢生产汽车后桥螺旋伞齿轮,节约能耗 50%,成本降低 40%。福特汽车较早设立了福特汽车环保奖,2005 年将该环保奖的主题定为"创新发展,人境和谐"。雪佛兰汽车开发了一款面向回收及重用的汽车发动机,该发动机 43% 可直接拆卸,大量部件可重复利用。

在我国,汽车制造企业绿色制造研究在资源和环境问题日益突出的背景下受到了高度重视。清华大学、重庆大学、吉林大学、同济大学等都开设了汽车工程学院并开展了绿色制造的相关专题研究。例如,清华大学、上海交通大学、重庆大学与福特汽车合作正在开展降低成本的绿色零部件项目,以及先进冲压模具工艺研究。重庆大学与长安汽车集团合作开展了汽车轻量化镁合金在长安汽车上的应用的研究,目前已经开发了数个镁合金配件,并应用于汽车整车。同济大学开展了生物质燃料的研究及应用。2007 年,由中国汽车技术研究中心、中国汽车工程学会、中国汽车工业协会等单位共同主办的 2007 年中国汽车产业发展国际论坛、2007年中国汽车工程学会年会,将"环保、节能、绿色制造"作为论坛主题,明确提出中国汽车制造企业的绿色制造之路。2008 年 6 月,汽车节能与绿色制造高峰论坛在厦门举行,论坛汇聚各大汽车能源研究领域的专家、学者及政府相关高层人士就汽车节能、环保方案等问题展开广泛的交流和探讨,共谋汽车绿色制造大计。中国第一汽车集团、上海汽车集团、长安汽车集团等都纷纷亮出了绿色制造的大旗,推出了绿色汽车产品。

关于汽车绿色制造方面的研究也有不少,如文献[172]和[173]分别从汽车产业的角度研究了汽车产业如何考虑绿色制造中的资源及环境因素进行产业生态设计及建设。文献[174]和[175]从循环经济的角度出发,提出我国汽车制造企业应从原有生产方式、发展模式过渡到绿色制造模式。文献[176]研究福特汽车的欧洲产品可持续指标体系(PSI),该指标体系包括生命周期全球温室效应指标、生命周期空气质量指标、可持续物料指标、禁用物质指标、社会及经济贡献指标等。通过福特汽车 Galaxy 及 S-MAX 车型的研发实证,他们认为该指标体系有力地支持了新车型较历史车型的重大改进。文献[177]就 Rieter 汽车在研发过程中的系统集成环境因素,通过卡车研发设计的实例,提出生态设计有助于企业通过客户友好的方法找到产品创新设计的解决方案。文献[178]认为重视汽车设计、零部件重用、提升循环率是欧盟关于汽车产品终期的重要途径,并由此提出一种技术成本模型;通过该模型分析,Ferra 认为若汽车塑料的回收率提高到汽车重量的 14%,则整车的循环率将超过 80%。文献[179]介绍了加拿大一家汽车分解公司 AADCO 在生命周期评价方法下建立的汽车塑料循环网络。在该网络下,温室气体的排放和能源需求下降了 50%,却导致了 AADCO 成本数量级增加。

可见,绿色制造已经得到了世界范围内研究机构、汽车制造企业的积极响应。

3.4.2　汽车产品绿色制造需求分析

汽车产品生命周期过程涵盖了汽车制造的全生命周期工程各个环节(如图3.12所示),包括汽车市场需求调查及反馈,汽车产品研发及设计,制造资源(准备)组织,制造资源配送,汽车零部件制造,汽车产品装配,汽车产品销售,汽车产品维修与服务,汽车产品报废,汽车产品回收、拆卸、分解,废旧汽车零部件重用、再制造、材料再生。汽车产品的绿色制造需求分析需要深入产品生命周期过程的各个关键环节,如汽车产品设计阶段、汽车生产阶段和汽车报废处理阶段等。

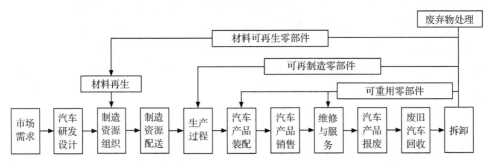

图 3.12　汽车产品的全生命周期过程

1. 汽车产品绿色设计的需求分析

汽车是一种包罗了各种典型机械元件、零部件,各种金属与非金属材料及各种机械加工工艺的典型的机械产品,因此其设计理论以机械设计理论为基础,涉及工程数学、工程力学、热力学与传热学、流体力学、空气动力学、振动理论、机械制图、机械原理、机械零件、工程材料、机械强度、电工学、工业电子学、电控与计算机控制技术、液压技术、液力传动汽车理论、发动机原理、汽车构造、车身美工与造型、汽车制造工艺、汽车维修等。一般来讲,汽车设计的内容包括整车总体设计、总成设计和零件设计。整车总体设计又称为汽车的总布置设计,其任务是使所设计的产品达到设计任务书所规定的整车参数和性能指标的要求,并将这些整车参数和性能指标分解为有关总成的参数和功能。汽车设计是考虑人机工程、交通工程、制造工程、运营工程、管理工程的系统工程。

在新的绿色制造背景下,如何在汽车设计阶段统揽汽车制造全生命周期工程,以满足绿色制造中成本、资源及环境要求,是当前汽车制造企业面临的新的重大课题。

(1) 汽车设计需要最大限度地降低制造成本。

据估计,至少有70%的产品开发制造和使用成本是由最初的设计阶段决定的。汽车设计需要从多种层面考察成本的节约状况,如原材料及零部件的选择,制造工艺的设计,原材料及零部件的包装,报废汽车的回收、拆卸、原材料重生、零部件重用及再制造等。以上提及的层面都在汽车制造成本中起着举足轻重的作用,如原材料及零部件的选择上,如何在满足设计要求的基础上选择一种较低价格的零部件,又如原材料及零部件的包装上,如何简化设计同时满足汽车总装需求,再如设计一种汽车绿色设计的流程,嵌入评估及反馈程序,从而综合优化制造过程。这都是汽车制造企业迫切需要解决的问题。

(2) 汽车设计需要最大限度地减少资源消耗。

汽车设计过程的原材料及零部件选择,制造工艺设计,原材料及零部件包装,报废汽车的回收、拆卸、原材料重生、零部件重用及再制造等对于资源消耗同样意义重大。例如,选择高强度、低重量的原材料不仅可以满足安全性,而且支持了汽车轻量化设计,并可以减少汽车在使用过程中对于燃料的消耗(这当然需要同时考虑制造成本);又如涂装工序的工艺设计,其中电泳、电泳烘干炉、电泳打磨、PVC喷涂、密封胶炉、中涂打磨、中涂、中涂烘炉、面漆、面漆烘炉等工艺的设计对于减少涂装液的使用、清洁水的消耗、电能的消耗以及天然气的消耗意义重大;再如汽车的报废、回收、拆卸、原材料再生、零部件重用及再制造过程中,如何推行可拆卸设计、可回收设计以提高汽车原材料及零部件的便捷性,如何设计一种汽车的回收、拆卸、重用、再制造、重生的流程以最大限度地提高回收利用率等都是汽车制造企业面临的重大挑战。

(3) 汽车设计需要最大限度地减小环境影响。

汽车设计过程的原材料及零部件选择,制造工艺设计,原材料及零部件包装,报废汽车的回收、拆卸、原材料重生、零部件重用及再制造等对于环境友好同样意义重大。例如,轻量化原材料及零部件的选择在减少资源消耗的同时,也必然减少环境的排放;又如汽车的报废、回收、拆卸、原材料再生、零部件重用及再制造过程中回收利用率的提高也必然减少了各种废弃物的产生;再如生产工艺的优化中,对于热量的回收利用、涂装水的净化循环等都是环境友好型的具体措施。

2. 汽车生产过程绿色制造的需求分析

一般来讲,汽车的生产过程主要包括冲压、焊装、涂装、总装这四大工序,它完成了从原材料、零部件到汽车整车及测试的过程。汽车制造的资源及环境特性在这些环节中具体体现,换句话说,汽车制造的资源及环境问题的解决在这些工序中完成。

图 3.13 体现出了汽车制造企业生产过程绿色制造的强大需求。按照汽车生产的流程顺序,冲压工序的需求主要涉及钣金件消耗极小化、钣金件余料回收,以及冲压噪声极小化等问题;焊装工序的需求主要涉及水、电、天然气消耗极小化,废

液、废气、固体废弃物极小化,以及焊接噪声极小化等问题;涂装工序的需求主要涉及水、电、天然气及涂料消耗极小化,废液、废气、固体废弃物极小化,以及涂装噪声极小化等问题;总装及测试工序的需求主要涉及水、电、天然气及零配件消耗极小化,以及废液、废气、固体废弃物极小化等问题。

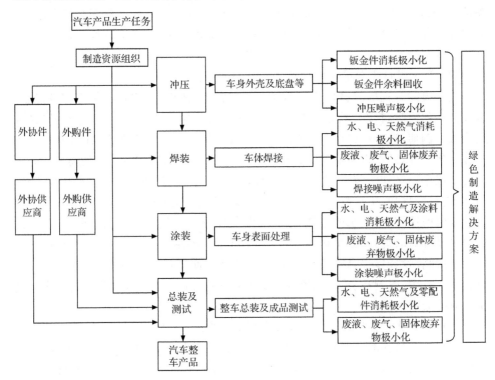

图 3.13　汽车零部件制造与装配绿色化

　　以上提及的绿色化问题,其核心在于如何以资源节约、环境友好的方式组织生产,而这些问题均需要绿色制造的解决方案给予支持。

3. 汽车报废处理绿色化的需求分析

　　2000 年 5 月 24 日,欧盟官方正式颁布"2000/53/EC《关于报废汽车的技术指令》(即车辆生命终期 ELV 指令)";2003 年 2 月 13 日,又公布了《报废电子电气设备指令》,该指令要求生产商负责收集、处理及回收废旧电子电气设备并承担相关费用,而处理电子电气设备的机构应获得主管机关的许可。这两项指令要求各成员国:①制定相应的技术法规和标准并确保有效实施;②建立报废汽车登记注销证明系统,确保报废汽车只在授权拆解机构被处理;③提高报废汽车处理时的环境标准,规范降污处理工序,防止由此造成二次污染;④采取切实可行的措施,保证报废汽车回收利用目标的实现。具体要求从 2006 年起,每辆报废汽车的再利用率要达到其自身重量的 85％ 或以上;从 2015 年起,每辆报废汽车的再利用率要达到其自身重量的 95％ 以上。制造商要免费从终端用户处收集报废车辆,并承担所有或大部分的加工处理费用。2007 年,指令开始实施,标志着欧盟对于汽车制造企业生命终期管理提上了正式日程。

我国政府已经意识到汽车报废处理的重要性,2006 年 2 月国家发展与改革委员会、国家科学技术部和国家环境保护部联合颁布了《汽车产品回收利用技术政策》,明确要求将汽车产品回收利用率指标纳入汽车产品市场准入许可管理体系,自 2008 年开始进行登记备案工作,从 2010 年起,我国汽车企业或进口汽车总代理商要负责回收处理其销售汽车的产品及包装物品。

汽车的报废处理,即汽车产品生命终期管理目前还处于起步阶段,如何设计一种汽车产品生命周期管理系统,对于报废汽车进行有效管理,以确保企业原材料及零部件的回收利用率,以及回收过程不对环境产生不良影响是目前我国汽车制造企业面临的重大课题。

下面分别介绍汽车行业的绿色设计、清洁生产和产品生命终期管理。

3.4.3　汽车绿色设计

图 3.14 是一种汽车制造企业绿色设计运行模式。汽车制造企业通过收集内外部的需求信息,通过汽车绿色设计工程,形成了确定的设计需求。根据这些需求,设计部门可以大体确定设计概念。此时,通过跨部门的虚拟组织形式,考察企业的制造能力并与之匹配,形成绿色设计产品方案和汽车产品模型。在汽车产品模型的基础上,设计部门可以进行产品规划,如总体方案、汽车结构设计、原材料(零部件)选择、制造工艺、包装设计、汽车报废回收方案等。而这一系列的过程是在汽车绿色设计知识库、汽车产品数据管理(PDM),以及仿真评估系统的支持下完成。仿真评估系统的结论与设计方案进行比较,满意则可导入汽车产品生命周期工程的下一环节,否则必须修正汽车产品模型。

此外,该模式强调三个方面的内容。一是绿色研发设计的触发,即内外部需求信息。产品需求信息从信息来源的对象来看,可以是企业外部的客户、经销商,也可以是企业内部的市场营销部门、客户服务部门等;从信息来源的方式来看,可以是直接的反馈,如呼叫中心、电子邮件,也可以是间接的反馈,如通过企业数据库进行数据挖掘后营销部门得到的市场分析结论而形成的评价反馈,或者是设计出的汽车投入市场后在使用及报废回收过程形成的应用反馈,或者是企业战略发展部门得到的战略分析结论等。二是绿色设计知识库、数据库在运行模式中被视为绿色设计的策略进入企业绿色设计系统。绿色设计知识库,即在运行过程中导入绿色性因子,包括:在新的制造过程中采用绿色材料,不产生或者尽可能少产生有害

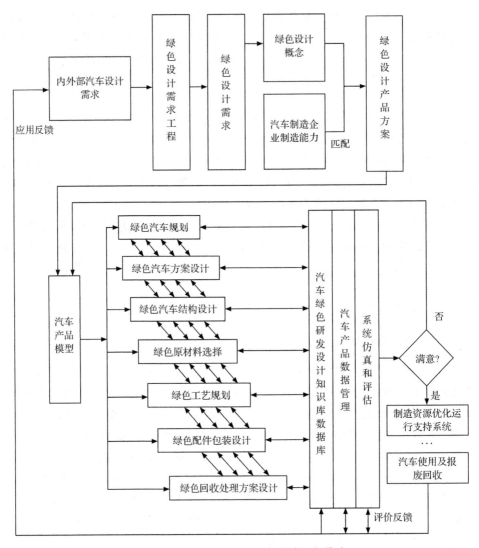

图 3.14　汽车制造企业绿色设计运行模式

物质;采用清洁工艺,减少化学排放及产品能源消耗;采用无害可循环物质;采用易拆卸设计等。它在绿色设计过程中发挥重要支撑作用。三是绿色研发设计的评价与反馈机制,包括绿色研发设计方案完成后以模型、仿真为主的评价反馈,以及导入生产后以数理统计、数据挖掘为主的应用反馈。反馈信息回到企业研发设计需求系统以修正、改进原有设计方案。

3.4.4　汽车清洁生产

针对汽车制造企业的实际情况,选取零部件生产及整车装配工序为研究对象,对汽车清洁生产过程展开研究。

图 3.15 展示了汽车清洁生产过程。清洁生产是汽车制造企业绿色制造改造的重点,主要考察制造资源消耗极小化及环境影响极小化。对应于资源消耗极小化,可以采用资源消耗极小化设备、工艺及资源回收等最为绿色化的方案;对应于环境影响极小化,可以采用清洁设备、清洁工艺和末端处理等最为绿色化的方案。汽车制造主要涉及冲压、焊装、涂装和总装四个工序。本节主要以这四个工序为研究对象,讨论其涉及的资源消耗及环境影响问题。下面以工序流转为序,针对各个工序出现的资源与环境问题提出对应的解决方案。

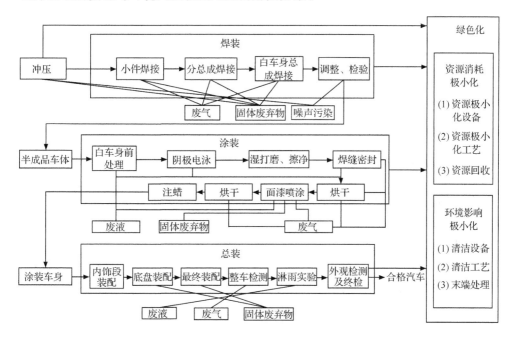

图 3.15 汽车制造过程中主要资源与环境问题及解决方案

汽车制造过程中的冲压工序大致包括:落料→预成形→加热→冲压成形→保压(使零件形状稳定)→去氧化皮→激光切边冲孔→涂油(防锈处理)。该工序将钣金件(plate metal)在冲压模具下进行冲压加工,主要生产汽车产品的车身外壳及底盘等部件。此过程主要涉及钣金件的消耗、冲压噪声的极小化问题。钣金件消耗极小化问题对应的解决方案是新材料和新工艺的采用、钣金件的优化下料系统和余料回收。目前,激光拼焊板、高强度钢板、烘烤硬化板、铝合金材料等相继应用于汽车生产的冲压工序。优化下料系统根据钣金件的给定尺寸,在汽车冲压部件主要尺寸约束下,以整块钣材余料最小为目标,自动生成优化的下料方案。钣金件余料由汽车制造企业进行收集,钣金件原材料供应商直接回收,然后进行回炉熔解以实现材料再生。冲压车间噪声的极小化问题对应的解决方案是采用低噪设备,给操作工人配备隔音设备等。

　　焊装工序主要由前后底板、左右侧围、前壁板、纵梁及构架总成、下车体、主车体、左右前中门、前罩、背门生产线及白车调整线组成,各分线之间采用自动输送系统,完成焊接工艺的车身,通过焊后储运线自动输送至涂装车间。汽车的发动机、变速器、车桥、车架、车身、车厢六大总成均需要通过该工序。焊装工序资源消耗极小化主要涉及的清洁生产解决方案是选用高效节能的焊接设备(如采用 MJG/MAG 气体保护焊机、尽可能采用焊接机器人)、先进的焊接技术(电阻焊、弧焊、摩擦焊、激光焊、钎焊)、先进的输送设备(如尽可能采用激光自动导引车系统)、能源集中供应及循环利用(如焊机采用凉水塔集中多次热交换降温)。焊装工序涉及的环境影响极小化问题是对焊烟废气进行回收;对焊接 CO_2 保护焊尾气进行净化;对焊装工序中调整检验产生的较大噪声进行封闭,对本工位操作工人配备必要的消音降噪设备等。

　　汽车制造中的涂装工序生产线主要由前处理、电泳、电泳烘干炉、电泳打磨、密封胶、PVC 喷涂、密封胶烘炉、中涂打磨、中涂、中涂烘炉、面漆、面漆烘炉构成,产品工艺间的流转采用悬挂链吊具、地面滚床、滑橇、升降机来连接。涂装工序主要涉及的环境影响问题是该工序产生的数目巨大的废液、固体废弃物及废气,这也成为清洁生产绿色化的重点和关键。表3.4 归纳了该工序出现的"三废",并对于绿色化处理的因子及其对应的处理方式进行了列举。尤其是废液,它大量产生于该工序的多个环节,因此必须需要一个系统的收集及完善的处理方案。如图3.16 所示,涂装工序产生的大量废液,经过无毒化学反应、酸碱调节、凝聚、沉淀、除磷等工序,实现了有害物质的治理和水资源的循环利用。

表 3.4　涂装工序的清洁生产方案

环境问题类别	主要产污环节	设施名称	治理因子	处理方式
废液	涂装废液	涂装废液处理装置	化学需氧量、悬浮物、总镍、总锌、磷酸盐、阴离子表面活性剂、石油类、苯系物、pH	物化处理、回收
废气	涂装废气	漆雾絮凝处理装置	苯、甲苯、二甲苯	物化处理、回收
		烘炉废气处理装置	苯、甲苯、二甲苯	物化处理、回收
固体废弃物	漆渣、废液处理污泥	专用设施临时储存	有机物、重金属等	物化处理、回收

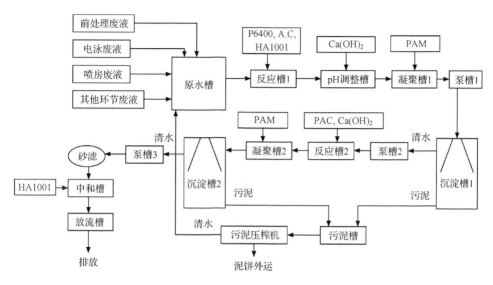

图 3.16　涂装废液绿色循环处理流程

汽车制造过程中的总装工序由漆后车身储运线、内饰线、底盘线、最终装配线、整车检测线、发动机后桥、仪表板、车门装配线及工艺设备构成。其涉及的主要环境问题是废水净化处理；总装车间淋雨实验用水循环使用、定期更换，更换的废水进入生化设施处理；汽车的静态测速实验产生的尾气经抽风装置排放；对装配时产生的少量固体废弃物进行回收。

汽车零部件制造过程及产品装配中涉及的绿色制造问题，是一个非常复杂的系统工程问题。本节主要是从技术的角度探讨了该问题，即通过引入先进节能环保设备、绿色生产工艺改进、优化决策系统，以及末端的无害处理及回收等尽可能减少资源的消耗和对环境的不良影响。

3.4.5　汽车产品生命终期管理

图 3.17 是一种面向绿色制造的汽车制造企业汽车产品生命终期管理模型。该模型基于汽车产品全生命周期，涵盖了汽车绿色设计、制造资源组织、清洁生产（装配）、绿色营销、汽车使用、汽车维修与服务、汽车报废、报废汽车回收、报废汽车拆解、回收的零部件及原材料重用、回收的零部件及原材料再制造、回收的原材料再生、垃圾焚烧及掩埋等环节。其核心是科学合理、有条不紊地对报废汽车实现最大限度地回收再利用，最大限度地减少产生的垃圾，最大限度地减少资源的消耗，最大限度地减小汽车产品生命终期对于环境的不良影响。

汽车制造企业通过绿色设计系统设计汽车产品，并通过绿色制造资源组织与配送将所需的零部件及相关的制造活动进行分解，即进入清洁生产环节。在冲压、

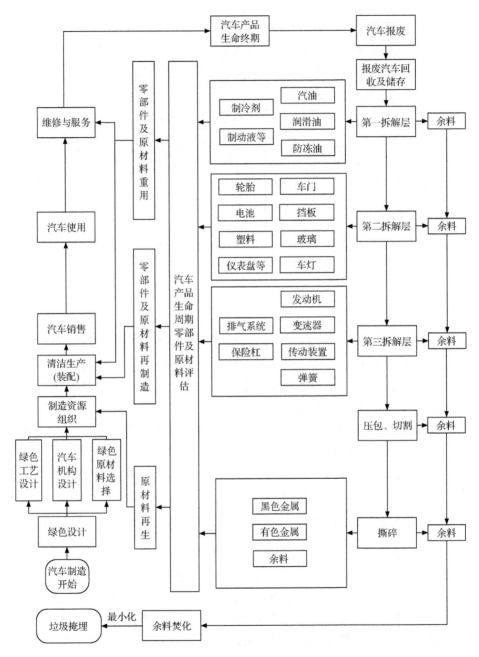

图 3.17　汽车产品生命终期管理模型

焊装、涂装、总装后,完成了汽车的生产活动。终端客户通过汽车制造企业的绿色营销网络购买了该汽车产品,并进行使用。在一定的使用年限后,汽车耗损达到了报废条件,并正式进入了产品生命终期。汽车制造企业可以根据自身的绿色营销及维修服务网络对于这些汽车进行回收,并通过制造资源组织配送系统对于这些汽车集中管理,并进入拆解程序。报废汽车的拆解一般分为三层。第一层主要对汽车的燃料(如汽油等)、润滑油、防冻油、车载空调的制冷剂(如氟利昂等)、制动液等进行回收和过滤净化处理,该层常被称为除液,即对于车中的液体进行回收。第二层主要对外层及内饰等进行拆解,包括如车门、挡板、玻璃、车灯、轮胎、电池、塑料件、电线及仪表盘等。第三层主要对汽车核心动力组件进行拆解回收,如发动机、变速器、传动装置(如齿轮)、弹簧、排气系统及保险杠等。这些零部件一般是不能重用的,因此可以通过切割等方式回收其中的金属材料,这些金属材料可以通过铸造等方式实行金属材料的再生。余下的部分,可以通过先压包、切割再撕碎的方式来实现对其中的黑色金属和有色金属的回收。以上三层拆解层及撕碎层回收的材料及零部件均进入汽车零部件与原材料评估程序进行分类,一般分为三大类,即可重用零部件及原材料、可再制造零部件及原材料,以及可再生原材料等。可重用零部件及原材料可以直接进入汽车制造企业的清洁生产与维修服务等制造环节实现循环;可再制造零部件及原材料可以进入汽车制造企业的清洁生产中的零部件生产环节实现循环;可再生原材料可以进入汽车制造企业的制造资源组织环节实现循环。另外,经拆解、压包、切割及撕碎等产生的少量余料可以通过焚化方式进行处理,焚化后剩下的垃圾(landfill)可以通过掩埋等方式做最后处理。

总之,汽车制造企业汽车产品生命终期管理的最终目的是通过重用、再制造及原材料再生,尽可能地将能循环利用的物质反馈回汽车制造的相应环节,从而形成汽车制造生命周期工程的闭环结构,彻底实现汽车制造全生命周期工程的绿色化。

3.5　家电行业绿色制造运行模式

3.5.1　家电行业绿色制造概述

家电产品按用途可分为:空调器具,包括调节室内温度与湿度、加速空气流动或排气的电器器具,如空调、电风扇、排气扇等;制冷器具,包括以人工方法获得低温以存储食品的电器器具,如电冰箱、冷冻机、冷饮机等;取暖器具,包括提高房间温度及与人体接触产生温度变化的电器器具,如空气加热器、电暖炉、电热被等;厨房用具,包括食品加工、食具清洗、炊具等电器器具,如电饭锅、电烤箱、洗碗机、电磁灶、微波炉等;清洁器具,包括个人与环境卫生的清理与清洗用电器器具,如洗衣机、干衣机、洗车器等;整容与保健器具,包括个人容颜与身体保健用的电器器具,如电吹风、电动剃须刀、电子体温表、电子血压表、电子按摩器等;声像器具,包括电子音响及视像设备,如收音机、录音机、电视机、录像机、CD 机、VCD 机、DVD 机等;娱乐器具,包括电动玩具、电子玩具、电子游戏机、电子琴、电子乐器等;照明器具,包括室内各种照明及艺术装饰用的灯具,如荧光灯、台灯、吊灯、壁灯、自动应急灯等;其他器具,除上述各种家用电器外的其他用具,如电动缝纫机、电子门铃、电子钟、警报器等。

随着人们环保意识的不断提高和增强,绿色家电越来越受到人们的青睐。绿色家电就是在保证性能和质量合格的前提下,高效节能,而且在使用过程中不对人体健康和周围环境造成危害,废弃(或淘汰)后还可回收、利用、再制造的环保型家电产品。

绿色家电是指节能、低污染、低噪声、可回收及符合生态环境与人机工程学要求等特征的新型家电产品,具有以下特征。

(1)绿色家电应是节能型家电产品,其耗电量应为普通家电的 $1/3 \sim 1/2$。

(2)绿色家电应是低污染、低噪声、低辐射的家电产品。它大量采用无污染材料代替有害(有毒)材料,少用或不用稀有昂贵材料,减少或消除对环境有害物质的排放量。

(3)绿色家电的各种元器件在生产制造过程中不应对环境造成污染,并且有良好的可拆卸性、可回收性、可重用性,废弃物易安全处理。

(4)绿色家电废弃(或淘汰)后应拆卸、回收简便,且有较高的利用率。例如,将旧机器上拆卸下来的贵重金属零件回收、翻新、再制造后组装在新机器上再销售,对余下的零部件则可提供给其他制造商利用。塑料制品易再生利用,可再制造其他物件。这样既避免了旧机器被用户扔进垃圾堆而污染环境,又提高了经济效益和社会效益。

(5)绿色家电应符合人机工程学要求,家电产品的造型设计与色彩设计更符合人们的生活习惯,变得更加舒适、宜人,更富于人性化、个性化。

在各类绿色家电中,绿色电冰箱是指无氟利昂、节能和低噪声达标的产品;绿色电视机主要是针对 29 英寸以上的电视机,要求其辐射低于 $0.07\text{mR/h}(1\text{R}=2.52 \times 10^{-4} \text{C/kg})$;空调的绿色标准主要为换新风、节能和低噪声等;洗衣机的绿色标准是低噪声,根据规定,波轮式洗衣机的噪声要在 $50 \sim 60\text{dB}$,滚筒式洗衣机要在 $60 \sim 65\text{dB}$。

实施绿色制造是保证家电绿色性的必要措施,因此国内外很多企业积极实施绿色制造。例如,松下电工·万宝电器是一个通过 ISO 14001 和 ISO 9001 一体化认证的企业,根据其"成为世界一流的生产绿色产品的绿色工厂"的绿色战略,制定了其环境方针,"把保护环境、防治环境污染纳入公司经营活动之中,承诺遵守有关环境法律、法规及其他要求事项,通过建立善待环境的工厂,谋求与地球环境、需求者、地域社会的共生,从而实现工厂与社会的可持续发展"。全员充分认识到保护环境的社会责任,积极推进环境保护活动,减少环境污染。

目前家电行业的研究多集中在绿色设计和绿色回收处理方面,如《家电科技》曾发表家电行业绿色制造方面的系列文章,系统地介绍家电的绿色设计方法、绿色设计工具、绿色产品评价和回收处理技术[180~187];文献[188]专门介绍了家电产品的回收利用。下面在已有研究的基础上,重点介绍家电行业的绿色设计和绿色回收处理。

3.5.2　家电产品的绿色设计

研究表明,家电产品环境特性的 70％～80％ 由设计阶段决定,只有从设计源头避免产品环境污染,在设计时就按绿色产品的要求规划和开发,才能确保产品的绿色特性。绿色设计的核心思想是:在设计阶段就将环境因素和预防污染的措施纳入产品设计过程之中,将环境性能作为产品设计目标和出发点,力求产品在其生命周期全过程中,资源能源利用率最高、环境影响为最小。

家电产品的绿色设计需要考虑设计目标、绿色设计方案及产品结构,如图 3.18 所示。家电产品一般分为箱体类零件、机械与固定结构类零件、电气控制系统和其他器件,但不同的家电产品的结构是不一样的,差别较大。例如,电视机内部结构主要由显像管(由电子枪、玻璃外壳和荧光屏三部分构成)、线路板、高频头、扬声器及机壳构成。电冰箱主要由制冷管路系统(由压缩机、冷凝器、蒸发器和毛细管组成)、电气控制系统(由电动机、启动继电器、过载保护器、温度控制器、照明灯和开关等组成)和隔热保温系统(由箱体、箱门、绝热材料和磁性门封等组成)三部分构成。波轮式双桶洗衣机主要由洗衣桶、波轮、波轮轴组件、传动机构、脱水系统、电气控制系统、进排水系统及箱体组成。空调主要由制冷(热)循环系统(由全封闭式压缩机、风冷式冷凝器、毛细管和肋片管式蒸发器及连接管路组成)、空气循环通风系统(主要由离心风扇、轴流风扇、电动机、过滤器、风门、风道等组成)、电气控制系统(主要由温控器、启动器、选择开关、各种过载保护器、中间继电器等组成)和箱体(包括外壳、面板、地盘及若干加强肋、支架等)四大部分组成。

家电产品的绿色设计技术主要包括以下几个方面。

1. 产品材料绿色选择

原材料处于产品生命周期的源头。家电产品涉及的材料品种众多,对产品的环境性能影响较大。在家电设计选材时,不仅要考虑其使用条件和性能,还应遵循环境约束准则,了解材料对环境的影响,以产品的技术性能、经济性能和环境性能为设计目标。选材应遵循的具体原则如下。

(1) 首选可再生利用的材料,尽量选用可回收、低能耗、无毒、无污染、无腐蚀性、可重用、易降解的材料,如铁、铜、铝、热塑性塑料等,避免使用热固塑料、热固橡胶及有害物质,避免使用铅等污染环境的物质。例如,避免使用有毒的聚氯乙烯树

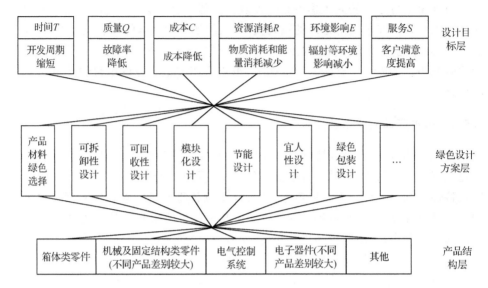

图 3.18　家电产品的绿色设计

脂,电冰箱门封采用聚乙烯树脂,在电冰箱、空调生产中,积极推广制冷管道的无铅焊接和印刷电路板的无铅化等。

（2）积极采用环保制冷剂和发泡剂,严禁使用氯氟类制冷剂和发泡剂。电冰箱隔热材料采用环戊烷或 HFC-245fa 做发泡剂,制冷剂采用异丁烷或 HFC-134a;空调制冷剂采用 R410a 或 R407C。例如,春兰集团生产的无氟绿色冰箱,不但未用氟利昂做制冷剂,而且在国内唯一实现全无氟发泡工艺,再加上国家颁发的节能认证,深受国内消费者欢迎,并打入了环保标准严格的欧美市场。

（3）选择环境兼容性良好的材料及零部件,材料种类要少,一个部件最好用一种材料,少用多种材料的部件。零部件上要标注其材料、型号、种类及等级等。例如,松下电器目前使用八种树脂,计划将来压缩到只用 PP、PS 和 ABS 三种树脂;目前国内外大部分电冰箱产品均标明了各部件的材料类型及代号,大大方便了拆卸回收。

（4）对选材进行经济性分析、环境影响定量化分析、绿色程度综合评价、相容性分析等。对一个产品进行选材时,要选择彼此兼容的材料,即使不同材料构成的部件被连接在一起无法拆卸,也可以一起被再生。例如,塑料中的 PC(聚碳酸酯)与 ABS 的相容性好,在其零部件不能重用的情况下,可不必进一步分类,一起进行回收处理即可。

2. 可拆卸性设计

良好的可拆卸性是产品维护及维修性能好、材料回收方便并可再生利用的重要保证。设计人员应经常与用户、产品维护及资源回收部门取得联系,发现产品结构在可拆卸性能方面存在的缺点,并为改进可拆卸性设计积累数据。为便于拆解,家电产品在整机设计时,就要从结构上考虑拆卸的难易程度。对模块间、部件间的连接方式等问题要进行仔细的研究与设计。可拆卸的连接应该可靠,需要时又能方便地分离。尽可能优先选择易于分离的搭扣式连接,减少不可拆卸的连接方式。

可拆卸性设计准则有:①在由不相容的材料组成的子装配体之间采用易拆卸的连接件;②设计可拆卸性好的连接元素,如易于分离的搭扣、丝扣或咬合式连接;③使用不需要专用工具进行拆卸的连接结构;④保护连接结构不受磨损和腐蚀;⑤避免选用破坏性拆卸方式,如焊接、胶黏、铆接等不可拆卸的连接方式。另外,值得注意的是,紧固件(如螺钉等)应标准化,规格尽量相同,其安装位置应有明显标志,最好设计在同一平面上;设计的结构布局应符合人机工程学原理,便于对拆下零件进行再加工,易于调整及更换零部件;将易损件布置在能调整再加工或可更换的区域内,使重要零部件具有较长的寿命,关键的安全薄弱的环节应设计为可检测和维修结构。例如,松下、日立电器的新型电冰箱均采用集约在底部的盘管式冷凝器取代侧面冷凝器,将冷凝器和压缩机等作为一个大集约部件设置在冰箱底部,提高了分解性能,回收时只需卸下 4 只螺钉便可。

3. 可回收性设计

废弃(或淘汰)的电子电气设备的回收和再利用是一个很重要的资源节约和环境保护课题。如果在产品设计阶段就能同时考虑回收和再利用,就可以显著提高废弃产品的再利用率,减少甚至消除产品废弃过程中直接或间接对环境的污染。因此,在实际产品设计中,应该首先考虑产品的可回收性,进行可回收性设计。可回收性设计能帮助制造者节约材料,以及水、气、电等的消耗,降低生产成本,延长产品使用寿命,减少维修次数,降低维护成本。

可回收性设计的主要内容包括:①可回收的材料及其标志;②产品及其零部件的回收策略设计,即在设计阶段对产品零部件在产品废弃之后的回收再利用方式进行设计;③可回收结构设计,即设计时考虑产品废弃阶段零部件的回收再利用(重用和再制造),其前提条件是零部件能方便、经济、无损害地从产品上拆卸下来,如尽量避免在注塑零件中嵌入金属件;④可回收工艺与方法;⑤产品回收性能分析与评价,回收设计方案的评价必须对产品的回收性能进行分析。

4. 模块化设计

模块化设计就是在对不同规格产品进行功能分析的基础上,划分并设计出一系列功能模块,通过模块的选择和组合可以构成不同的产品,以满足多种客户的需求。家电产品虽然复杂,但是由若干部件组成,要尽可能将各部件设计成相对独立的功能模块。

采用模块化的产品设计,在不同系列的产品中尽量采用相同的零部件和标准件。例如,设计电冰箱时,可将其分成箱体、门体、制冷系统、电气系统及包装五大模块;设计中央空调时,可将其分为主机组、冷却水系统、冷冻水系统、控制系统和循环通风系统五大模块。通过模块的选择和组合构成不同的产品,以满足市场的个性化需求,丰富产品的花色品种,缩短研制周期,加快更新换代,也方便重用、升级、维修、废弃后拆卸及回收处理。各独立模块内部应设计成可维修型,对易损易耗零部件和元器件,要集中设计,以便维修更换。

5. 节能设计

节能设计就是使产品在使用过程中耗能量少。节能设计要求设计合理的产品结构、功能和工艺,利用新技术、新材料、新工艺使产品在使用时耗能最少、能量损失最少。节能设计应注意产品的使用特点,如电视机、录像机等产品,尽量减少待机能耗,而空调和电冰箱等产品,采用高效压缩机和电机,利用变频及模糊控制技术,将热管、热泵、蓄热相变材料等新技术应用于设计,设计自动及节能档。

据美国能源部估计,美国每年要为关机的电视机和录像机支付约 10 亿美元的电费,2000 年,美国仅是使用"能源之星"环保标志一项所节约的能源就可达 260 亿 kW·h,相当于少建 10 个大型电厂。Philips 公司研制的 SMPS 多芯片电源模块,被称为绿色芯片(green chip),它以绿色设计为目标,可以使许多电源在转入闲置待机方式时功耗大大降低。

6. 宜人性设计

利用人机工程学的原理,让使用者感到舒适、方便、心情愉快,无压抑感;另外,要避免电磁辐射、噪声、有毒气体、刺激性气体和液体对人的危害。例如,利用先进的声质量和仿真设计技术的春兰"静博士"空调,其室内机低速运行最低噪声仅为24dB,在一定程度上杜绝了噪声污染。

7. 绿色包装设计

包装的作用是保护产品不受损坏,便于运输,作为市场工具,承载公司或产品的信息。绿色包装具有以下特点:①在保证包装功能的前提下,应采用适度包装,这样既可减少资源的浪费,又可减少废弃后对环境的污染和处置费用;②包装生产过程应没有或极少污染环境;③包装废弃物应易于回收再利用,焚烧时能作为能源。

家电包装中常用 EPS 塑料,但其不易降解,回收比例最低,焚毁时又会放出破坏臭氧层的化学物质,污染最为严重,因此我国已严格限制使用 EPS 塑料。应研究新型环保包装材料,如由废纸等加工成的包装材料,因为纸包装易于回收再利用,在大自然中也易自然分解,不会污染环境,纸包装的生产原料也来自于可再生的木材及植物茎秆,从总体上看,纸包装是一种对环境友好的包装。此外,包装制品还不应与内装物品发生直接或间接反应,应对人体和生物无害、无毒。

最后,设计结果是否满足绿色设计的要求,只有进行评估才能说明问题。因此,评估也是绿色设计的主要内容之一。方案评估的核心是在对家电产品设计方案进行分析的基础上,依据经验分析其生命周期全过程,建立具有递阶层次结构的评价指标体系;根据评价指标的属性,利用数学原理,对其绿色度进行综合评价,以进行产品方案比较或绿色设计决策。

3.5.3 废旧家电产品的绿色回收处理

国内家电产品的保有量和每年废弃量都很大,而且一般都含有有毒有害物质。据国家发展和改革委员会介绍,2009 年,全国电视机、电冰箱、洗衣机、空调、计算机等主要家电产量为 5 亿台。同时,我国已开始进入家电报废的高峰期,每年的理论报废量超过 5000 万台,报废量年均增长 20%。因此,在家电行业实施绿色回收处理技术具有重要意义。

家电产品是由各种材料和元件组成的复杂混合体,其中含有许多有价值的材料,如钢、玻璃、塑料和贵金属等,这些都应该最大限度地回收。家电产品中同时含有许多对环境和人体健康有害的物质,这些物质如果没有得到合理处置,会对环境和人体健康产生极大危害。例如,一台电视机在阴极射线式的显像管中含有约 1kg 的铅,主要存在于显像管的玻璃中,如果通过掩埋方式处置这些废玻璃,废玻璃中的铅等重金属将慢慢渗透到土壤中,从这些土壤中生长的各种植物(包括农作物)中的含铅量将大大增加。计算机生产厂家制造 1 台计算机需要用约 700 种化学原料,而这些原料大约有一半对人体有害,它们的回收和利用在经济上或技术上都很困难,若废弃、焚烧后填埋或直接掩埋,就会污染土壤或水源,对人体健康造成严重危害;电冰箱中的 CFC-11/12 会破坏臭氧层,制冷系统中的润滑油会污染土壤,塑料中添加的某些溴化阻燃剂(如 PBDE 和 PBB)在焚烧过程中会产生有毒的二噁英和呋喃,这些都应该采用适当的方法回收处理。

目前,很多国家和地区都出台了回收策略,日本于 2001 年 4 月 1 日执行《家电再循环法》,规定家电制造商和进口商对家电有回收和再商品化义务,其中阴极射线管电视机、电冰箱、空调和洗衣机的回收率分别应达到 55%、50%、60%、50% 以上。欧盟 2003 年 2 月颁布的 WEEE 指令和 ROHS 指令要求,自 2005 年 8 月 13 日起,制造商应负责废弃电子电器设备的处理、回收和处理费用,即出口家电到欧洲的企业应承担其回收责任,要求大、小家电的回收率和再利用率达到 80%。德国法律规定,所有德国销售计算机的公司都必须为其产品建立回收计划,因此每台在德国出售的 Sony 显示器上都有一张标贴,指明了它的免费回收点,这些再生利用点遍布德国,共有 800 个。IBM 公司在荷兰、德国、挪威和瑞典提供免费回收服务。

回收和处理的基本原则是:尚有使用价值的电器产品经更换零部件或维修后作为二手电器出售;没有使用价值的电器产品首先要人工拆卸或分解,对尚可利用的零部件回收再利用,不可利用的零部件按材料分类进行回收,有害物质要经专门工艺进行处理,其他混合物经破碎、自动分拣等处理,残渣则焚烧转化为热能加以利用或送填埋工厂。

1. 废旧家电的拆卸和材料的分类

将废旧家电进行拆卸,并将拆卸所得元器件进行合理分类,是回收利用废旧家电及其配件过程中重要的预处理工序。下面以电视机、电冰箱、洗衣机为例简要介绍如何将家用电器进行拆卸,并将有关元器件进行分类。

电视机一般由显像管、线路板、高频头、扬声器(喇叭)、电源变压器、机壳等几部分组成。电视机拆卸步骤如图 3.19 所示。

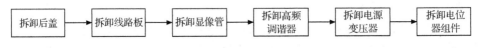

图 3.19　电视机拆卸步骤

电视机拆卸后的零件一般可以分为三大部分,即机壳类零件、电路板类零件及其他零部件。机壳类零件一般由塑料和金属两种材料构成,根据材料的不同,将其分开以便回收;电路板类零件需要将电子元件和固定件拆下再分类,拆卸下来的电子元件可分成电阻、电容器、半导体三极管、半导体二极管、集成电路、电感和废电路板;其他零部件由于组成材料多而特殊,在分类回收时要特别注意。

电冰箱的结构由箱体系统、制冷管路系统及电路控制系统三部分组成,拆卸时可从这三个方面进行拆卸。单门电冰箱的拆卸步骤如图 3.20 所示。

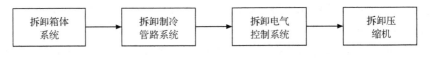

图 3.20　单门电冰箱的拆卸步骤

电冰箱拆卸后的零件一般可以分为三大部分,即箱体(外壳)类零件、制冷系统类零件及其他零部件。箱体一般由塑料、泡沫、橡胶和金属四种材料构成,根据材料的不同,将其分开以便回收;制冷系统一般有金属和氟利昂两种材料;其他零部件较多,每一种部件都包含有特殊的材料,在分类回收时要特别注意。

在拆卸废旧洗衣机之前,应充分了解所拆卸零部件的部位、结构特点、功能、技术要求及拆卸过程中需要的工具等,拆卸步骤如图 3.21 所示。

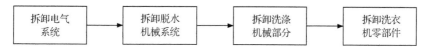

图 3.21　洗衣机拆卸步骤

洗衣机拆卸后的零件一般可以分为三大部分,即箱体(外壳)类零件、传动机械和固定机构类零件及其他零部件。箱体一般由塑料和金属两种材料构成;传动机械和固定机构一般有塑料、橡胶、金属三种材料;其他零部件很多,如洗涤电机、脱水电机、波轮轴、定时器及各种开关等,每一种部件中都包含有特殊的材料,分类回收时要特别注意。

2. 废旧家电中普通金属材料的回收利用

废旧家电中金属的含量约占 75%,因此金属成为废旧家电再生利用的主要对象。废旧家电中的普通金属回收一般采用火法或物理工艺,回收的顺序一般是铁和铁合金→铜→铝→铅、锡等其他金属。下面重点介绍铜材的回收。

废旧家电中含有大量铜材,主要存在于各类电线、冷凝管、带材、电动机、线路板和电子元器件中。

目前我国生产再生铜的方法主要有两类:第一类是将废杂铜直接熔炼成不同牌号的铜合金或精铜,因此又称为直接利用法;第二类是将杂铜先经火法处理铸成阳极铜,再经电解精炼成电解铜并在电解过程中回收其他有价元素。用第二类方法处理含铜废料时,通常又有三种不同的流程,即一段法、二段法和三段法,如图 3.22 所示。

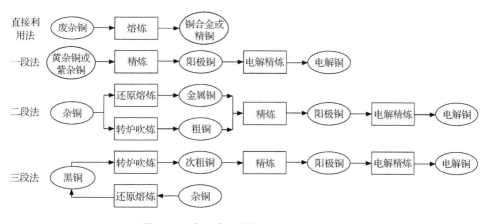

图 3.22　废旧家电中铜的回收利用方法

一段法:将分类过的黄杂铜或紫杂铜直接加入反射炉精炼成阳极铜。其特点是流程短、设备简单、建厂快、投资少,但该方法在处理成分复杂的杂铜时,产出的烟尘成分复杂,难以处理;同时精炼操作的炉时长、劳动强度大、生产效率低、金属回收率也比较低。

二段法:杂铜先经鼓风炉还原熔炼得到金属铜,然后将金属铜在反射炉内精炼成阳极铜。因为这种方法都要经过两道工序,所以称为二段法。鼓风炉熔炼得到的金属铜杂质含量较高,呈黑色,故称为黑铜。

三段法:杂铜先经鼓风炉还原熔炼成黑铜,黑铜在转炉内吹炼成次粗铜,次粗铜再在反射炉中精炼成阳极铜。原料要经过三道工序处理才能生产出合格的阳极铜,故称三段法。三段法具有原料综合利用好,产出的烟尘成分简单、容易处理,粗铜品味较高,精炼炉操作较容易,设备生产率较高等优点,但又有过程较复杂、设备多、投资大且燃料消耗多等缺点。

3. 废旧家电中贵金属材料的回收利用

随着贵金属一次资源的日益枯竭和家电更新换代速度的加快,人们对废旧家电中贵金属资源的重视程度日益提高。目前,从废旧家电中回收利用贵金属有两大瓶颈:一是贵金属的回收利用率还没有达到人们预期的目标,其综合回收率不到90%;二是回收利用过程对环境造成的二次污染非常严重。下面对废旧家电中金的再生利用进行介绍。

废旧家电中的金主要存在于各类印制电路板、有源元器件和片状元器件中。含金废料中金的回收关键是必须设法使金与绝大部分其他物料分开。含金废料的回收工艺可以分为火法和湿法两大类型。

火法冶金技术是目前使用最多的从废家电中回收金的技术。其原理是利用高温使废家电含贵金属部件中的非金属物与金属物相互分离,一部分非金属物变成气体逸出熔融体系,另一部分以浮渣形式浮于金属熔融物料上层。金等贵金属在熔融状态下与普通金属形成合金,除去表面的浮渣后,将熔融合金注入相应模具中冷却,再通过精炼或电解处理使金等贵金属与普通金属分离,同时使金与其他贵金属相互分离。火法冶金技术从废家电中回收金的原则工艺流程如图 3.23 所示。

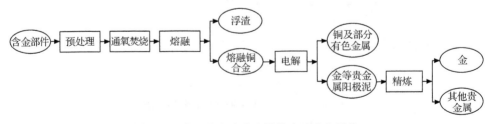

图 3.23　废旧家电中贵金属的火法冶金回收

　　湿法冶金技术回收废旧家电中的贵金属开始于 20 世纪 70 年代,其基本原理是利用废旧家电中的绝大多数金属(包括贵金属和普通金属)能在硝酸、王水等强氧化性介质中溶解而进入液相的特性,使绝大部分贵金属和其他金属进入液相而与其他物料分离,然后从液相中分别回收金等贵金属和其他金属。湿法冶金技术包括:硝酸-王水湿法技术、过氧化氢-硫酸湿法技术、鼓氧氰化湿法技术。下面以硝酸-王水湿法技术为例,介绍湿法冶金技术从废旧家电中回收金的工艺流程,如图 3.24 所示。

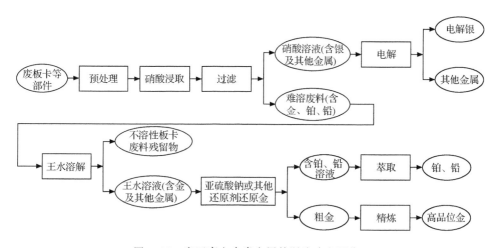

图 3.24　废旧家电中贵金属的湿法冶金回收

4. 废旧家电中有机材料的回收利用

　　相对于金属材料尤其是贵金属材料而言,废家电中各种有机物处理的相对难度较大,也是废旧家电无害化处理的瓶颈之一。主要原因在于:废家电中有机物的价值较低,再生利用的成本高,直接经济效益很低或者根本没有经济效益。但是,如果在回收利用废家电中各种金属的同时,不将其中的有机物处理好,对环境造成的污染是惊人的。下面以废塑料的回收利用为例,介绍废旧家电中有机材料的回收利用。

　　家电是塑料消耗量较大的电子产品,我国已经成为计算机、手机、电话、传真机等家电的生产和使用大国,同时是废旧家电淘汰和报废大国。如何处置这些废旧家电中所用的塑料,将是家电生产、消费、报废环节中最为敏感的问题。

　　国外一些公司在废塑料循环利用方面已初见成效,溶剂法回收 PVC 电线包覆层、离心法回收用过的尼龙地毯、机械法分离各种碎片的新工艺已经在欧洲首先实现工业化。下面以溶剂法回收 PVC 为例,介绍国外废塑料回收工艺,如图 3.25 所示。

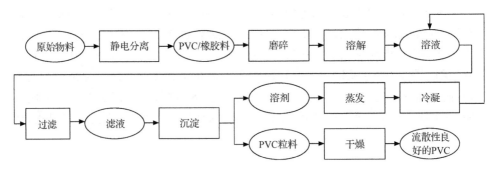

图 3.25　溶剂法回收 PVC

　　此工艺由 Solvay SA 公司等开发,取名为 Vinyloop 工艺,该工艺已被用于回收除去铜后的 PVC 及橡胶的短线缆料。首先,采用静电分离器将原始物料分离,得到 PVC/橡胶料,经磨碎后送入溶解器,用甲基乙基酮溶解,所得溶液以特殊过滤法除去未溶的杂质及其他污染物;滤液送入沉淀器,向溶液中吹入蒸汽,令 PVC 沉淀为小圆球粒料。然后,将溶剂蒸发、冷凝,再送入溶解器循环利用;将得到的 PVC 粒料送入空气干燥剂干燥,得到流散性良好的 PVC,其密度与 PVC 新料相近,但颜色显灰色,原因是短线缆料中含有的颜色、各种溶剂难以除去。由于此工艺过程中各步骤温度都不高于 115℃,PVC 中的各项性能基本上未被恶化。Vinyloop 工艺在经济上是可行的,回收的 PVC 粒料可直接使用,不需要单独造粒。

　　目前,我国废塑料的回收方法主要有机械回收循环再造法和化学循环再造法等。由于聚丙烯、聚乙烯、聚苯乙烯和聚氯乙烯等原料的单体都是从石油中提炼出来的,化学循环再造法是将废旧塑料还原为石油的废旧塑料利用方法。

　　机械回收循环再造法工艺流程如图 3.26 所示。机械回收循环再造法是将丢弃的物料直接收回,并制成塑胶粒,然后将再造的胶粒送回塑料制造工序,用来制成新产品。这是目前国内废旧塑料回收利用的主要方法,其特点是过程较长。不同塑料分离较为复杂,经再生后的塑料粒子可以再次利用。

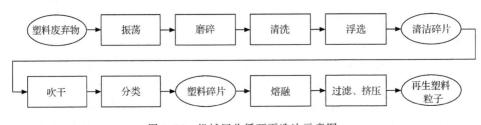

图 3.26　机械回收循环再造法示意图

　　(1) 收集塑料废弃物。用机器或手将废弃物中的塑料分类捡出,按种类分开打包后,运到塑料再生厂。

（2）清除杂质。塑料再生厂将这些压实的捆包送进碎包机打散成可回收物料，送进专用振荡筛。细小的垃圾和灰尘会穿过筛眼掉进垃圾斗，然后筛选出来的可回收塑料进入磨碎和清洗工序。将材料切成细块，使标签和其他的容器附着物脱落。此举有利于稍后的清洗工作。切碎后加水将碎片软化并除去杂质，然后将碎片送进清洗机：一些清洗机使用温水和清洁剂，另一些使用室温水，利用清洗过程中的机械运动将水加热。这一清洗工序可清除残留物、灰尘和标贴，然后使用浮选缸将不同密度的塑料和杂质分离。HDPE 塑料的密度比水低，因此浮在水面；灰尘和密度较大的塑料（如 PET）沉在缸底，稍后被除去。分离后浮选出来的清洁碎片先用热空气吹干，再使用气流分类机将薄膜和标贴分隔出来。塑料碎片进入分类机后向下吹进气流，较轻的薄膜碎片会被吹走，较重的塑料碎片则继续往下掉。

（3）造粒。塑料碎片经熔融和过滤后，用挤压法制成小粒。开始时先将塑料碎片倒进大斗中混合以减少品质差异，之后碎片被送进挤压机。挤压机内是一个已加热的圆筒，筒内有一个螺旋输送器。碎片在挤压机内熔融后，流过机器末端的过滤网。不熔化的杂质粒子不能通过网眼，而纯净的熔合物则挤过钻满小孔的板，变成面条形状。在这些塑料条冷却期间，快速切割即可制成颗粒，这些颗粒称为再生塑料粒子。通过此法回收的再生塑料粒子根据其性能的不同，可有选择地使用和生产不同的塑料制品，达到再生利用目的。

第 4 章　制造企业绿色制造的实施方法

前面分别论述了绿色制造运行模式总体框架及典型行业的绿色制造运行模式,为绿色制造的实施提供了参考模型。通过对行业绿色制造运行模式的实例化和定制,就可以构造具体的企业模型。接下来的问题是,如何构建企业模型,以指导企业实施绿色制造。针对这一问题,本章将深入研究面向企业的绿色制造实施方法,重点论述绿色制造战略方案的选择、技术方案的选型、风险评估、绩效评价等。绿色制造的实施方法可以为绿色制造企业模型的构建提供一套系统方法论。

4.1　企业绿色制造运行模式的建立

4.1.1　绿色制造实施的指导方针

绿色制造是企业长期战略,涉及面广,实施过程十分复杂,且投入也比较大,其应用实施是一个长期艰巨的系统工程。企业可以采取"战略导向,总体规划;需求牵引,分步实施;效益驱动,重点突破"的指导方针。

"战略导向,总体规划"指企业应根据自身的发展战略、国内外制造业和该企业所在行业的发展趋势做出企业绿色制造的总体发展战略。在此基础上,综合考虑企业资源环境问题和当前绿色技术发展状况,做出企业绿色制造总体规划方案。总体规划方案应以企业的绿色制造长远发展战略和近期经营发展目标为基础,具备一定的先进性和前瞻性。

"需求牵引,分步实施"指根据企业的绿色需求,以及企业资金供给、人员配置、企业的准备情况、实施的难易程度等制订出总体规划方案实施的先后顺序,避免因四面出击而导致企业出现各种瓶颈。当各方面的客观条件和准备工作就绪后,根据需求的轻重缓急、资金投入能力和实现的难易程度,分步实施,稳妥地推进绿色制造的实施工作。

"效益驱动,重点突破"指绿色制造的实施应针对相对较为严重的资源环境问题,以期解决企业发展的绿色问题,特别是应以能为企业带来显著综合效益(包括经济效益和可持续发展效益)的环节为重点,并设计和优选适合该企业的技术方案和实施策略进行重点突破,一旦突破将会取得显著的效益,并为绿色制造的深入应用积累经验、奠定基础、提供指导和增强信心。

4.1.2　企业绿色制造实施流程

企业绿色制造运行模式是在绿色制造运行模式总体框架和行业运行模式的基

础上,结合企业具体的资源环境问题,面向特定企业的绿色制造实施方案。企业绿色制造运行模式重在解决具体企业的绿色制造实施问题,其构建的主要流程如图 4.1 所示。

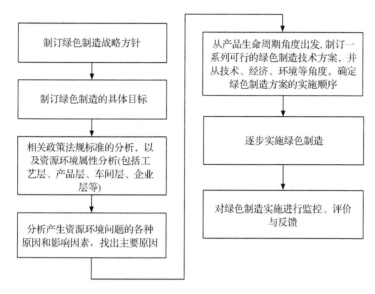

图 4.1　企业绿色制造运行模式的构建流程

（1）制订绿色制造的战略方针,一般指企业长期的绿色制造战略计划,需要将绿色制造战略纳入企业的整个战略规划中。

（2）制订绿色制造的具体目标,需结合行业和企业的特点,根据企业的绿色制造战略计划,制订切实可行的绿色制造目标。

（3）发现资源环境问题,通过企业现场调查和分析,发现企业存在的主要的资源消耗和环境排放问题。参考企业清洁生产审计手册[187],可以从以下几个方面入手。

① 对整个生产过程进行实际考察,即从原料开始,逐一考察原料库、生产车间、成品库,直到三废处理设施,重点了解企业主要原辅料、主要产品、能源及用水情况、企业的主要工艺流程、企业设备水平及维护状况。

② 重点考察各排污环节、水耗和(或)能耗大的环节、设备事故多发的环节或部位,了解主要污染源及其排放情况、主要污染源的治理现状、三废的循环/综合利用情况、企业涉及的有关环保法规与要求。

③ 实际生产管理状况,如岗位责任制执行情况,工人技术水平及实际操作状况,车间技术人员及工人的清洁生产意识等。

④ 产品使用过程的能耗、备件消耗、环境排放等,以及产品报废处理现状及其对环境的影响。

（4）分析产生资源环境问题的各种原因和影响因素，找出主要原因。参考企业清洁生产审计手册[189]，可以从以下几个方面入手。

① 原材料：原材料本身所具有的特性，如毒性、难降解性等，在很大程度上决定了产品及其生产过程对环境的危害程度，因此选择无毒无害的原材料是绿色制造所要考虑的重要方面。

② 能源：作为动力基础的能源，包括生产直接所需能源及间接所需能源（如照明用电等）。有些能源在使用过程中直接产生废弃物，如煤、油等的燃烧过程本身；而有些则间接产生废弃物，如一般电的使用本身不产生废弃物，但火电、水电和核电的生产过程均会产生一定的废弃物。因此，节约能源、使用二次能源和清洁能源也将有利于减少污染物的产生。

③ 工艺：生产过程的技术工艺水平基本上决定了废弃物的产生量和状态，先进而有效的技术可以提高原材料的利用效率，从而减少废弃物的产生。

④ 设备：设备作为技术工艺的具体体现在生产过程中也具有重要作用，设备的适用性及其维护、保养等情况均会影响到废弃物的产生。

⑤ 产品：产品的要求决定了生产过程，产品性能、种类和结构等的变化往往要求生产过程做相应的改变和调整，因此也会影响到废弃物的产生；产品的包装、体积等也会对生产过程及其废弃物的产生造成影响；产品的报废处理方式也对环境产生很大的影响。

⑥ 废弃物：废弃物本身所具有的特性和所处的状态直接关系到它是否可再用和循环使用。

⑦ 管理方面：实践表明，工业污染有相当一部分是由生产过程管理不善造成的，只要改进操作、改善管理，不需花费很大的经济代价，便可获得明显的削减废弃物和减少污染的效果。

主要方法是：落实岗位和目标责任制，杜绝跑冒滴漏，防止生产事故，使人为的资源浪费和污染排放减至最小；加强设备管理，提高设备完好率和运行率；开展物料、能量流程审核；科学安排生产进度，改进操作程序；组织安全文明生产，将绿色文明渗透到企业文化之中等。

⑧ 组织方面：任何生产过程，无论自动化程度多高，从广义上讲均需要人的参与，员工素质的提高及积极性的激励也是有效控制生产过程和废弃物产生的重要因素。特别是企业高层领导的重视和参与，对于绿色制造实施起着非常关键的作用

（5）针对企业资源环境问题，制订一系列绿色制造技术方案，并对绿色制造技术方案进行技术、经济和环境方面的分析，确定绿色制造方案的实施顺序。

（6）分步实施绿色制造。

（7）对绿色制造的实施，进行监控、评价与反馈。

4.1.3　绿色制造的实施方法体系

基于企业绿色制造运行模式的构建流程,提出了绿色制造的实施方法体系,主要包括以下几项关键技术。

1. 企业或车间资源环境评价

通过现场考察调研,详细了解整个生产过程的资源消耗状况(包括主要原辅料、主要产品、能源等)、环境排放状况,以及实际生产管理状况,并对整个企业或车间进行总体的环境评价,这将是实施绿色制造的重要依据。

2. 绿色制造的战略制订

实施绿色制造首先要制订企业的绿色制造战略。通过分析企业内外环境,制订适应企业现状和未来发展的绿色制造战略。

3. 基于绿色制造战略目标和环境问题的绿色技术选择

绿色技术是企业实施绿色制造的核心,绿色技术的选择必须与企业的绿色制造战略目标相一致,是企业绿色制造战略的体现;绿色技术的目标是解决企业存在的环境问题,必须根据企业的现有问题来选择。如何根据绿色制造战略和存在的环境问题进行绿色制造技术选择是绿色制造实施的必备条件。

此外,每一个资源环境问题都有一个或多个解决方案,针对企业所有的问题,可以制订一系列的绿色制造方案。这些方案的实施原则应当是非常灵活的,如当企业的经济条件有限时,可先实施一些低费方案,并积累资金逐步实施中/高费方案。如何确定绿色制造技术的实施顺序需要综合考虑各方面因素,对绿色制造实施的成功与否起着至关重要的作用。

4. 绿色制造实施的风险评估

绿色制造在企业的实施是一项系统工程,并且可以借鉴的成功案例并不是很多,绿色制造实施肯定存在着一定的风险,必须对绿色制造实施的风险进行分析、评价,并进行合理的控制,才能保证绿色制造的顺利实施。

5. 绿色制造实施效果评价

绿色制造的实施会带来企业绩效的改善,包括经济效益、环境效益及其他效益,如提升企业形象、吸引潜在顾客、提高企业绿色创新能力等。为了有效地对绿色制造技术进行跟踪和监控,需要对绿色制造实施效果进行评价,并且评价的结果可以及时反馈到绿色制造实施过程中,便于及时调整实施方案。

4.2 制造企业物料资源消耗状况分析方法

4.2.1 制造系统产品物料资源的构成

制造系统中消耗的资源种类繁多,其构成十分复杂[14],但与环境问题关系最密切的是产品物料资源。产品物料资源是指输入制造系统的能够转化为产品(包括产品的组成部分)的原材料、半成品等物质资源。产品物料资源的消耗特点如图 4.2所示。

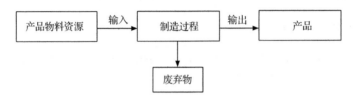

图 4.2　产品物料资源的消耗特点

根据制造系统及其制造过程的不同,产品物料资源有着不同的状态和组成。以量大面广的机械制造系统为例,产品物料资源的构成非常复杂。图 4.3 是其构成系统的一种描述。

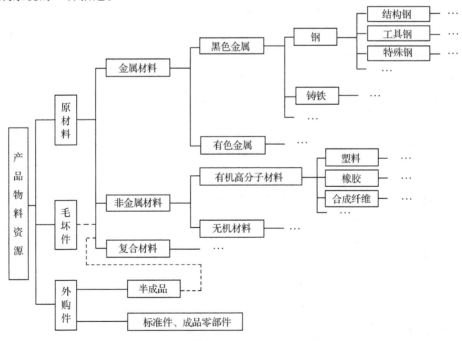

图 4.3　制造系统中产品物料资源构成

图 4.3 中,产品物料资源主要由三部分组成。其中原材料资源一般情况下为最主要的产品物料资源。对原材料资源又可进一步地分类和分解。毛坯件和外购件中分解出的半成品是需要进一步加工的,因此存在着资源消耗问题,实际分析时也应考虑其组成成分归属何种原材料问题,因此它们用虚线与原材料的分类联系起来。

4.2.2　制造系统单种物料资源消耗状况分析模型

如果仅单独考虑制造系统中某一种资源消耗状况,并设其在制造系统中有 q 个加工制造过程(工序),则可建立如图 4.4 的分析模型。

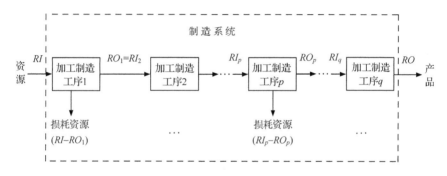

图 4.4　单种物料资源消耗状况分析模型

图中,RI、RO 为该种资源在制造系统中的输入(input)和输出(output),其中输出为最终产品中该种资源的含量;RI_p、RO_p 为该种资源在制造系统中的第 p 个加工制造工序的输入和输出。

由图 4.4 可知,该种资源的总资源利用率 U(utilization rate)、损耗率 L(losing rate)和废弃物 W(waste)分别为

$$U = RO/RI \tag{4.1}$$
$$L = (RI - RO)/RI \tag{4.2}$$
$$W = RI - RO \tag{4.3}$$

其中,第 p 个加工制造工序的资源利用率 U_p,损耗率 L_p 和废弃物 W_p 分别为

$$U_p = RO_p/RI_p \tag{4.4}$$
$$L_p = (RI_p - RO_p)/RI_p \tag{4.5}$$
$$W_p = RI_p - RO_p \tag{4.6}$$

式(4.1)~式(4.6)以及图 4.4 统称为制造系统单种物料资源消耗状况分析模型。

4.2.3 制造系统产品物料资源消耗状况分析模型

前面单独考虑产品物料资源中某一种资源的消耗状况分析相对简单,但要从系统的角度分析制造系统中整个产品的物料资源消耗状况,就要复杂得多。例如,一辆汽车的制造消耗了大量的不同种类、不同基本价值、不同利用率的原材料,怎样评价这个制造过程的原材料消耗? 如果按单个资源消耗状况分析,可能是成千上万个孤立的资源利用率、损耗率等,很难能描述整个汽车的资源消耗状况。因此,希望能从系统的角度建立制造系统的产品物料资源消耗状况分析模型。

设制造系统中某产品物料的种数为 n,并用 RI_j、RO_j、U_j、$L_j(j=1,2,\cdots,n)$ 分别表示第 j 种物料资源的输入量、转化为产品零部件后的资源量、利用率、损耗率。

将这 n 种资源参照图 4.3 的分类方法进行适当分类。例如,将 n 种资源按相近的资源属性原则(相接近的材料物理特性、化学特性、环境影响特性、差别不大的价格特性等)一次性分成若干类。设这样的类别数为 m,第 i 类用 C_i 表示($i=1$,$2,\cdots,m$),其资源种数为 K_i,则有

$$K_1 + K_2 + \cdots + K_i + \cdots + K_m = n \qquad (4.7)$$

综上所述,可建立以下制造系统产品物料资源消耗状况分析模型,如图 4.5 所示。

第 j 种产品物料资源的利用率和损耗率的计算式分别为

$$U_j = RO_j/RI_j \quad (j = 1,2,\cdots,n) \qquad (4.8)$$

$$L_j = (RI_j - RO_j)/RI_j = 1 - U_j \qquad (4.9)$$

第 j 种资源的第 p 个加工制造工序的资源利用率 U_{jp} 和损耗率 L_{jp} 分别为

$$U_{jp} = RO_{jp}/RI_{jp} \qquad (4.10)$$

$$L_{jp} = 1 - U_{jp} \qquad (4.11)$$

为了描述各类和整个系统的资源利用率和损耗率,引用权系数 w_j 及其加权平均的方法,可得第 C_i 类资源的当量利用率 U_{C_i} 和当量损耗率 L_{C_i} 分别为

$$U_{C_i} = \frac{\sum\limits_{j=1}^{K_i} w_{K_1+K_2+\cdots+K_{i-1}+j} \times RO_{K_1+K_2+\cdots+K_{i-1}+j}}{\sum\limits_{j=1}^{K_i} w_{K_1+K_2+\cdots+K_{i-1}+j} \times RI_{K_1+K_2+\cdots+K_{i-1}+j}} \qquad (4.12)$$

$$L_{C_i} = 1 - U_{C_i} \qquad (4.13)$$

整个系统或全部产品物料资源的当量总利用率 U_e 和当量总损耗率 L_e 为

$$U_e = \sum_{j=1}^{n} w_j RO_j \bigg/ \sum_{j=1}^{n} w_j RI_j \qquad (4.14)$$

$$L_e = 1 - U_e \qquad (4.15)$$

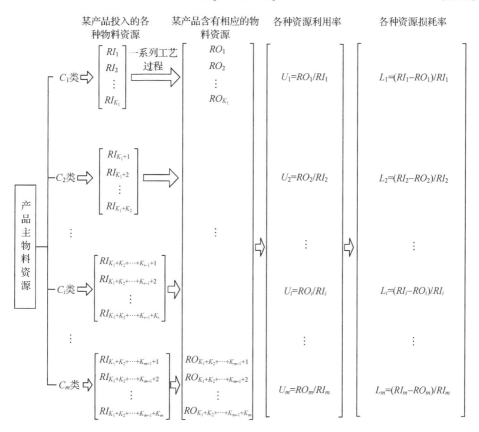

图 4.5　制造系统产品物料资源消耗状况分析模型

　　式(4.14)、式(4.15)中的权系数 w_j 的确定是一个复杂问题。权系数应从人类社会可持续发展的角度,根据资源的稀有性、贵重性、可再生性、对环境的影响特性等多方面的因素加以综合确定。这是一个值得今后深入研究的重大课题。不过现阶段,为分析问题方便,可采用价格系数作为权系数,因为资源的价格在一定程度上考虑了资源的稀有性、贵重性和可再生性。并且近年来也开始考虑价格与环境影响的关系,即对环境影响大的资源(如木材),价格有逐步上升趋势。当然价格系数也可根据资源的环境特性等因素进行修正后作为权系数。

　　式(4.8)~式(4.15)是对制造系统产品物料资源的多方面描述,它们与图 4.4 和图 4.5 合在一起统称为制造系统产品物料资源消耗状况的系统分析模型。

应用上述分析模型,可对制造系统产品物料资源消耗状况进行较系统分析,其分析结果带有层次性和树状结构。以资源利用率为例,式(4.7)～式(4.12)的分析结果形成了制造系统产品物料资源利用率的树状系统,如图 4.6 所示。

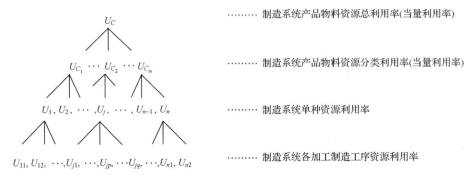

U_C ········· 制造系统产品物料资源总利用率(当量利用率)

$U_{C_1} \cdots U_{C_2} \cdots U_{C_m}$ ········· 制造系统产品物料资源分类利用率(当量利用率)

$U_1, U_2, \cdots, U_j, \cdots, U_{n-1}, U_n$ ········· 制造系统单种资源利用率

$U_{11}, U_{12}, \cdots, U_{j1}, \cdots, U_{jp}, \cdots U_{jq}, \cdots, U_{n1}, U_{n2}$ ········· 制造系统各加工制造工序资源利用率

图 4.6　制造系统资源利用率的树状描述系统

应用上述分析模型,通过有关的分析,有利于较系统、科学地掌握制造系统产品物料资源消耗状况,从而针对资源消耗中的问题环节和问题物料采取措施,一方面提高系统资源利用率,另一方面有利于减少制造系统对环境的污染。

4.2.4　案例分析

应某自动控制设备厂要求,为分析和掌握企业资源消耗状况和消耗规律,本节以该企业一个具体产品双缸举升器为例,跟踪其设计、制造、加工、装配等过程,应用制造系统物料资源消耗状况分析模型,对其资源消耗状况和消耗规律进行了分析。

该企业生产的双缸举升器产品主要由滑柱、汽缸体、活塞、导座几大部件构成。根据上述制造系统中的资源消耗状况分析模型,可将双缸举升器产品物料资源消耗状况以表 4.1 描述。

应用上述制造系统物料资源消耗状况分析模型,并采用价格系数作为权系数,对双缸举升器产品物料资源消耗状况进行计算分析,得到如表 4.2 所示的分析结果。对此结果进行分析研究发现,资源利用率最低的零件是下板,资源利用率最低的工序主要集中于下料和车削工序,资源消耗量最大的材料是 HT-200 和 A3 钢。因此,从这些方面对产品的工艺流程和资源利用方式进行了详细的资源环境影响分析,提出了一些改进建议,最典型的是将下板下料时切下的部分直接用作上板的坯料,这一项改进就使 A3 钢的资源总利用率从 62.3% 提高到 83.4%。

表 4.1　双缸举升器物料资源消耗状况

产品名称	型号规格	部件名称	零件名称（及数量）	使用材料名称、型号规格、牌号	原材料消耗量/(kg/个)	单价/(元/kg)	产品中材料净重/(kg/个)
双缸举升器	CB-1010D AFZ-10B	滑柱	上板(2个)	A3 钢	4.3	3.1	2.8
			座(8个)	A3 钢	0.93	3.1	0.03
			滑柱体(2个)	30mm 无缝钢管	7.9	5.0	4.6
			下板(2个)	A3 钢	1.45	3.1	0.978
		汽缸体	下板(2个)	A3 钢	5.7	3.10	4.107
			上板(2个)	A3 钢	7.8	3.10	6.22
			底板(2个)	A3 钢	4.85	3.10	3.16
			螺管(4个)	ϕ28mm×6mm 冷拔无缝钢管	0.51	3.90	0.116
			焊接直角接头(2个)	A3 钢	0.42	3.1	0.21
			气管(2个)	ϕ22mm×5mm 无缝钢管	0.51	4.8	0.314
			缸筒(2个)	20mm 热轧无缝钢管	18.8	4.7	8.08
		导座(2个)		HT-200	20.0	60.0	16.0
		活塞(2个)		HT-200	8.5	25.5	7.87
		紫铜垫片		紫铜 T2	0.002	36.0	0.0015

表 4.2　双缸举升器自制件种/类/总当量资源利用率计算

消耗资源类	消耗资源种	RI_j/kg	RO_j/kg	价格系数	U_j	U_{c_i}	U_e
结构钢	ϕ28mm×6mm 冷拔无缝钢管	2.4	0.464	3.9	0.193	0.530 (0.589)	0.542 (0.601)
	A3 钢	56.48 (42.18)	35.19	3.1	0.623 (0.834)		
	20mm 热轧无缝钢管	37.6	16.16	4.7	0.429		
	30mm 无缝钢管	15.8	9.2	5.0	0.582		
	ϕ22mm×5mm 无缝钢管	1.02	0.628	4.8	0.616		
灰铸铁	HT-200	57.0	47.74	0.33	0.838	0.838	
有色金属	紫铜 T2	0.004	0.003	36.0	0.75	0.75	

4.3　制造企业能量消耗分析及预测方法

4.3.1　基于投入产出的机械制造企业能量消耗分析模型

1. 投入产出分析方法简介

20世纪30年代,美国著名的经济学家 Leontief 提出了一种旨在探索和解释国民经济的结构及运行的数量经济分析方法——投入产出分析方法。其核心内容和重要工具是投入产出表。投入产出分析方法一般包括下列三个步骤:编制投入产出表;根据投入产出表中的数据计算投入系数,建立联立方程组;对联立方程体系求解,即对方程体系中的常数矩阵求逆,得出逆系数,再根据逆系数建立以产出为最终需求的函数的联立方程体系[190]。

投入产出分析是从数量上系统地研究一个复杂经济试题各不同部门之间相互关系的方法。这个经济实体可以大到一个国家,甚至整个世界,小到一个省、市或企业部门。投入产出分析技术作为企业,特别是大型、特大型企业现代化管理的重要方法之一,是加强企业经营管理、提高企业生产效益的重要途径,一直备受理论界和实际部门的重视。

文献[191]建立了企业生产工艺投入产出模型,该投入产出模型对生产工艺及企业的投入产出结构进行了定量的描述,显示了企业不同生产部门之间及企业与市场之间的物料流及金融交易。

文献[192]建立了企业组织关系投入产出模型,该模型能够预测由企业产品产量变化、原材料等供应的变化及政府法律法规等的变化所引起的人员需求的变化,能够帮助企业管理者,尤其是人力资源管理者进行企业管理。

文献[193]利用投入产出分析方法描述产品供应链的生产活动、能量流和物质流及其相互关系,利用该方法能够分析产品供应链中能源的消耗和环境的排放等。

文献[56]利用 IPO 图建立了一种包括制造过程工艺链及其输入输出关系的框架模型,提出了一种进行加工工艺资源消耗和环境影响之间关联性分析的方法;在此基础上,建立了一种集成各加工工艺输入和输出的制造过程资源消耗和环境影响分析模型。

文献[194]简要介绍了企业实物型投入产出方法的基本原理,并用投入产出方法对某大型石化企业进行了生产结构和系统分析。利用此模型,通过给定各产品的指标来预测各种原料和能源的需求量。

文献[97]指出每个制造工艺过程都可以看成是一个输入—处理—输出的过程,并可以利用 IPO 图或模型及其清单分析表进行描述和数据采集。

文献[195]提出以企业基础信息平台为基础数据,在企业产品生产计划、外购品采购计划、成本计划、物料清单、成本核算等方面,实现企业投入产出方法与制造资源计划方法的结合。

2. 基于投入产出的能量消耗分析模型

(1) 模型原理。

机械制造企业能源消耗主要包括电力、天然气、煤等,这些能源可以从社会购入也可以由本企业动能生产部门提供。企业能源主要用于各生产车间的制造过程,进行能源消耗分析首先需要了解企业能源的流向。若共有 m 种能源输出到 n 个相对独立的制造车间,企业能源流向如图 4.7 所示,其中每个生产车间可能消耗一种或几种能源,每种能源可以用于一个或多个生产车间。

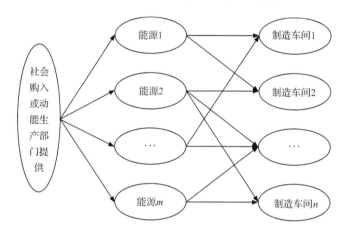

图 4.7　机械制造企业能源流向图

(2) 实物模型。

用 $X_i (i=1,2,\cdots,m)$ 代表单位时间(某几年或某几个月)内第 i 种能源输入的总量,$Y_j (j=1,2,\cdots,n)$ 代表第 j 个制造车间单位时间内能耗的总量,Z_{ij} 代表第 i 种能源输出到第 j 个制造车间的总量。为了计算方便,各种能源可以按当量值折算成标准煤,则这种输入和输出关系可用表 4.3 来进一步描述。

表 4.3　机械制造企业能源消耗输入输出关系(实物型)

输出 输入	Y_1	Y_2	$\cdots$	Y_n
X_1	Z_{11}	Z_{12}	$\cdots$	Z_{1n}
X_2	Z_{21}	Z_{22}	$\cdots$	Z_{2n}
$\vdots$	$\vdots$	$\vdots$		$\vdots$
X_m	Z_{m1}	Z_{m2}	$\cdots$	Z_{mn}

依据横向各变量之间的平衡关系,可得

$$X_i = Z_{i1} + Z_{i2} + \cdots + Z_{ij} + \cdots + Z_{in}$$
$$= a_{i1}Y_1 + a_{i2}Y_2 + \cdots + a_{ij}Y_j + \cdots + a_{in}Y_n \tag{4.16}$$

$$Y_j = Z_{1j} + Z_{2j} + \cdots + Z_{ij} + \cdots + Z_{mj}$$
$$= b_{1j}X_1 + b_{2j}X_2 + \cdots + b_{ij}X_i + \cdots + b_{mj}X_m \tag{4.17}$$

其中, X_i 为单位时间内第 i 种能源输入的总量; Y_j 为单位时间内第 j 个制造车间能耗总量; Z_{ij} 为单位时间内第 i 种能源输出到第 j 个制造车间的总量; a_{ij}、b_{ij} 分别为实物型能源消耗系数, $a_{ij} = \dfrac{Z_{ij}}{Y_j}\left(\sum\limits_{i=1}^{m} a_{ij} = 1(j = 1,2,\cdots,n)\right)$, $b_{ij} = \dfrac{Z_{ij}}{X_i}\left(\sum\limits_{j=1}^{n} b_{ij} = 1(i = 1,2,\cdots,m)\right)$。

基于上式可得

$$X_1 = a_{11}Y_1 + a_{12}Y_2 + \cdots + a_{1j}Y_j + \cdots + a_{1n}Y_n$$
$$X_2 = a_{21}Y_1 + a_{22}Y_2 + \cdots + a_{2j}Y_j + \cdots + a_{2n}Y_n$$
$$\vdots \tag{4.18}$$
$$X_m = a_{m1}Y_1 + a_{m2}Y_2 + \cdots + a_{mj}Y_j + \cdots + a_{mn}Y_n$$

$$Y_1 = b_{11}X_1 + b_{21}X_2 + \cdots + b_{i1}X_i + \cdots + b_{m1}X_m$$
$$Y_2 = b_{12}X_1 + b_{22}X_2 + \cdots + b_{i2}X_i + \cdots + b_{m2}X_m$$
$$\vdots \tag{4.19}$$
$$Y_n = b_{1n}X_1 + b_{2n}X_2 + \cdots + b_{in}X_i + \cdots + b_{mn}X_m$$

式(4.18)、式(4.19)可写成矩阵形式

$$\boldsymbol{X} = \boldsymbol{AY} \tag{4.20}$$
$$\boldsymbol{Y} = \boldsymbol{B}^{\mathrm{T}}\boldsymbol{X} \tag{4.21}$$

其中

$$\boldsymbol{X} = [X_1 \quad X_2 \quad \cdots \quad X_m]^{\mathrm{T}}, \quad \boldsymbol{Y} = [Y_1 \quad Y_2 \quad \cdots \quad Y_n]^{\mathrm{T}}$$

$$\boldsymbol{A} = \begin{bmatrix} a_{11} & a_{12} & \cdots & a_{1n} \\ a_{21} & a_{22} & \cdots & a_{2n} \\ \vdots & \vdots & & \vdots \\ a_{m1} & a_{m2} & \cdots & a_{mn} \end{bmatrix}, \boldsymbol{B} = \begin{bmatrix} b_{11} & b_{12} & \cdots & b_{1n} \\ b_{21} & b_{22} & \cdots & b_{2n} \\ \vdots & \vdots & & \vdots \\ b_{m1} & b_{m2} & \cdots & b_{mn} \end{bmatrix}$$

式中, $\boldsymbol{A}$、$\boldsymbol{B}$ 是实物型能源消耗系数矩阵。

(3) 价值模型。

如果考虑每种能源的价格,则可建立机械制造企业能源消耗的价值模型。用 $X'_i(i = 1,2,\cdots,m)$ 代表单位时间内企业消耗的第 i 种能源的总费用, $Y'_j(j = 1,2,\cdots,m)$ 代表单位时间内第 j 个制造车间的能耗费用, Z'_{ij} 代表第 j 个制造车间消耗

的第 i 种能源的费用,则企业能源的输入和输出关系还可用表 4.4 来进一步描述。

表 4.4　机械制造企业能源消耗输入输出关系（价值型）

输入 ＼ 输出	Y'_1	Y'_2	⋯	Y'_n
X'_1	Z'_{11}	Z'_{12}	⋯	Z'_{1n}
X'_2	Z'_{21}	Z'_{22}	⋯	Z'_{2n}
⋮	⋮	⋮		⋮
X'_m	Z'_{m1}	Z'_{m2}	⋯	Z'_{mn}

依据横向各变量之间的平衡关系,可得

$$X'_i = Z'_{i1} + Z'_{i2} + \cdots + Z'_{ij} + \cdots + Z'_{in}$$
$$= c_{i1}Y'_1 + c_{i2}Y'_2 + \cdots + c_{ij}Y'_j + \cdots + c_{in}Y'_n \tag{4.22}$$

$$Y'_j = Z'_{1j} + Z'_{2j} + \cdots + Z'_{ij} + \cdots + Z'_{mj}$$
$$= d_{1j}X'_1 + d_{2j}X'_2 + \cdots + d_{ij}X'_i + \cdots + d_{mj}X'_m \tag{4.23}$$

其中, $X'_i = C_i X_i = \sum\limits_{j=1}^{n} Z'_{ij}$ 为单位时间内企业消耗的第 i 种能源的总费用,其中 C_i 代表第 i 种能源的价格; $Y'_j = \sum\limits_{i=1}^{m} Z'_{ij}$ 为单位时间内第 j 个制造车间的能耗费用; $Z'_{ij} = C_i Z_{ij}$ 为单位时间内第 j 个制造车间消耗第 i 种能源的费用; $c_{ij} = \dfrac{Z'_{ij}}{Y'_j}\left(\sum\limits_{i=1}^{m} c_{ij} = 1(j=1,2,\cdots,n)\right)$ 为价值型能源消耗系数; $d_{ij} = \dfrac{Z'_{ij}}{X'_i}\left(\sum\limits_{j=1}^{n} d_{ij} = 1(i=1,2,\cdots,m)\right)$ 为价值型能源消耗系数。

基于上式可得

$$X'_1 = c_{11}Y'_1 + c_{12}Y'_2 + \cdots + c_{1j}Y'_j + \cdots + c_{1n}Y'_n$$
$$X'_2 = c_{21}Y'_1 + c_{22}Y'_2 + \cdots + c_{2j}Y'_j + \cdots + c_{2n}Y'_n$$
$$\vdots \tag{4.24}$$
$$X'_m = c_{m1}Y'_1 + c_{m2}Y'_2 + \cdots + c_{mj}Y'_j + \cdots + c_{mn}Y'_n$$

$$Y'_1 = d_{11}X'_1 + d_{21}X'_2 + \cdots + d_{i1}X'_i + \cdots + d_{m1}X'_m$$
$$Y'_2 = d_{12}X'_1 + d_{22}X'_2 + \cdots + d_{i2}X'_i + \cdots + d_{m2}X'_m$$
$$\vdots \tag{4.25}$$
$$Y'_n = d_{1n}X'_1 + d_{2n}X'_2 + \cdots + d_{in}X'_i + \cdots + d_{mn}X'_m$$

式(4.24)、式(4.25)可写成矩阵形式:

$$X' = CY'$$
$$Y' = D^{\mathrm{T}}X' \tag{4.26}$$

其中

$$\boldsymbol{X}' = \begin{bmatrix} X'_1 & X'_2 & \cdots & X'_m \end{bmatrix}^\mathrm{T}, \quad \boldsymbol{Y}' = \begin{bmatrix} Y'_1 & Y'_2 & \cdots & Y'_n \end{bmatrix}^\mathrm{T}$$

$$\boldsymbol{C} = \begin{bmatrix} c_{11} & c_{12} & \cdots & c_{1n} \\ c_{21} & c_{22} & \cdots & c_{2n} \\ \vdots & \vdots & & \vdots \\ c_{m1} & c_{m2} & \cdots & c_{mn} \end{bmatrix}, \quad \boldsymbol{D} = \begin{bmatrix} d_{11} & d_{12} & \cdots & d_{1n} \\ d_{21} & d_{22} & \cdots & d_{2n} \\ \vdots & \vdots & & \vdots \\ d_{m1} & d_{m2} & \cdots & d_{mn} \end{bmatrix}$$

式中，$\boldsymbol{C}$、$\boldsymbol{D}$ 是价值型能源消耗系数矩阵。

3. 模型应用

(1) 企业内纵横向分析比较与评价。

分析机械制造企业某段时间能耗情况，计算相应的实物型或价值型能源消耗系数矩阵 $\boldsymbol{A}$、$\boldsymbol{B}$、$\boldsymbol{C}$、$\boldsymbol{D}$：纵向比较矩阵 $\boldsymbol{A}$ 或 $\boldsymbol{C}$ 中第 j 个制造车间的能耗系数 a_{ij} 或 $c_{ij}(i=1,2,\cdots,m)$，得出该制造车间主要能耗种类；横向比较矩阵 $\boldsymbol{B}$ 或 $\boldsymbol{D}$ 中第 i 种能源的消耗系数 b_{ij} 或 $d_{ij}(j=1,2,\cdots,n)$，得出该能源的主要流向。

(2) 企业内时间方向分析比较与评价。

分析机械制造企业多个时间段能源消耗情况，计算相应的实物型或价值型能源消耗系数矩阵 $\boldsymbol{A}_1,\boldsymbol{A}_2,\cdots$ 或 $\boldsymbol{B}_1,\boldsymbol{B}_2,\cdots$ 或 $\boldsymbol{C}_1,\boldsymbol{C}_2,\cdots$ 或 $\boldsymbol{D}_1,\boldsymbol{D}_2,\cdots$：分析第 i 种能源在第 j 个制造车间的能源消耗系数 a_{ij} 或 b_{ij} 或 c_{ij} 或 $d_{ij}(i=1,2,\cdots,m;j=1,2,\cdots,n)$ 的变化趋势，能够在一定程度上评估节能措施的实施效果。

(3) 企业间分析比较与评价。

分析同行业多个企业某段时间能源消耗情况，计算相应的实物型或价值型能源消耗系数矩阵 $\boldsymbol{A}^{(1)},\boldsymbol{A}^{(2)}\cdots$ 或 $\boldsymbol{B}^{(1)},\boldsymbol{B}^{(2)}\cdots$ 或 $\boldsymbol{C}^{(1)},\boldsymbol{C}^{(2)}\cdots$ 或 $\boldsymbol{D}^{(1)},\boldsymbol{D}^{(2)}\cdots$：比较其中第 i 种能源在第 j 个制造车间的能源消耗系数 a_{ij} 或 b_{ij} 或 c_{ij} 或 $d_{ij}(i=1,2,\cdots,m;j=1,2,\cdots,n)$，可以了解本企业各制造车间能源消耗水平，进而确定节能方向。

(4) 能源价格对企业能源消耗的影响分析。

如果第 i 种能源价格 C_i 发生变化，该种能源消耗费用 X'_i 及各制造车间的能源消耗费用 $Y'_j(j=1,2,\cdots,n)$ 就会相应变化。那么，若要减少第 j 个制造车间能耗费用 Y'_j 的变化，需要改变价值型能源消耗矩阵 $\boldsymbol{C}$ 中的能源消耗系数 $c_{ij}(i=1,2,\cdots,m)$，即通过改变第 j 个制造车间第 i 种能源以外其他能源的消耗量来降低能源价格变动对制造车间能耗费用的影响；若要减少企业第 i 种能源的能耗费用 X'_i 的变化，需要改变价值型能源消耗矩阵 $\boldsymbol{D}$ 中能源消耗系数 $d_{ij}(j=1,2,\cdots,n)$，即通过改变各制造车间第 i 种能源的消耗量来降低能源价格变动对企业该能源的消耗费用的影响。

4. 案例应用

某重型机械制造企业的能耗主要包括电力、天然气、蒸汽、氧气和压缩空气。

其中电力、天然气从社会购入,蒸汽、氧气、压缩空气由企业动能生产部门提供。这些能源主要用于锻造、铸造、模锻、焊接及机加工车间。

以电力和天然气两种能源为例进行分析,用 X_1 和 X_2 分别表示一年内这两种能源输入的总量,用 Y_1 至 Y_5 表示铸造、锻造、模锻、焊接及机械加工车间一年内消耗能源的总量。

应用 1:如表 4.5 所示。

表 4.5　2005 年某重型机械制造企业能源消耗输入输出关系(单位:吨标准煤 tce)

输入 ＼ 输出		Y_1	Y_2	Y_3	Y_4	Y_5
		165100	32480	11330	2070	2290
X_1	33590	22270	4780	4370	410	1760
X_2	179680	142830	27700	6960	1660	530

注:电力折标系数为 0.1229×10^3 tce/(kW·h);天然气折标系数为 1.3300×10^3 tce/m^3。

应用式(4.16)~式(4.21)可求得实物型消耗系数矩阵:

$$A_1 = \begin{bmatrix} 0.13 & 0.15 & 0.39 & 0.20 & 0.77 \\ 0.87 & 0.85 & 0.61 & 0.80 & 0.23 \end{bmatrix}$$

$$B_1 = \begin{bmatrix} 0.67 & 0.14 & 0.13 & 0.01 & 0.05 \\ 0.79 & 0.15 & 0.04 & 0.01 & 0.01 \end{bmatrix}$$

分析 A_1 可得,铸造车间能源的消耗主要为天然气,在铸造车间对消耗大量天然气的热处理炉等设备进行改进,可大大降低天然气的消耗。

分析 B_1 可得,电力主要消耗在铸造车间,对消耗大量电力的电炉进行改进,可大大减少企业电力的消耗。

应用 2:如表 4.6 所示。

表 4.6　2006 年某重型机械制造企业能源消耗输入输出关系(单位:吨标准煤 tce)

输入 ＼ 输出		Y_1	Y_2	Y_3	Y_4	Y_5
		155840	35140	71990	2560	2570
X_1	30620	22940	4650	480	450	2100
X_2	237480	132900	30490	71510	2110	470

注:电力折标系数为 0.1229×10^3 tce/(kW·h);天然气折标系数为 1.3300×10^3 tce/m^3。

应用式(4.16)~式(4.21)可求得实物型消耗系数矩阵:

$$A_2 = \begin{bmatrix} 0.15 & 0.13 & 0.06 & 0.18 & 0.82 \\ 0.85 & 0.87 & 0.94 & 0.82 & 0.18 \end{bmatrix}$$

对 A_1 和 A_2 进行比较可以发现,2006 年模锻车间采用 Y 型电机替代原来的 J 系列电机后,模锻车间电力的消耗系数由 0.39 降为 0.06,电力的消耗明显降低。

应用 3：如表 4.7 所示。

表 4.7 2006 年某重型机械制造企业能源消耗输入输出关系（单位：万元）

输入 ＼ 输出		Y_1	Y_2	Y_3	Y_4	Y_5
		32689	7239	1501	555	971
X_1	12953	9706	1967	201	190	889
X_2	30002	22983	5272	1300	365	82

注：电力价格为 0.52 元/(kW·h)；天然气价格为 2.3 元/m³。

应用式(4.22)～式(4.26)可求得价值型消耗系数矩阵：

$$C = \begin{bmatrix} 0.30 & 0.27 & 0.13 & 0.34 & 0.92 \\ 0.70 & 0.73 & 0.87 & 0.66 & 0.08 \end{bmatrix}$$

假设焊接车间只消耗电力和天然气两种能源，若天然气的价格由 2.3 元/m³ 变为 2.7 元/m³，如要保持焊接车间能源成本不变，其价值型消耗系数 $\begin{bmatrix} C_{14} \\ C_{24} \end{bmatrix}$ 应从 $\begin{bmatrix} 0.34 \\ 0.66 \end{bmatrix}$ 变成 $\begin{bmatrix} 0.23 \\ 0.77 \end{bmatrix}$，因此可以通过采用高效、节能的新型焊机等措施减少电力的消耗，从而抵消由于天然气价格上涨带来的焊接车间能源成本的变动。

4.3.2 基于 BP 神经网络的机械制造企业能量消耗预测模型

能耗预测是企业制订能源规划的重要组成部分。精确的能源预测有助于能源的精确供给、把握能源消耗的趋势、控制能源的存储量、减少能源的浪费。文献[196]指出能源预测误差将增加企业生产成本。国内外能源消耗量的预测方法主要有时间序列预测法、因果关系预测法、能源消费弹性系数预测法和神经网络预测法等。由于神经网络的学习能力及通过学习能够掌握数据之间复杂的依从关系，具有较好的样本非线性拟合功能，与其他预测方法相比，其预测的精度较高，预测结果的可靠性较大。

1. 神经网络技术简介

神经网络是一个由简单处理元构成的规模宏大的并行分布式处理器，具有存储经验知识并使之可用的特性。神经网络在两个方面与人脑相似：神经网络获取的知识是从外界环境中学习得来的；互连神经元的连接强度，即突触权值，用于存储获取的知识[197]。

一般而言，神经网络由许多个神经元组成，每个神经元只有一个输出，它可以连接到很多其他的神经元，每个神经元输入有多个连接通路，每个连接通路对应于一个连接权系数。

神经元的结构模型如图 4.8 所示。

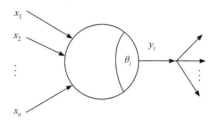

图 4.8 神经元的结构模型

上述模型可以描述为

$$y_i = f\left(\sum w_{ij} x_j - \theta_i\right)$$

其中，$x_1, x_2, \cdots, x_j, \cdots, x_n$ 为输入信号；θ_i 为阈值；w_{ij} 为神经元 i 到神经元 j 的连接权值；f 为激发函数；y_i 为输出。

神经网络具有以下性质和能力：①非线性，一个人工神经元可以是线性或者是非线性的，一个由非线性神经元互连而成的神经网络自身是非线性的；②输入输出映射，对网络通过建立输入输出映射从例子中进行学习；③适应性，神经网络具有调整自身突触权值以适应外界变化的能力；④证据响应，神经网络既提供不限于选择哪一个特定模式的信息，也提供决策的置信度信息；⑤背景的信息，神经网络的特定结构和激发状态代表知识；⑥容错性，一个以硬件形式实现的神经网络有容错的性质，或者鲁棒计算的能力；⑦VLSI 实现，神经网络的大规模并行性使它具有快速处理某些任务的能力，这一特性使得神经网络很适合用超大规模集成（very large scale integrated，VLSI）技术实现；⑧分析和设计的一致性，神经网络作为信息处理器具有通用性；⑨神经生物类比，神经网络的设计是由对人脑的类比引发的。

神经网络模型各种各样，从不同的角度对生物神经系统不同层次进行描述和模拟。代表性的网络模型有感知器、多层映射 BP 神经网络、RBF 神经网络、双向联想记忆（BAM）、Hopfield 模型等。利用这些网络模型可实现函数逼近、数据聚类、模式分类、优化计算等功能[198]。

制造企业能源消耗过程复杂，影响因素众多。人工神经网络具有良好的建模和仿真的特性[199]。人工神经网络已用于很多方面的预测。关于时消耗或日消耗等短期预测，文献[200]对城市日电能消耗量进行了预测；文献[201]对电力公司日需求电力载荷及煤气公司煤气日需求产量进行了预测。关于中期预测，文献[202]对土耳其某一城市的月电力消耗进行了预测；文献[203]对伊朗月电力消耗进行了预测。关于长期预测，文献[199]对伊朗高能耗行业的年消耗量进行了预测。上述文献都表明人工神经网络可取得令人满意的预测结果。

基于 BP 神经网络建立一种制造企业能源消耗预测模型，在此基础上，运用方差分析对企业能耗实测值、BP 神经网络预测值、多元线性回归模型预测值进行比较,以期能够为制造企业能源消耗预测提供一种有效的模型。

2. 基于 BP 神经网络的能量消耗预测模型

基于 BP 神经网络建立机械制造企业能源消耗预测模型的步骤如下。

（1）确定模型的输入变量与输出变量。

（2）收集输入输出变量样本,并将样本分为训练样本及验证样本,训练样本用于建立模型,验证样本用于检验模型的预测效果。

（3）利用训练样本对 BP 神经网络模型进行训练,确定 BP 神经网络的隐含层数和层内节点数,建立机械制造企业能源消耗预测模型。

（4）对所建立的机械制造企业能源消耗预测模型进行验证。

下面说明基于 BP 神经网络建立机械制造企业能源消耗预测模型的过程。

（1）模型输入与输出变量的确定。

在机械制造企业中,各种生产设备是耗能大户,生产设备运行的时间是决定企业能源消耗量的主要因素之一。生产设备能源消耗量受设备载荷状况的影响,而生产设备的载荷状况主要由其所生产的产品决定,因此各类产品产量影响机械制造企业能源消耗状况。企业中除生产设备外其他设备（如照明、空调等）的耗能情况主要受工人工作时间的影响。因此,机械制造企业能源消耗主要影响因素为生产设备运行小时数、产品产量及工人工作小时数。

在上述分析的基础上,基于 BP 神经网络建立机械制造企业能源消耗预测模型。模型的输入变量为企业各种生产设备月运行小时数、各种产品月产量和工人月工作小时数,输出变量为企业各种能源月消耗量,如图 4.9 所示。

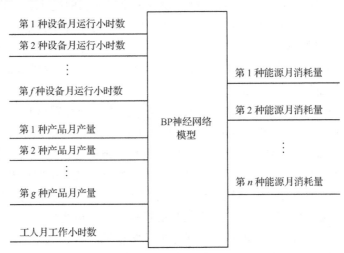

图 4.9　机械制造企业能源消耗预测模型

（2）模型输入与输出变量样本归一化处理。

收集的各输入输出变量样本通常需要进行归一化处理。采用的归一化方法如下：

$$x' = \frac{(x'_{\max} - x'_{\min})}{x_{\max} - x_{\min}} \cdot (x - x_{\min}) + x'_{\min} = \frac{(x'_{\max} - x'_{\min})}{x_{\max} - x_{\min}} \cdot x$$

$$+ \left[x'_{\min} - \frac{(x'_{\max} - x'_{\min})}{x_{\max} - x_{\min}} \cdot x_{\min} \right] = Ax + B \tag{4.27}$$

其中，$x_{\max}$、$x_{\min}$ 为变量实际的最大值及最小值；$x'_{\max}$、$x'_{\min}$ 为所需范围的最大值及最小值，这里取为[0,1]；$A = \frac{(x'_{\max} - x'_{\min})}{x_{\max} - x_{\min}}$，$B = x'_{\min} - \frac{(x'_{\max} - x'_{\min})}{x_{\max} - x_{\min}} \cdot x_{\min}$

（3）模型的建立。

机械制造企业能源消耗 BP 神经网络模型如图 4.10 所示。

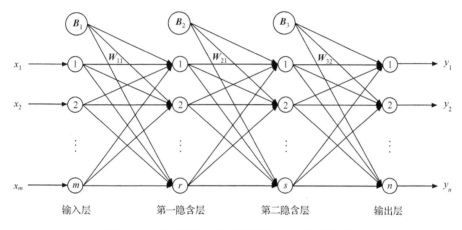

图 4.10　机械制造企业能源消耗 BP 神经网络模型

上述预测模型可表示为

$$\boldsymbol{Y} = f_3 \{ \boldsymbol{W}_{32} f_2 [\boldsymbol{W}_{21} f_1 (\boldsymbol{W}_{11} \boldsymbol{X} + \boldsymbol{B}_1) + \boldsymbol{B}_2] + \boldsymbol{B}_3 \} \tag{4.28}$$

其中，$\boldsymbol{X} = [x_1\ x_2\ \cdots\ x_m]^{\mathrm{T}}$ 为模型的输入变量，包括各种生产设备月运行小时数、各种产品月产量和工人月工作小时数；$\boldsymbol{Y} = [y_1\ y_2\ \cdots\ y_n]^{\mathrm{T}}$ 为模型的输出变量，即制造企业各种能源月消耗量；$\boldsymbol{W}_{11} = (w_{ij})_{r \times m}$ 为输入层到第一隐含层的权值；$\boldsymbol{W}_{21} = (w_{ij})_{s \times r}$ 为第一隐含层到第二隐含层的权值；$\boldsymbol{W}_{32} = (w_{ij})_{n \times s}$ 为第二隐含层到输出层的权值；$\boldsymbol{B}_1 = [b_1\ b_2\ \cdots\ b_r]^{\mathrm{T}}$ 为第一隐含层节点阈值；$\boldsymbol{B}_2 = [b_1\ b_2\ \cdots\ b_s]^{\mathrm{T}}$ 为第二隐含层节点阈值；$\boldsymbol{B}_3 = [b_1\ b_2\ \cdots\ b_n]^{\mathrm{T}}$ 为输出层节点阈值；f_1, f_2, f_3 为模型的传递函数，如线性传递函数、硬限幅传递函数、S 形传递函数、径向基传递函数等。

为确定该 BP 神经网络模型的隐含层数及层内节点数，针对不同隐含层数及不同层内节点数建立不同类型的能源消耗神经网络预测模型。选择模型的传递函数,使用训练样本对各个预测模型进行训练,得到网络权值和阈值。

采用平均绝对百分比误差(mean absolute percentage error,MAPE)评价各个模型的预测效果,从而得出最优模型。平均绝对百分比误差的计算公式为

$$e = \frac{1}{n} \sum_{i=1}^{n} \frac{\left| EC'_j - EC_j \right|}{EC_j}$$

其中,EC'_j 为能源消耗的预测值;EC_j 为能源消耗的实测值;n 为样本数。

值得说明的是,若机械制造企业能源消耗情况较复杂,可以以制造车间或相对独立的制造部门为单位应用上述 BP 神经网络模型进行能源消耗预测,各制造车间或部门能耗总和可作为整个企业的能耗。

3. 基于方差分析的模型验证

为了验证模型的预测效果,对实测值、BP 神经网络模型预测值及传统线性回归模型的预测值进行方差分析。

1) 机械制造企业能源消耗线性回归预测模型

设各种设备月运行小时数 $(T_1, T_2, \cdots, T_f)$、各种产品月产量 $(M_1, M_2, \cdots, M_g)$、工人月工作小时数 (L) 为自变量,各种能源月消耗量 $(E_1, E_2, \cdots, E_n)$ 为应变量,建立制造企业能源消耗预测的多元线性回归模型为

$$E'_1 = b_0^1 + b_1^1 T_1 + b_2^1 T_2 + \cdots + b_f^1 T_f + b_{f+1}^1 M_1 + b_{f+2}^1 M_2 + \cdots + b_{f+g}^1 M_g + b_{f+g+1}^1 L$$
$$E'_2 = b_0^2 + b_1^2 T_1 + b_2^2 T_2 + \cdots + b_f^2 T_f + b_{f+1}^2 M_1 + b_{f+2}^2 M_2 + \cdots + b_{f+g}^2 M_g + b_{f+g+1}^2 L$$
$$\vdots$$
$$E'_n = b_0^n + b_1^n T_1 + b_2^n T_2 + \cdots + b_f^n T_f + b_{f+1}^n M_1 + b_{f+2}^n M_2 + \cdots + b_{f+g}^n M_g + b_{f+g+1}^n L$$

$$(4.29)$$

其中,$E'_1, E'_2, \cdots, E'_n$ 为回归值,即各种能源消耗预测值;$b_0^1, b_1^1, b_2^1, \cdots, b_{f+g+1}^1, b_0^2, b_1^2, b_2^2, \cdots, b_{f+g+1}^2, \cdots, b_0^n, b_1^n, b_2^n, \cdots, b_{f+g+1}^n$ 为回归系数。

(1) 线性回归方程的确定。

以某一个回归方程为例,为表述方便,设 $T_1, T_2, \cdots, T_f, M_1, M_2, \cdots, M_g, L$ 为自变量 $x_1, x_2, \cdots, x_f, x_{f+1}, x_{f+2}, \cdots, x_{f+g}, x_{f+g+1}$,设 $m = f+g+1$ 将上述多元线性回归模型改写为

$$y' = b_0 + b_1 x_1 + b_2 x_2 + \cdots + b_m x_m \qquad (4.30)$$

各回归系数计算方法如下:

$$b_0 = \bar{y} - b_1 \bar{x}_1 - b_2 \bar{x}_2 - \cdots - b_m \bar{x}_m \qquad (4.31)$$

$$\begin{cases} L_{11}b_1 + L_{12}b_2 + \cdots + L_{1m}b_m = L_{1y} \\ L_{21}b_1 + L_{22}b_2 + \cdots + L_{2m}b_m = L_{2y} \\ \qquad\qquad\qquad \vdots \\ L_{m1}b_1 + L_{m2}b_2 + \cdots + L_{mn}b_m = L_{my} \end{cases} \qquad (4.32)$$

设有 r 组样本

$$\bar{y} = \frac{1}{r}\sum_{k=1}^{r} y_k, \quad \bar{x}_i = \frac{1}{r}\sum_{k=1}^{r} x_{ik} \quad (i = 1, 2, \cdots, m)$$

$$L_{ij} = L_{ji} = \sum_{k=1}^{r}(x_{ik} - \bar{x}_i)(x_{jk} - \bar{x}_j) = \sum_{k=1}^{r} x_{ik}x_{jk} - \bar{x}_i\sum_{k=1}^{r} x_{jk} \quad (i, j = 1, 2, \cdots, m)$$

$$L_{iy} = \sum_{k=1}^{r}(x_{ik} - \bar{x}_i)(y_k - \bar{y}) = \sum_{k=1}^{r} x_{ik}y_k - \bar{x}_i\sum_{k=1}^{r} y_k \quad (i = 1, 2, \cdots, m)$$

求解上述方程组,即可求得 $b_1, b_2, \cdots, b_m$,进而可求得 b_0,方程组可写成以下矩阵形式:

$$\begin{bmatrix} L_{11} & L_{12} & \cdots & L_{1m} \\ L_{21} & L_{22} & \cdots & L_{2m} \\ \vdots & \vdots & & \vdots \\ L_{m1} & L_{m2} & \cdots & L_{mn} \end{bmatrix}\begin{bmatrix} b_1 \\ b_2 \\ \vdots \\ b_m \end{bmatrix} = \begin{bmatrix} L_{1y} \\ L_{2y} \\ \vdots \\ L_{my} \end{bmatrix} \tag{4.33}$$

令 $\boldsymbol{L} = \begin{bmatrix} L_{11} & L_{12} & \cdots & L_{1m} \\ L_{21} & L_{22} & \cdots & L_{2m} \\ \vdots & \vdots & & \vdots \\ L_{m1} & L_{m2} & \cdots & L_{mn} \end{bmatrix}$,若 $\boldsymbol{L}$ 为满秩矩阵,则 $\boldsymbol{L}$ 的逆矩阵存在,且设

$$\boldsymbol{C} = \boldsymbol{L}^{-1} = \begin{bmatrix} C_{11} & C_{12} & \cdots & C_{1m} \\ C_{21} & C_{22} & \cdots & C_{2m} \\ \vdots & \vdots & & \vdots \\ C_{m1} & C_{m2} & \cdots & C_{mn} \end{bmatrix}$$

则有

$$\begin{bmatrix} b_1 \\ b_2 \\ \vdots \\ b_m \end{bmatrix} = \begin{bmatrix} C_{11} & C_{12} & \cdots & C_{1m} \\ C_{21} & C_{22} & \cdots & C_{2m} \\ \vdots & \vdots & & \vdots \\ C_{m1} & C_{m2} & \cdots & C_{mn} \end{bmatrix}\begin{bmatrix} L_{1y} \\ L_{2y} \\ \vdots \\ L_{my} \end{bmatrix} \tag{4.34}$$

(2) 线性回归方程的显著检验。

对 r 组观测数据,定义

① $S_{总} = L_{yy} = \sum_{k=1}^{r}(y_k - \bar{y})^2$ 为该批观测数据的总偏差平方和,其自由度 $f_总 = r - 1$。

② $S_{回} = U = \sum_{k=1}^{r}(y_k' - \bar{y})^2$ 为该批观测数据的回归偏差平方和,其自由度 $f_回 = m$。

③ $S_{剩} = Q = \sum_{k=1}^{r} (y_k - y'_k)^2 = L_{yy} - U$ 为该批观测数据的剩余偏差平方和,其自由度 $f_{剩} = r - m - 1$。

计算统计量:

$$F = \frac{U/3}{Q/(n-4)} \sim F(3, r-m-1)$$

在给定显著水平 α 下,查 F 的临界值 $F_\alpha(3, r-m-1)$。若 $F > F_\alpha(3, r-m-1)$,说明回归方程效果显著;否则回归方程效果不显著。

(3) 线性回归方程系数的显著检验。

$b_i(i = 1, 2, \cdots, m)$ 的显著性可用以下统计量来检验:

$$F_i = \frac{b_i^2 / C_{ii}}{Q/(r-m-1)} \sim F(1, r-m-1) \quad (i = 1, 2, \cdots, m)$$

其中,C_{ii} 为矩阵 $\boldsymbol{C} = \boldsymbol{L}^{-1}$ 中对角线上第 i 个元素。

在给定显著水平 α 下,查 F_i 的临界值 $F_\alpha(1, r-m-1)$,若 $F_i > F_\alpha(1, r-m-1)$ $(i = 1, 2, \cdots, m)$,则说明所有变量都是显著的;否则相应的变量 x_i 就被认为在回归方程中作用不大,应剔除掉,然后重新建立更为简单的线性回归方程。

若建立的线性回归方程及其系数经检验都是显著的,则利用所建立的回归方程可对制造企业能源消耗进行预测。

2) 方差分析

对实测值、BP 神经网络的预测值及线性回归模型的预测值进行方差分析。设实测值、BP 神经网络的预测值及线性回归模型的预测值分别为样本 Y_1, Y_2, Y_3,所有数值的总和为样本 Y,如表 4.8 所示。

表 4.8　实测值、BP 神经网络的预测值及线性回归模型的预测值

数值类型	月份			
	1	2	$\cdots$	n
实测值 (Y_1)	Y_{11}	Y_{12}	$\cdots$	Y_{1n}
BP 神经网络的预测值 (Y_2)	Y_{21}	Y_{22}	$\cdots$	Y_{2n}
线性回归模型的预测值 (Y_3)	Y_{31}	Y_{32}	$\cdots$	Y_{3n}

三组数值是否存在显著性差异归结为检验假设:

$$\begin{aligned} &H_0 : \mu_1 = \mu_2 = \mu_3 \\ &H_1 : \mu_i \neq \mu_j \quad (i, j = 1, 2, 3, i \neq j) \end{aligned} \tag{4.35}$$

使用表 4.8 中数值进行方差分析,检验上述假设。方差分析表如表 4.9 所示。

表 4.9　方差分析表

方差来源	DF（自由度）	S^2（平方和）	$\overline{S}^2$（均方差）	F
因素 A	2	S_A^2	$\overline{S}_A^2$	$F = \dfrac{\overline{S}_A^2}{\overline{S}_E^2}$
随机误差 E	$3n-3$	S_E^2	$\overline{S}_E^2$	
总和 T	$3n-1$	S_T^2		

表中，$S_A^2 = \sum\limits_{i=1}^{3} n\overline{Y}_i^2 - n\overline{Y}^2$；$S_E^2 = \sum\limits_{i=1}^{3} \sum\limits_{j=1}^{n} Y_{ij}^2 - \sum\limits_{i=1}^{3} n\overline{Y}_i^2$；$S_T^2 = S_A^2 + S_E^2$；$\overline{S}_A^2 = S_A^2/2$；$\overline{S}_E^2 = S_E^2/(3n-3)$。

给定显著性水平 α，若计算出的 F 样本值大于查表值 $F_{1-\alpha}(3, 3n-3)$，则拒绝假设 H_0、接受假设 H_1，说明三组数值存在显著性差异；若计算出的 F 样本值小于查表值 $F_{1-\alpha}(3, 3n-3)$，则接受假设 H_0、拒绝假设 H_1，说明三组数值不存在显著性差异。

若检验结果为三组数值存在显著性差异，比较 $|\overline{Y}_1 - \overline{Y}_2|$ 与 $|\overline{Y}_1 - \overline{Y}_3|$ 的值，得出哪种预测结果较好。

4. 案例应用

某制造企业某车间 2009 年 1~12 月份的天然气月消耗量如表 4.10 所示，该车间天然气消耗量受一种制造设备运行小时数、一种产品产量及工人工作小时数的影响。收集的样本中 1~9 月份的数据用于神经网络模型的训练，10~12 月份的数据用于模型的验证。对于 BP 神经网络预测模型，使用的样本越多，预测效果越好，但随着样本数的增加，模型的训练时间及计算量等都要增大。考虑到企业能源消耗量预测并不需要十分精确的结果，收集表 4.10 所示样本进行预测，得到较好的预测效果。

1）模型的建立

建立以设备月运行小时数、产品月产量、工人月工作小时数为输入，天然气月消耗量为输出的 BP 神经网络模型。模型的传递函数选用 tan-sigmoid，训练函数选用 traingdx，训练误差选用 0.001，对输入输出变量进行归一化处理后，运用 1~9 月份的数据，对不同隐含层数及不同层内节点数的预测模型进行训练。

五个训练效果较好的神经网络模型如表 4.11 所示。

表 4.10　某制造车间 2009 年天然气月消耗量

月份	设备月运行小时数 (10h)		产品月产量 (10t)		工人月工作小时数 (1000h)		天然气月消耗量 (10000m³)	
	实测值	归一化	实测值	归一化	实测值	归一化	实测值	归一化
1	513	0.8391	33.5	0.8372	58.5	0.6184	1.93	0.4615
2	530	0.9130	33.5	0.8372	41.5	0.1711	2.39	0.9038
3	370	0.2174	23.5	0.3721	68	0.8684	1.45	0
4	550	1.0000	35.5	0.9302	35	0	2.41	0.9231
5	320	0	17.5	0.0930	73	1.0000	1.6	0.1442
6	355	0.1522	15.5	0	64	0.7632	1.52	0.0673
7	540	0.9565	37	1.0000	38	0.0789	2.49	1.0000
8	400	0.3478	16	0.0233	63	0.7368	1.47	0.0192
9	525	0.8913	36.5	0.9767	53	0.4737	2.15	0.6731
10	420	0.4348	21	0.2558	61.5	0.6974	1.56	0.1058
11	500	0.7826	26	0.4884	51.5	0.4342	2.11	0.6346
12	460	0.6087	30	0.6744	63	0.7368	1.60	0.1442

表 4.11　五个训练效果较好的神经网络模型

模型	1	2	3	4	5
第一隐含层神经元数	2	3	3	2	3
第二隐含层神经元数	2	2	3	0	0
平均绝对百分比误差	0.0109	0.0137	0.0126	0.0140	0.0226

　　计算各模型的平均绝对百分比误差可知,第 1 个神经网络模型的预测效果最好。其模型结构如图 4.11 所示,具有 2 个隐含层,第一个隐含层具有 2 个节点,第二个隐含层具有 2 个节点,连接权重为

$$W_{11} = \begin{bmatrix} 0.0352 & 1.0129 & 4.3982 \\ -0.4895 & 2.4760 & -0.1356 \end{bmatrix}, \quad B_1 = \begin{bmatrix} 0.4025 \\ -0.6951 \end{bmatrix}$$

$$W_{21} = \begin{bmatrix} -1.5063 & -0.5341 \\ -1.7156 & -0.9688 \end{bmatrix}, \quad B_2 = \begin{bmatrix} 1.3614 \\ -1.9419 \end{bmatrix}$$

$$W_{32} = \begin{bmatrix} 2.1187 \\ 0.0708 \end{bmatrix}, \quad B_3 = [1.1545]$$

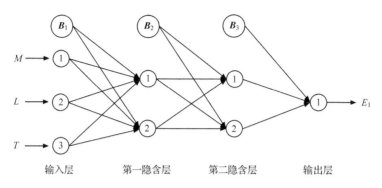

图 4.11　某制造车间 BP 神经网络能源消耗预测模型

上述模型的训练曲线如图 4.12 所示。

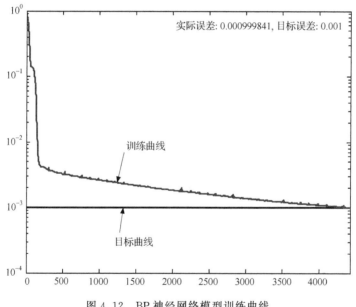

图 4.12　BP 神经网络模型训练曲线

BP 神经网络模型的预测值与实测值比较结果如图 4.13 所示。从图中可以看出,预测曲线非常接近实际曲线。

2)基于方差分析的模型验证

(1)线性回归预测模型。

以产品月产量、工人月工作小时数、设备月运行小时数为自变量 x_1, x_2, x_3,天然气月能源消耗量为应变量 y,用 1～9 月份的数据建立制造企业能源消耗线性回归模型。

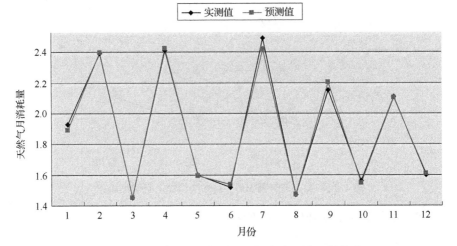

图 4.13　BP 神经网络模型预测值与实测值比较结果

$$L_{11} = \sum_{k=1}^{9} x_{k1} x_{k1} - \overline{x}_1 \sum_{k=1}^{9} x_{k1} = 699.39$$

$$L_{12} = L_{21} = \sum_{k=1}^{9} x_{k1} x_{k2} - \overline{x}_1 \sum_{k=1}^{9} x_{k2} = -831.39$$

$$L_{13} = L_{31} = \sum_{k=1}^{9} x_{k1} x_{k3} - \overline{x}_1 \sum_{k=1}^{9} x_{k3} = 6517.12$$

$$L_{22} = \sum_{k=1}^{9} x_{k2} x_{k2} - \overline{x}_2 \sum_{k=1}^{9} x_{k2} = 1525.39$$

$$L_{23} = L_{32} = \sum_{k=1}^{9} x_{k2} x_{k3} - \overline{x}_2 \sum_{k=1}^{9} x_{k3} = -9168.62$$

$$L_{33} = \sum_{k=1}^{9} x_{k3} x_{k3} - \overline{x}_3 \sum_{k=1}^{9} x_{k3} = 68606.84$$

$$L_{1y} = \sum_{k=1}^{9} x_{k1} y_k - \overline{x}_1 \sum_{k=1}^{9} y_k = 29.33$$

$$L_{2y} = \sum_{k=1}^{9} x_{k2} y_k - \overline{x}_2 \sum_{k=1}^{9} y_k = -45.32$$

$$L_{3y} = \sum_{k=1}^{9} x_{k3} y_k - \overline{x}_3 \sum_{k=1}^{9} y_k = 294.71$$

求解

$$\begin{bmatrix} L_{11} & L_{12} & L_{13} \\ L_{21} & L_{22} & L_{23} \\ L_{31} & L_{32} & L_{33} \end{bmatrix} \begin{bmatrix} b_1 \\ b_2 \\ b_3 \end{bmatrix} = \begin{bmatrix} L_{1y} \\ L_{2y} \\ L_{3y} \end{bmatrix}$$

可得

$$\begin{bmatrix} b_1 \\ b_2 \\ b_3 \end{bmatrix} = \begin{bmatrix} 699.39 & -831.39 & 6517.12 \\ -831.39 & 1525.39 & -9168.62 \\ 6517.12 & -9168.62 & 68606.84 \end{bmatrix}^{-1} \begin{bmatrix} 29.33 \\ -45.32 \\ 294.71 \end{bmatrix} = \begin{bmatrix} 0.0282 \\ -0.0235 \\ -0.0015 \end{bmatrix}$$

可得

$$b_0 = \bar{y} - b_1 \bar{x}_1 - b_2 \bar{x}_2 - b_3 \bar{x}_3 = 3.1251$$

则该车间天然气消耗线性回归预测模型为

$$y' = 3.1251 + 0.0282x_1 - 0.0235x_2 - 0.0015x_3$$
$$E' = 3.1251 + 0.0282M - 0.0235L - 0.0015T$$

经检验,回归方程及其系数都是显著的,可以用来预测该车间天然气月消耗量。

（2）方差分析。

该车间天然气消耗实测值、BP 神经网络模型预测值及线性回归模型预测值结果比较如表 4.12 所示。用直方图表示,如图 4.14 所示。

表 4.12　实测值、BP 神经网络模型预测值及线性回归模型预测值结果比较

参数类型	实测值	BP 神经网络模型预测值	线性回归模型预测值
10 月份	1.56	1.55	1.64
11 月份	2.11	2.11	1.90
12 月份	1.60	1.61	1.80
MAPE（平均绝对百分比误差）	—	0.004	0.092
MAE（平均绝对误差）	—	0.007	0.163
MSE（均方误差）	—	0.008	0.174

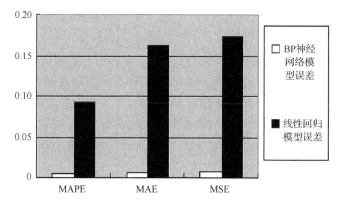

图 4.14　BP 神经网络模型与线性回归模型误差比较

对实测值、BP 神经网络模型预测值及线性回归模型预测值进行方差分析,如表 4.13 所示。

表 4.13　实测值、BP 神经网络模型预测值及线性回归模型预测值方差分析表

方差来源	DF(自由度)	S^2(平方和)	$\overline{S}^2$(均方差)	F
因素 A	2	18.68	9.34	133.4
随机误差 E	6	0.42	0.07	—
总和 T	8	19.1	—	—

若 $F > F_{0.99}(2,6) = 10.92$,则拒绝假设 H_0、接受假设 H_1,说明三组数值存在显著性差异,且 $|\overline{Y}_1 - \overline{Y}_2| = 0$,$|\overline{Y}_1 - \overline{Y}_3| = 0.02$,$|\overline{Y}_1 - \overline{Y}_2| < |\overline{Y}_1 - \overline{Y}_3|$,则 BP 神经网络的预测结果较好。

4.4　生命周期评价及其在企业资源环境评价中的应用

4.4.1　生命周期评价概述

1. 产品生命周期评价[204]

产品生命周期评价(life-cycle assessment,LCA)是一种对产品全生命周期的资源消耗和环境影响进行评价的环境管理工具,也称为产品生命周期分析(life-cycle analysis,LCA)、资源环境状况分析(resource and environmental profile analysis,REPA)。综合国内外的研究,LCA 可理解为:运用系统的观点,对产品体系在整个生命周期中的资源消耗、环境影响的数据和信息进行收集、鉴定、量化、分析和评估,并为改善产品的环境性提供全面、准确的信息的一种环境性评价工具。产品整个生命周期包括:原材料和能源的获取、原材料的加工、产品的制造、装配和包装、运输和销售、产品的使用和维护、回收和废弃物的处理全过程。环境影响包括资源耗竭、人体健康和生态影响。

目前,LCA 在国际上的研究很活跃,特别是 20 世纪 80 年代末以后,随着全球环境问题的日益严重、可持续发展战略的提出,以及人们环保意识的增强,LCA 的研究受到了政府、企业和研究机构等的高度重视,进入蓬勃发展阶段。国际环境毒理学与化学协会(SETAC)的 LCA 咨询团是专门从事 LCA 理论、方法和应用研究的机构,对 LCA 的发展作出了重要贡献。生命周期评估发展促进协会(SPOLD)自 1992 年成立以来,一直致力于 LCA 的研究工作,发表了一系列的论文,并建立了 SPOLD 清单数据格式。目前 SPOLD 正在致力于 SPOLD 数据格式的完善和 SPOLD 清单数据库网络的推广工作,该项工作得到了 SETAC-Europe 和 ISO/

TC207/SC5 生命周期评估分技术委员会等组织的支持与合作。*The International Journal of Life Cycle Assessment* 还建立了 LCA 网上论坛 Global LCA Village 对 LCA 的热点问题进行讨论。世界各国也纷纷将 LCA 作为一种重要的环境管理工具,而展开广泛的研究和应用实践。在欧洲,英国的萨里大学、丹麦的 dk-TEKNIK 能源与环境咨询公司、荷兰 Leiden 大学的环境科学中心(CML)等在 LCA 方面作了不少的研究。美国 Carnegie Mellon 大学的绿色设计研究所在分析传统 LCA 方法的缺点后,提出了一种基于经济投入产出理论的生命周期评价方法——EIO-LCA(economic input output life cycle assessment)。在亚洲,韩国、日本均已建立了专门从事 LCA 研究的部门。由韩国工业界、高校、研究机构和消费者组织等参加成立的韩国 LCA 协会(the Korean Society for Life Cycle Assessment,KSLCA)是韩国专门从事 LCA 研究和推广应用工作的组织。日本松下电器开始采用 LCA 工具对电子产品进行了评估,为制订新产品开发策略提供信息。国际标准化组织的 TC207 技术委员会在 ISO 14000 系列环境管理标准中为 LCA 预留了 10 个标准号(14040~14049),目前已公布了 ISO 14040(原理和框架)、ISO 14041(生命周期清单分析)等标准,对 LCA 的概念、技术框架及实施步骤进行了标准化工作,进一步推动了 LCA 的发展和应用。目前 LCA 在大型企业,如 Procter & Gamble、AT&T、3M 等得到了初步的应用。

由于 LCA 可用于量化地评价产品全生命周期各个阶段的资源消耗和环境影响,并能提供相应的改进建议,被认为是支撑绿色设计和产品全生命周期环境管理的核心工具。国际标准化组织环境管理委员会(ISO/TC207)制订了一系列关于产品生命周期评价的标准。其中已颁布的标准如下。

(1) ISO 14040:1997 环境管理—生命周期评价—原则与框架(Environmental management—Life cycle assessment—Principles and framework)。

(2) ISO 14041:1998 环境管理—生命周期评价—目标与范围确定及存量分析(Environmental management—Lifecycle assessment—Goal and scope definition and inventory analysis)。

(3) ISO 14042:2000 环境管理—生命周期评价—影响评价(Environmental management—Life cycle assessment—Life cycle impact assessment)。

(4) ISO 14043:2000 环境管理—生命周期评价—解释(Environmental management—Life cycle assessment—Life cycle interpretation)。

(5) ISO/TS 14048:2002 环境管理—生命周期评价—数据文件说明格式(Environmental management—Life cycle assessment—Data documentation format)。

(6) ISO/TR 14049:2000 环境管理—生命周期评价—目标、范围定义和清单分析的应用举例(Environmental management—Life cycle assessment—Examples

of application of ISO 14041 to goal and scope definition and inventory analysis）。

ISO 建立了一种生命周期评价框架,如图 4.15 所示。在产品生命周期评价的技术框架中将评估过程分为四个阶段:目标定义和范围界定（goal definition and scoping）、清单分析（life-cycle inventory,LCI）、影响评价（impact assessment）、解释说明（interpretation）。产品生命周期评价是这四个阶段不断迭代和改善的过程。

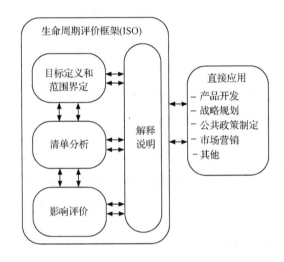

图 4.15　ISO 生命周期评价框架

1) 目标定义与范围界定

目标定义和范围界定是 LCA 很关键的一步,直接影响后续阶段工作的内容和方法,以及评价结果的有效性。目标定义应明确进行 LCA 的目的、原因及应用对象。在范围界定时必须明确产品体系的功能、功能单位、产品体系边界、配置程度、环境影响类型、数据要求、假设条件、限制条件、原始数据质量要求、结果审查类型,以及评价报告的类型和形式等内容。LCA 本身是一个迭代过程,允许在清单分析和影响评价时对目标和/或范围进行必要的修改和完善。

一般的,进行 LCA 通常可以应用于以下几种场合:

(1) 在产品开发时,把握影响产品环境友好性的关键问题;

(2) 比较不同产品方案的环境友好性;

(3) 辅助工业、政府、非政府组织等制定法规标准,进行战略规划;

(4) 绿色营销,如获得产品绿色标志或环境友好性声明等。

LCA 的评估范围应保证能满足评估目的,包括确定所评估的产品体系、系统边界、数据的要求和一些重要的假设和限制等。

2) 清单分析

清单分析是对产品体系整个生命周期各个阶段或过程的输入和输出进行数据收集、量化、分析,并列出清单分析表的过程。输入包括能量输入、原材料输入、辅助材料输入、其他物理输入等,输出是指向空气、水、土壤等的废弃物排放。早期LCA 主要致力于产品体系能量、原材料消耗和废弃物排放的定量分析,因此清单分析是四个阶段中最成熟的。

在清单分析中必须体现物料平衡和能量平衡的基本原则,即各过程单元的输入、输出基本一致。

(1) 物料平衡。

$$\sum_i m_{in,i} = \sum_j m_{out,j} \tag{4.36}$$

式中,$m_{in,i}$ 为过程单元第 i 个输入的质量;$m_{out,j}$ 为过程单元第 j 个输出的质量。

(2) 能量平衡。

$$\sum_i E_{in,i} = \sum_j E_{out,j} \tag{4.37}$$

式中,$E_{in,i}$ 为过程单元第 i 个输入的能量;$E_{out,j}$ 为过程单元第 j 个输出的能量。

若清单数据不能满足式(4.36),则说明数据不完全,或有些数据被重复引用。若清单不满足式(4.37),这可能存在两个原因:一是由于缺乏各种不同的输入和输出物料的内能及化学能的数据,无法保证系统能量的全面平衡;二是因为对于物质的内能还没有统一的定义。一般来说,如果输入与输出之间的差值在 20% 之内,即可认为所获得的数据是可行的。在进行清单分析时还应注意的是各种数据的计量方式和计量单位要保持一致,建议均采用国际标准单位。

3) 影响评价

影响评价是运用定量或定性的方法对清单分析结果潜在的环境影响进行评价和描述的过程。ISO 将影响评价过程分为影响分类、特性化、加权计算三个步骤。

(1) 影响分类(classification)。环境影响可分为非生物资源的利用、生物资源利用、土地的使用、全球变暖、臭氧损耗、生态毒性影响、人体毒性影响、光化学氧化剂的形成、酸雨、富营养化、工作环境影响等。影响分类要求将清单分析的数据同环境影响类别对应起来,如清单分析结果中 CO_2 可以对应全球变暖。

(2) 特性化(characterization)。特性化要求对清单中的每项输出的环境影响程度进行量化。一般可采用当量法,如某种物质的全球变暖影响可以采用全球变暖潜势(GWP)进行量化。GWP 采用 CO_2 作当量,设单位 CO_2 的 GWP 为 1。

(3) 加权计算(weighting)。在必要和有意义的情况下,可以对特性化结果进行加权计算,求出一个总的影响值。

目前关于环境影响的分类和量化方法国际上还没有达成一致。环境毒理学和化学协会的 LCA 工作组于 1996 年公布的一种分类方法,如表 4.14 所示。

表 4.14　SETAC 的环境影响类别

影响分类		资源	人类健康	生态健康
资源耗竭	非生物资源的耗竭	+		
	生物资源耗竭	+	(+)	+
环境污染	全球变暖		(+)	(+)
	臭氧层损耗		+	
	人体毒性		(+)	+
	生态毒性		+	+
	光化学氧化物形成		(+)	+
	酸化			+
	富营养化			
非生态系统和景观的退化	土地利用		+	

注:+表示潜在直接影响;(+)表示潜在间接影响。

关于环境影响指标、环境影响评估方法等国际上还没有统一,许多研究工作有待进一步开展。在欧盟国际合作项目"Eco-Compatibility of Industrial Processes for the Production of Primary Goods-ERBIC18-CT96-0095"的支持下,中国科学院生态环境研究中心开展了 LCA 理论和方法的研究,针对中国资源与环境状况,建立了一套系统评价中国产品生命周期环境影响的方法和模型。

4) 解释说明

解释说明是指对评价结果的解释,包括对评估结果与所界定的目标和范围的符合程度进行评价、对评估结果的可信度进行评价,以及根据评估结果寻找产品中造成环境影响的重要环节,并提出产品改进意见等过程。解释说明的结果一般以结论和建议的形式向决策者提交 LCA 评估报告。

1993 年以后,各国的研究机构和公司建立了许多工作组从事有关 LCA 方法研究和软件工具的开发,如表 4.15 和表 4.16 所示。

表 4. 15　现有 LCA 方法研究和开发工具

组织名称	计划实施地	主要研究内容及贡献
惠普公司(HP)	美国	有关打印机和计算机的能源效率和废弃物研究
美国电报电话公司(AT&T)	美国	LCA 方法论研究、商业电话 LCA 示范研究
国际商业机器公司(IBM)	美国	磁盘驱动器 LCA 示范研究、计算机报废及能源效率
数字设备公司(DEC)	美国	LCA 方法论研究、电子数字设备部件的 LCA
施乐公司(Xero)	美国	产品部件报废研究
西门子公司	德国	各种产品生命周期结束后有关问题研究
奔驰汽车公司	德国	LCA 方法论研究、空气清洁器 LCA 示范研究
Loewe-opta	德国	电视机的 LCA
飞利浦公司	荷兰	广泛开展了各种产品的 LCA
菲亚特集团	意大利	汽车发动机 LCA 示范研究
ABB 集团	瑞典	大规模的环境管理体系研究
爱立信公司	瑞典	无线电系统 LCA 示范研究
沃尔沃汽车公司	瑞典	LCA 方法论研究
Band & Olufeen 电器公司	丹麦	LCA 方法论研究,机电设备、电冰箱、电视机、高压清洗器等产品的 LCA
大众汽车公司	德国	汽车整车清单分析

表 4. 16　几种主要 LCA 商业化软件介绍

软件名称	特点	LCI 计算方法和 LCIA	潜在用户
Boustead 4.2	包括能源、燃料生产和运输的数据模块,以及单个和组合工艺及完整产品的数据。数据库含有英国、美国、日本、中国等超过 3000 个单元操作的信息。每个工艺约有 24 个排放物类别。燃料生产和使用的数据代表了各国的实际情况。于 1998 年整合了中国能源生产和能源利用数据库	清单分析单元过程计算。最顶层是产品,不包括生命周期影响评价	专家

续表

软件名称	特点	LCI 计算方法和 LCIA	潜在用户
SimaPro 4.0	一个面向产品开发和产品设计的综合 LCA 软件,包括大部分工业生产工艺数据,主要数据以欧洲或荷兰的数据为基础,已内置了 10 种工业原料的生态指标	通过菜单驱动,利用过程(制造、使用、再循环)建立产品系统。清单分析结果进行分列。生命周期影响评价模块以 ISO 14042 为基础,将影响类型分为 u 种类型,采用特征化、标准化和评估三个步骤	普通产品开发与设计人员
Gabi 3	主要针对固体废弃物管理。拥有非常详细的废弃物处理与再利用数据库,共有 800 种不同能源和原材料的工艺数据。另外,包括了 400 种工业工艺数据,将其按照一定的层次结构(10 种工艺过程)进行组织;同时包括清单分析和生命周期影响评价	清单分析采用建立各单元过程流,然后对过程进行连接建立规划方案的方法。提供开放式的生命周期影响评价平台,用户可以自己建立评价原则、标准和指标。包括 5 个基本步骤:选择重要生态领域、分类、计算影响、标准化、评估等	专家
EcoManager 1	包括四个数据库:材料、能源、废弃物和运输。除运输外,其他 3 个数据库可以被更新	逆向链数据处理。各工艺的环境影响由最终的输出量决定。工艺间的关系是非动态的,分配原则按重量计算	非专家

　　LCA 过程复杂、成本高、数据收集时间长,而且经常存在数据缺少问题,因此也提出了一些简化生命周期评价方法。这些方法不一定非常准确,但同样能给设计者提供设计参考,非常实用。

　　2. 简式生命周期评价方法

　　简式生命周期评价矩阵是一种半定量的方法,其评价系统为 5×8 二维矩阵,其中一维代表产品生命周期的 5 个阶段:原料获取、产品生产、销售(包装、运输)、产品使用、回收处置;另一维代表环境要素,为了较全面地描述产品生命周期全过程的环境行为,选定 8 个环境要素,即有害物质、大气污染、水污染、土壤污染、固体污染、噪声、能源消耗、资料消耗。此评价矩阵如表 4.17 所示。

表 4.17　产品生命周期评价矩阵

生命周期 ＼ 环境要素	有害物质	大气污染	水污染	土壤污染	固体污染	噪声	能源消耗	资源消耗
原料获取	(1,1)	(1,2)	(1,3)	(1,4)	(1,5)	(1,6)	(1,7)	(1,8)
产品生产	(2,1)	(2,2)	(2,3)	(2,4)	(2,5)	(2,6)	(2,7)	(2,8)
销售	(3,1)	(3,2)	(3,3)	(3,4)	(3,5)	(3,6)	(3,7)	(3,8)
产品使用	(4,1)	(4,2)	(4,3)	(4,4)	(4,5)	(4,6)	(4,7)	(4,8)
回收处置	(5,1)	(5,2)	(5,3)	(5,4)	(5,5)	(5,6)	(5,7)	(5,8)

评定者需研究分析上述产品生命周期 5 个阶段的环境影响,并根据每个元素对环境影响程度不同划分为 5 个等级(以数值 0,1,2,3,4 表示),给予每个元素一个数值,其中对环境影响最大而予以否定的数值取 0,对环境影响最小而予以肯定的数值取 4。此矩阵元素的评价值是由专家组成若干个评定组,并根据专家经验、设计和生产的调查进行评价而得到。实质上,评定者给出的评价值可代表较正规的产品生命周期评价的清单分析和影响分析的估算结果。

在对矩阵中每个元素取值后,对每个元素所得的数值求和作为环境标志产品的评价指数,称为 R,即

$$R = \sum_i \sum_j M_{ij} \tag{4.38}$$

式中,M_{ij} 为矩阵第 i 行、第 j 列的元素。

如果每个元素对环境影响均最小,那么每个元素的数值为最大值 4,因此所得的 R 为最大值 160。

此种将加权因数应用于矩阵元素而得定量化的环境影响数值方法,可更科学、更合理地反映产品生命周期中造成环境危害的主要阶段,以及各种因素造成的综合的环境影响,而且方法简便易行。

4.4.2　生命周期评价在企业资源环境评价中的应用

本节内容主要参考美国耶鲁大学 Graedel 的专著 *Greening the Industrial Facility:Perspectives, Approaches and Tools*,可详见文献[67]。

1. 产品的生命周期评价

产品的环境排放建模必须精确处理产品的整个生命周期。典型的制造产品通常有 5 个生命周期阶段,如图 4.16 所示。

图 4.16　产品的生命周期阶段

第 1 阶段：生产前。从自然资源开采材料,将它们运到加工厂,通过熔炼矿石和精炼石油等操作,使其得到净化或分离,然后运到制造厂,这些活动的后果之一是产生环境影响。如果部件是由其他供货商提供,那么这个生命阶段还包括评价制造部件所产生的影响。

第 2 阶段：生产。包括产品生产所涉及的实际生产过程。

第 3 阶段：产品输送。包括包装材料的生产、包装材料运到制造工厂、包装过程产生的废弃物、将包装好的最终产品运送给顾客,以及(如果有)产品的安装。

第 4 阶段：产品使用。包括顾客使用期间产生的废弃物及对顾客的健康危害。

第 5 阶段：寿命终结。由于陈旧报废、部件退化、业务变迁或个人决策改变而不再令人满意,产品被整修、再生或丢弃。

产品的环境排放建模包括参照所有相关的环境问题来评价上述每个生命阶段的影响。

2. 工艺的生命周期评价

工艺整个生命周期的环境排放分析非常重要,因为工艺一旦被确定,常常几十年不变,而新产品的设计又依赖于这些工艺的持续存在。因此,与单项产品的设计与制造相比,工艺对环境的影响要持久得多。

与产品的环境排放建模相比,工艺的环境排放建模也要面向生命周期,但所面向生命周期的阶段不同。与产品的连续生产阶段不同,工艺的生命周期阶段只有3 个(见图 4.17):资源供应与工艺落实同时发生,主要生产过程操作和辅助生产过程操作也同时进行,而寿命终结阶段就是整修、再生和处置。这些生命阶段的特征分别描述如下。

第 1a 阶段：资源供应。任何工艺的生命周期的第一个阶段都是为其产品生命周期内用到的耗材提供所需材料。第一个考虑对象是材料的来源,在很多情况下都是从自然资源开采。然而,只要有可能,再生材料几乎总是比天然材料更可取。第二个考虑对象是工艺所用材料的制备方法。例如,不仅应考虑制造部件用的一块金属板材的来源,这块板材的制造与清洗,以及部件的包装也应当以对环境负责的态度进行。因此,只要设计并应用了具体工艺,供货商的操作就成为一个分析主题。

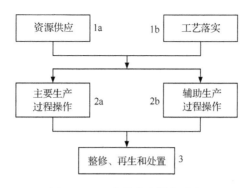

图 4.17　工艺的生命周期阶段

第 1b 阶段：工艺落实。与资源供应并列的是工艺落实，这一阶段是处理为使工艺就绪而开展的活动所产生的环境影响。这些活动主要是制造与安装工艺设备，以及安装管道、传送带、废液槽等其他所需的支持设备。这个生命阶段与产品建模的第 1 阶段具有很强的共性。

第 2a 阶段：主要生产过程操作。工艺应当设计成在操作方面对环境负责。理想地讲，对环境负责的工艺会限制使用有毒材料，使能源消耗最小化，避免或尽可能减少固体、液体或气体残余物的产生，并保证产生的残余物能够在其他经济部门得到应用。应当通过工艺设计使产生的副产品可以卖出去，或者为工厂内部的其他工艺所用。特别应当避免产生有毒废弃物，因为它们的再生或处置非常困难。由于成功的工艺会在其所属的制造部门内广泛传播，应当设计成能够在不同条件下同样能执行。

第 2b 阶段：辅助生产过程操作。几个生产过程构成一个共生关系的情况并不少见，其中每个过程都依赖于其他过程的存在。因此，全面的工艺分析不仅需要考虑主要生产过程本身对环境的影响，也要考虑之前和之后的辅助生产过程对环境的影响。例如，一个焊接工艺通常需要在此之前对金属进行清洗操作，传统上使用会损耗臭氧的含氟氯烃。类似的，一个钎焊工艺通常需要在此之后进行清洗操作，以除去有腐蚀性的焊剂。如果希望整个系统继续保持令人满意的工作状态，这个系统任何要素（焊剂、焊料或熔剂）发生变化通常需要其他要素也做出相应的变化。

第 3 阶段：整修、再生和处置。所有的工艺设备最终都会陈旧老化，因此必须在组件（更可取的选择）或材料上设计得便于拆卸和再利用。

3. 工业工厂的生命周期评价

与产品和工艺相同，工业工厂也能够按照对环境负责的态度设计、建造、修理和再生。然而，建筑物具有与产品和工艺完全不同的特征，工厂的环境排放分析必须按照某种不同的框架进行。明显的不同点如下。

（1）建筑物的地理位置会对它的设计和建造产生很大影响，如气候会影响内部供暖和空调的安装情况。

（2）建筑物在拆毁之前变化几次使用方式的情况是常见的。

（3）一般而言，建筑物的寿命终结阶段是未来的事情，很难预测什么是合意的材料再利用和可能采取的行动。

（4）建筑物的主要能耗和排放通常是其使用阶段的能耗和排放。

理想地讲，建模方法应当可应用于所有类型的工厂。

每幢建筑物与周围外界环境的关系都很重要，然而，如果没将建筑物有效寿命期间建筑物内所开展活动的影响包括在内，就是不完整的。例如，对于一家工业工厂，不仅需要分析建筑物本身，也需要对在其内部生产的产品、生产过程所使用的工艺及在其内部执行的其他活动进行分析建模。显然，如果产品、工艺及相应的操作不是环境友好的，那么一个建筑物也不可能具有真正意义上的环境友好。

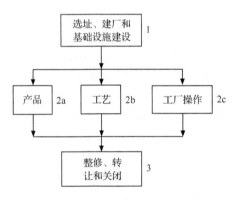

图 4.18　工厂的生命周期阶段

从生命周期视角来看，在分析一家工厂的环境责任时，会涉及如图 4.18 所示的五个阶段或活动。

第 1 阶段：选址、建厂和基础设施建设。决定一家工厂的环境责任大小的一个重要因素是所选择的厂址及其以何种方式发展。如果工厂的业务是开采材料或材料加工（石油精炼、矿石熔炼等），那么工厂的地理位置通常会受到需要邻近资源的限制。制造企业通常要有方便的运输渠道和适当的劳动力来源，但也有许多企业不受这个限制。实际上，许多种工厂可以建在任何地方。

传统上，制造工厂位于或毗邻城市地区。这些位置经常有可利用的合适的建筑物，并拥有吸引就近劳动力和使用现成运输与公共基础设施的优势。也可以在现有工厂增加新的操作，从而避免为建造一个全新的工厂场所不得不与错综复杂的法规打交道。最近，一个新的发展趋势是政府与企业签订合作协议，对这些"灰色地带"进行再利用开发。

在之前未进行工业或商业开发的地上建造工厂，可能会给本地区的生物多样性造成生态影响，而且可以预测新的运输和公共基础设施将增加废气排放。通过充分利用现有的基础设施，并在开发时尽可能地保持土地的自然状态，可以使这些影响最小化。然而，对许多城市和国家来说，商业建筑物和工厂都是现成可利用的，因此从环保角度讲，这种选择"绿色地带"开发的做法很难证明是正当的。

第 2a 阶段：主要业务活动——产品。产品是指工厂制造的、准备卖给顾客的物品。其环境排放建模已经在前文讨论过。

第 2b 阶段：主要业务活动——工艺。工艺是制造产品所使用的技术、材料和装备。其环境排放建模也已经在前文讨论过。

第 2c 阶段：工厂操作。运输问题严重影响工厂在运营期间对环境的作用。贸易也是工业活动的组成之一。例如，元件和组件的即时付货广受欢迎，成为制造业一种划算且有效的实惠方式。然而，据估计，东京最大的颗粒物排放贡献者是作为移动排放源的卡车。发送与接收这些元件和组件的企业对这些排放负有一定责任。有时通过改进调度和促进协作，如与附件的工业伙伴合作，或厂址选择靠近主要供货商，可以减少运输需求。同时，可以选择鼓励交通共享、远程办公和其他能够减少员工车辆总排放的行动。

工厂的输入输出材料，也与环境排放有密切的关系。对于产品用到的材料，可以通过产品环境排放建模对其进行评述。然而，工厂也接收和发送许多非产品类的材料，如提供给员工自助食堂、办公用品、公厕用品及润滑剂、肥料、路盐等维护用品。工厂应当本着对环境负责的态度，通过结构化的程序评价每一个进出的物质流，并对这些物质流及其包装物进行调整。显然，在执行功能相同的前提下，应当选择最环境友好的产品。

工厂还存在其他环境排放问题，同样需要详细审查，总有可改进之处。例如，工厂的照明系统，据估算，它贡献了大气排放总污染的 $5\% \sim 10\%$。职业健康危害问题也不容忽视，如办公楼内的计算机等办公设备产生的辐射会危害员工的身体健康。

第 3 阶段：整修、转让和关闭。如同对环境负责的产品逐渐被设计成"长寿命的产品"，工厂也应当如此。建造新建筑物及相应的基础设施（尤其是当地的）给环境造成了巨大的破坏。显然，工厂必须设计成经简单整修之后可用作新的用途，或者经微小改动后即可转让给新业主和新经营者；如果不得不关闭，则允许回收材料、家具或其他组件以供再利用或再生。

4.5　企业绿色制造战略方案选择

4.5.1　绿色制造战略简介

1. 企业绿色制造战略的产生和发展[205]

企业绿色制造战略也称为环境战略，是指一个企业解决环境问题的总体规划。近几年随着全球对环境问题的日益关注，环境的地位日益得到重视，组织与环境方面的研究领域也在不断拓展。大量的研究者和实践者发现，企业对待环境的态度和战略发生了变化，有些学者也对此做了实证研究。环境战略的制订与企业对待环境责任的态度和方针是密不可分的,企业对待环境责任的态度在理论上和实践上都有一个发展的过程。

Schafer 和 Harvey 陈述了环境责任的状态,对美国水电行业的四个企业作了实证研究。发现这些企业对待环境责任的变化与现存的模型不太吻合,于是对环境责任的发展阶段作了进一步的研究,发现环境责任的理论和实践发展经历了三个相互关联的阶段,即成本最小化、成本效益化和有效环境控制[206]。第一阶段成本最小化原则,企业尽量避免和降低相关成本,并将用在环境保护方面的投资看做是净收益的直接流出;第二阶段成本效益化原则,企业认为环境规则是强制性的,所采纳的环境控制措施需从成本效益的角度去考虑;第三阶段有效环境控制,某些企业发现环境保护能提供可持续的竞争优势。

(1) 成本最小化。

20 世纪 60 年代,《寂静的春天》提醒美国人从忽视环境的麻木中清醒过来。美国国会对此做出了反应,开始关注环境,并通过了一系列环境法规,成立了环境保护署(EPA)。与此同时,企业经理人的第一反应就是如何使成本最小化。当时比较流行的经济观就是环境支出会消极地影响企业的财务绩效。受制于环保压力和环境法规,企业开始被动地开发和采用一些末端治理技术以控制污染。但是,被动的污染治理只能暂时控制污染,无法从根本上解决问题,也不能保持较高的运作效率和最佳效果,在运行中往往又出现新的污染问题。

(2) 成本效益化。

第二阶段起始于美国的消费者开始愿意调整消费行为来反省他们对企业环境绩效的理解,并倾向于购买环境友好的产品和服务。许多企业发现这种变化后,开始制订企业的环境战略,成立了环境管理部门以示做出反应。一些企业开始寻找成本更低、适用性强的解决办法,大力开发和设计符合甚至优于环境标准的产品和工艺。污染控制开始从末端治理走向全过程控制。一些企业开始从被动污染治理转向主动的污染预防。

(3) 有效环境控制。

20 世纪 80 年代末期,关于环境绩效能否为企业提供竞争优势的理论有了一个好的开端,政治家、化工行业总裁及著名学者联合声明:企业改善环境的行为并不必然降低企业的财务业绩。

此时,许多学者也从理论上提出了绿色思想有利于企业发展的三个理由:第一,消费者的环境意识增强,对环境事件的进一步关注及开始偏好环境友好的产品和服务;第二,绿色思想使一个企业在探索投入与废弃物最小化方面更加有效,绿色理念能很快融合到生产的全部过程中,以便改善财务绩效;第三,企业的利益相关者,从立法机构到股东到消费者再到社区,都对环境有着不同程度的关注,照顾到他们的利益就有利于竞争。

一些企业开始以超前的眼光关注环境因素在整个社会发展和全球经济一体化中的作用,开始将环境因素作为建立企业市场优势,提高企业竞争力,战胜竞争对手,获取更大利润的战略要素,全面更新企业的发展战略,并贯彻到企业的产品开发、技术选择和整个管理过程之中。国际上一批著名跨国公司凭借着强大的资金优势和技术优势,以及丰富的管理经验和信息资源,首先从发展战略上,结合社会需求和价值观的变化,迅速调整企业的产品结构和经营战略,实现产品转型,率先在推进企业可持续发展方面迈出了关键步伐。

2. 企业绿色制造战略的类型[207,208]

企业绿色制造战略一般可分为被动型战略、适应型战略、防御型战略、主动型战略。被动型战略指企业甘冒环境风险并希望逃避处罚;适应型战略指企业为避免环境风险采取遵守环境法规的策略;防御型战略指企业在遵守现有环境法规前提下为满足未来可预见环境管理要求而采取的对策;主动型战略则是将环境保护、市场开拓与企业竞争力的提高融为一体而采取的创新策略。四种战略的对比分析如表 4.18 所示。

表 4.18 企业绿色战略类型

绿色战略类型	被动型战略	适应型战略	防御型战略	主动型战略
目标	承受罚款,成本最小化	保持发展与服从环境法规之间的平衡	经济发展与环境的协调,逐步成本效益化	可持续发展,实现有效的环境控制
价值观	无限使用自然资源	先发展后治理	除服从外提高资源利用率	注重持续发展
特点	污染物排放非规律性,环境损失由社会承担,单位产品能耗高	重视环境影响评价和遵守环境法规,确定最佳排放水准	主动进行环境影响评价,提高资源有效利用率、重视利用可再生资源	全生命周期评价和成本核算,单位产品能耗低,重视环境教育和培训及绿色文化的建立
技术类型	几乎不采用绿色技术	重视末端处理技术	开始"从摇篮到坟墓"的全过程控制技术、污染预防技术	"从摇篮到再生"的多生命周期绿色技术,尤其重视绿色设计
优势	经济增长短期内较快,短期内治理成本少,环境损失转嫁给社会	罚金减少,不良公众形象减少,环保意识提高	企业生命周期延长,治理成本增长但处于可控范围,公众形象提高	较高的生产率,职工环境意识提高,资源利用率高,环境排放大幅度减少,并得到有效控制
劣势	环境风险大,公众形象差,罚金压力大,对环境问题缺乏长远规划	环境管理可能会阻碍企业发展,处理成本和风险管理成本负担大,同行竞争中可能失去优势	执行新的环境政策的风险	公司战略和经营管理方式的变革可能导致混乱,环境成本内部化增加经济负担

应该说,企业采取的环境战略越主动、清洁化程度越高,企业战略的要求也越高。但企业环境战略受到许多内外因素的制约,如企业绿色意识不强、环境管理措施不完善、企业技术标准低等。如何正确分析这些因素的影响,并制订适应当前企业实际情况的环境战略,对企业实现可持续发展具有重要的意义。

4.5.2　基于 SWOT 分析的企业绿色制造战略选择

1. SWOT 分析简介

常用的企业战略分析工具有 SWOT 分析法、波特五力分析模型(Michael Porter's five forces model)、PEST 分析法、Hofer 矩阵、VRIO 框架等。下面重点介绍 SWOT 分析法。

SWOT 分析法又称为态势分析法,是 20 世纪 80 年代初提出来的一种战略分析法,即优势(strength,S)、劣势(weakness,W)、机会(opportunity,O)、威胁(threat,T)。所谓 SWOT 分析,就是将与研究对象密切相关的各种主要内部优势、劣势、机会和威胁等,通过调查列举出来,并依照矩阵形式排列,然后用系统分析的思想,将各种因素相互匹配起来加以分析,从中得出一系列相应的结论。运用这种方法,可以对研究对象所处的情景进行全面、系统、准确的研究,从而根据研究结果制订出相应的对策[209~213]。

从整体上看,SWOT 可以分为两部分:第一部分为 SW,主要用来分析内部因素;第二部分为 OT,主要用来分析外部因素,如图 4.19 所示。利用这种方法可以从中找出有利的、值得发扬的因素,以及不利的、要避开的因素,发现存在的问题,找出解决办法,并明确以后的发展方向。根据这个分析,可以将问题按轻重缓急分类,明确哪些是目前亟须解决的问题,哪些是可以稍微拖后的事情,哪些属于战略目标上的障碍,哪些属于战术上的问题,并将这些研究对象列举出来,依照矩阵形式排列,然后用系统分析的思想,将各种因素相互匹配起来加以分析,从中得出一系列相应的结论,而结论通常带有一定的决策性,有利于领导者和管理者作出较正确的决策和规划。SWOT 分析法常常被用于制订集团发展战略和分析竞争对手情况,在战略分析中,它是最常用的方法之一。

图 4.19　SWOT 分析示意图

本节将 SWOT 分析法用于绿色制造分析,通过分析企业内在因素和外在因素,构造出绿色制造的 SWOT 矩阵;然后发挥优势、克服弱点、利用机会、化解威胁;最后运用系统分析的综合分析方法,将排列与考虑的各种环境因素相互匹配,并加以组合,选择最适合该企业的绿色制造战略。

2. 企业绿色制造战略的 SWOT 因素体系

企业绿色制造战略的 SWOT 因素体系,如图 4.20 所示。

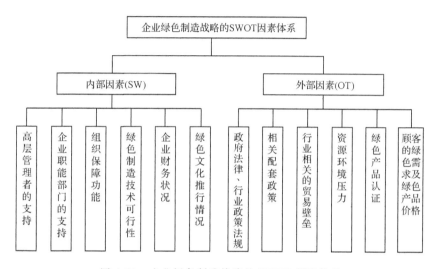

图 4.20　企业绿色制造战略的 SWOT 因素体系

(1) 内部因素。

企业实施绿色制造,应该从企业内部因素出发开展 SW 分析,论证在每个因素下,企业是具有优势还是劣势。主要因素如下。

高层管理者的支持:要成功实施绿色制造,必须得到高层管理者的支持,高层管理人员应该对企业中的环境措施进行负责。

企业职能部门的支持:绿色制造的实施不仅需要绿色制造方面的专家,同样非常需要包括来自工程、生产、销售和用户的成员。因为绿色制造专家并不一定能深入了解生产和设计过程,缺乏生产过程各个阶段的详细知识,所以绿色制造的实施需要不同人员构成的团队,需要各个职能部门的密切配合。

组织保障功能:企业已经实施的其他先进管理模式,如全面质量管理,可以为绿色制造的实施提供组织上的保障,并提供一些实施经验和教训。

绿色制造技术可行性:全面分析目前企业的绿色技术现状,如产品绿色性能、绿色设计的应用水平、生产工艺的绿色性、设备的绿色性等。

企业财务状况:绿色制造的实施是一个相对长期的持续改进的过程,需要不断的资金投入。

绿色文化推行情况：为了取得成功，需要有企业文化的建设，如建立绿色制造的奖励激励机制。

(2) 外部因素。

OT 分析是从外部因素出发来分析企业实施绿色制造面临的机会和威胁，可以用 PEST 分析法，即政治要素(political factors)、经济要素(economic factors)、社会与文化要素(sociocultural factors)、科技要素(technological factors)。这些外部因素具体如下。

政府法律、行业政策法规：绿色制造在企业的实施需要通过政府法律法规和规范标准等手段约束、规范，甚至强制推行。

相关配套政策(税收、补贴等)：绿色制造的实施一定程度上会增加成本，需要政府的税收和补贴政策进行适当的引导。

行业相关的贸易壁垒：国际贸易壁垒对企业乃至整个行业的影响非常明显，必须认真应对已有的壁垒，并防范下一步可能出现的新的壁垒。

资源环境压力：要分析企业的主要资源消耗和环境排放，当前是否出现该资源市场供应紧张等问题。

绿色产品认证：绿色产品认证对整个产品营销非常关键，如目前的电冰箱产品，出厂前都要进行能源等级认证。

顾客的绿色需求及绿色产品价格：分析目前市场上对产品绿色性能的要求，如家电产品，顾客在购买前都非常关注。此外，绿色产品的价格等因素也要适当考虑。

3. 基于 SWOT-AHP 的企业绿色制造战略选择

SWOT 分析是一种有效的战略分析工具，但在实际应用过程中，对各种影响因素的分析是定性的，不能很好地进行量化分析，因此需要与一些定量分析工具，如层次分析法(AHP)、网络分析法(ANP)、模糊决策方法、灰色决策方法等，结合起来使用[214-217]。本节在已有研究的基础上，采用 SWOT 与 AHP 结合的方法。

(1) 确定内部因素和外部因素。

调查企业具体情况，从 SWOT 因素体系中选取与企业相关的各种内部因素和外部因素。

(2) 构造 SWOT 矩阵。

将调查得出的各种因素按照轻重缓急或影响程度等排序方式构造 SWOT 矩阵。某企业的 SWOT 矩阵如表 4.19 所示。

表 4.19　某企业的 SWOT 矩阵

内部因素 外部因素	优势(S) 1）领导对绿色制造比较重视 2）实施过全面质量管理,可以提供一定的组织保障	劣势(W) 1）绿色制造实施需相对长期的投入 2）相关绿色技术体系不完善 3）全员参与意识差
机会(O) 1）政府节能减排政策的引导 2）顾客的绿色需求越来越高	组合一:SO 主动型绿色制造战略	组合二:WO 适应型绿色制造战略
威胁(T) 1）资源环境压力日益严重 2）新的能源节约法颁布 3）绿色贸易壁垒的影响	组合三:ST 防御型绿色制造战略	组合四:WT 被动型绿色制造战略

（3）构建 SWOT 矩阵的 AHP 模型。

根据 AHP 理论,构建四层结构的 SWOT 矩阵层次模型,包括目标层、一级指标层、二级指标层和方案层。表 4.19 中 SWOT 矩阵的 AHP 模型如图 4.21 所示。

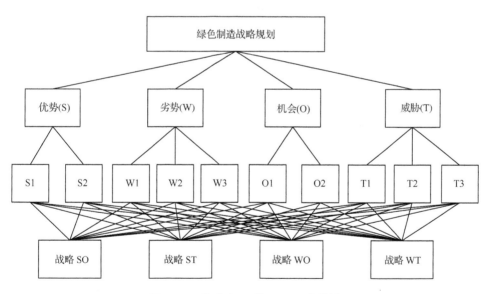

图 4.21　基于 AHP 的 SWOT 决策图

（4）进行 AHP 计算,得出最终结论,具体包括一级指标的两两比较、同一组二级指标间的两两比较和方案之间的两两比较。

4.5.3　案例分析

以某机床制造企业的绿色制造战略选择作为案例对 SWOT-AHP 方法的应用

进行说明。首先确定 SWOT 的内部因素和外部因素,构建 SWOT 矩阵,如表 4.19 所示,其 AHP 模型如图 4.21 所示。通过计算可以分别得到 SWOT 各一级指标、二级指标的权重,以及方案层相对于二级指标的相对权重,如表 4.20 所示。

表 4.20　SWOT 矩阵的权重值

一级指标	权重	二级指标	二级指标相对权重	二级指标绝对权重	方案层相对二级指标的权重			
					SO	WO	ST	WT
优势	0.347	S1	0.75	0.260	0.24	0.578	0.11	0.072
		S2	0.25	0.087	0.472	0.169	0.284	0.075
劣势	0.282	W1	0.595	0.168	0.098	0.676	0.161	0.065
		W2	0.276	0.078	0.109	0.528	0.053	0.31
		W3	0.129	0.036	0.091	0.195	0.577	0.137
机会	0.213	O1	0.5	0.107	0.573	0.238	0.131	0.058
		O2	0.5	0.107	0.546	0.232	0.137	0.085
威胁	0.158	T1	0.578	0.091	0.094	0.351	0.508	0.047
		T2	0.364	0.058	0.078	0.139	0.469	0.314
		T3	0.058	0.009	0.148	0.571	0.226	0.055

一级指标和二级指标的权重可以用图更加直观的表达,如图 4.22 所示。

从中可以看出,权重排在前两位分别是 S1(领导层的重视)和 W1(绿色制造实施的投入),这两者都对战略的选择具有非常重要的作用,权重最低是 T3(绿色贸易壁垒的影响),因为目前机床制造行业的绿色贸易壁垒跟其他行业比相对较少,其影响也相对较小。

方案层的最终结果的计算过程如下:

$$
\boldsymbol{w} = \begin{bmatrix} \text{SO} \\ \text{WO} \\ \text{ST} \\ \text{WT} \end{bmatrix}
$$

$$
= \begin{bmatrix} 0.24 & 0.472 & 0.098 & 0.109 & 0.091 & 0.573 & 0.546 & 0.094 & 0.078 & 0.148 \\ 0.578 & 0.169 & 0.676 & 0.528 & 0.195 & 0.238 & 0.232 & 0.235 & 0.139 & 0.571 \\ 0.11 & 0.284 & 0.161 & 0.053 & 0.577 & 0.131 & 0.137 & 0.139 & 0.469 & 0.226 \\ 0.072 & 0.075 & 0.065 & 0.31 & 0.137 & 0.058 & 0.085 & 0.571 & 0.314 & 0.055 \end{bmatrix}
$$

$$
\times [0.026 \quad 0.087 \quad 0.168 \quad 0.078 \quad 0.036 \quad 0.107 \quad 0.107 \quad 0.091 \quad 0.058 \quad 0.009]^{\text{T}}
$$

$$
= [0.2652 \quad 0.4220 \quad 0.2094 \quad 0.1033]^{\text{T}}
$$

从结果可以看出,$w_{WO} > w_{SO} > w_{ST} > w_{WT}$,说明在目前形势下 WO 战略(即适应型绿色制造战略)是该企业的最优绿色制造战略。

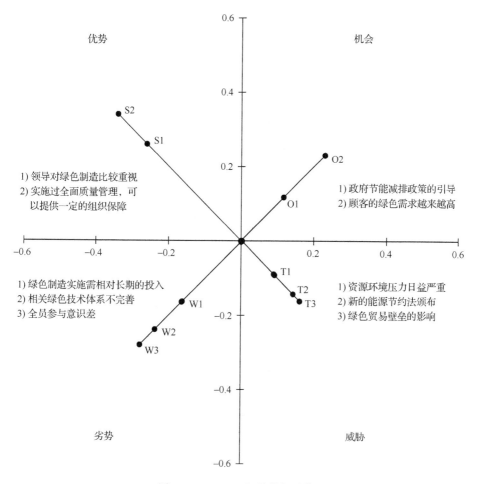

图 4.22　SWOT 矩阵的权重值

4.6　绿色制造的技术方案选择

企业实施绿色制造需要有一套完整的技术方案,文献[214]从多个企业清洁生产实施实践中得出,清洁生产成功的关键之一是要有详细的规划,文献[215]指出清洁生产实施的一个重要阻力在于企业不知道如何实施清洁生产技术。因此,本节研究企业绿色制造技术实施时的技术方案制订,为企业绿色制造的实施提供一种参考方法。

由于绿色制造是企业长期战略,涉及面广,实施过程十分复杂,且投入也比较大。在企业资金有限的情况下,需要分步实施绿色制造,选择部分关键绿色制造技术优先应用与实施。主要原因如下:

　　第一,很多因素影响着绿色制造实施的成败,如领导层的认识与支持、技术层的相关实施经验都起着重要的作用。分步实施,可以逐渐提高领导层对绿色制造的认识与支持,并能逐渐积累实施经验,为绿色制造全面实施与推广打下良好的基础。

　　第二,绿色制造的实施也具有一定的风险,并且需要大量的投入,如企业为减少加工过程的切削液污染,而应用干切削技术,需要购买新机床、刀具,并要对工人进行培训。分步实施,可以减少初期资金的投入并降低风险。

4.6.1　绿色制造技术方案选择模型

　　技术方案选择过程实际上是一个多目标的决策过程,即根据企业绿色制造战略、企业绿色制造预期目标及企业实际情况,从绿色制造可行技术方案中选取最合理方案优先实施。本节提出一种基于协同效益的绿色制造技术方案选择决策模型,具体如下。

　　1. 模型建立

　　假定某企业已经实施的绿色制造技术个数为 m ,可以用 0-1 变量表示为 $X_1 = [x_1, x_2, \cdots, x_m]$;备选的绿色制造技术个数为 n ,可以表示为 $X_2 = [x_{m+1}, x_{m+2}, \cdots, x_{m+n}]$;已经实施和备选的技术可以表示为 $X = [x_1, x_2, \cdots, x_{m+n}]$ 。其中 $x_i = 0$ 或 1, 1 表示已经应用该技术,0 表示没有应用该技术。

　　在备选的绿色制造技术集合中选择要实施的绿色制造技术,不仅要考虑其带来的经济效益,还要重点考虑其环境效益,要实现经济效益和环境效益的协调优化。此外,由于绿色制造技术贯穿整个生命周期,各项技术是互相影响的。例如,产品生命周期评价会直接为绿色设计提供参考,提高绿色设计的效益;产品可拆卸性设计后,会使其产品生命终期后的拆卸与再制造更加方便。因此,某项绿色制造技术产生的效益不仅要包括实施后它本身会产生的效益,而且要考虑该技术与其他技术之间的协同效益。

　　设企业绿色制造实施的系统效益 U ,可表示为

$$U = \sum_{i=1}^{m+n} x_i u_i (1 + s_i) \qquad (4.39)$$

式中, u_i 为绿色制造技术 i 产生的效益; s_i 为由于协同效应绿色制造技术 i 的功能增强系数。

　　因此,综合考虑实施费用的限制,可得数学模型如下:

$$\max \quad U = \max \sum_{i=1}^{m+n} x_i u_i (1 + s_i) \qquad (4.40)$$

$$\text{s.t.} \quad \sum_{i=1}^{m+n} x_i c_i \leqslant C \qquad (4.41)$$

$$x_i(x_i - 1) = 0 \tag{4.42}$$

式中，C 为一定时期内绿色制造实施的总资金；c_i 为实施绿色制造技术 i 所需资金。

2. u_i 的建模

（1）评价指标体系的建立。

要对绿色制造技术产生的效益 u_i 进行建模，首先要建立衡量企业效益评价指标体系。如前文所述，绿色制造包括时间、质量、成本、服务、资源消耗和环境影响六个一级指标，六个一级指标还可以进一步细分为二级指标。为某企业建立的参考指标体系如图 4.23 所示。

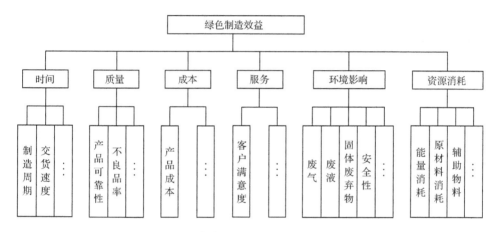

图 4.23　绿色制造效益评价的参考指标体系

（2）指标值的确定。

由于存在无形效益的识别与量化、数据难以收集，以及效益发挥的滞后性等问题，绿色制造技术效益的定量分析很困难。因此，可采用定量与定性相结合的方法确定每个指标的值。

对于难以定量的指标，可以采用专家打分法确定该指标的相对值。本节采用 5 级评分法进行量化处理，将其区分为不同的等级，根据实施该绿色制造技术对指标的影响程度来划分，如表 4.21 所示。例如，当指标影响程度为影响很好时，评定值为 9，以此类推；当指标影响程度介于两个等级之间时，评定值取这两个等级评定值之间的值。

表 4.21　评分等级

量化方式	影响很好	影响较好	影响不大	影响较差	影响很差
评分	9	7	5	3	1

　　采用以上评价方法,每个指标值都是 10 分制的无量纲值,可以直接加权叠加。

　　对于可以量化的指标,由于各指标有不同的量纲,为了统一处理,需要对原始数据进行规范化处理,将其转换为[0,10]区间的无量纲数据。公式如下:

$$u_{ijk} = 10 \times \frac{v_{ijk} - v_{ijk}^{\min}}{v_{ijk}^{\max} - v_{ijk}^{\min}} \quad \text{或} \quad u_{ijk} = 10 \times \frac{v_{ijk}^{\max} - v_{ijk}}{v_{ijk}^{\max} - v_{ijk}^{\min}} \quad (4.43)$$

其中,u_{ijk} 和 v_{ijk} 分别表示技术方案 x_i 的指标 jk 的规范化数值和原始数值;$v_{ijk}^{\max}$ 和 $v_{ijk}^{\min}$ 分别表示指标 jk 在所有技术方案中的最大值和最小值。

　　(3) u_i 的建模。

　　各项绿色制造技术的效益可表示为

$$u_i = \sum_{j=1}^{6} a_j \sum_{k=1}^{m_i} b_{jk} u_{ijk} \quad (i = 1, 2, \cdots, m+n) \quad (4.44)$$

式中,u_i 为绿色制造技术 i 产生的效益,$0 \leqslant u_i \leqslant 10$;$a_j$ 为评价指标体系中第 j 项一级指标的权重,$\sum_{j=1}^{6} a_j = 1$;b_{jk} 为评价指标体系中第 j 项一级指标下第 k 项二级指标的权重,并且满足 $\sum_{k} b_{jk} = 1$。

3. s_i 的建模

　　各项绿色制造技术之间是相互影响的,并且难以量化,因此功能增强系数 s_i 的求解可以用网络分析法(analytic network process,ANP)求解。

　　层次分析法(analytic hierarchy process,AHP)是常用的系统分析决策方法[216],但 AHP 的核心是将系统划分层次且只考虑上层元素对下层元素的支配作用,同一层次中的元素被认为是彼此独立的,这种递阶层次结构由于其静态特征,各要素之间是单向作用关系,而无反馈。ANP 是 AHP 的发展与完善[217,218]。ANP 模型充分考虑各层次之间及同一层各元素之间的依赖与反馈关系,对各方案进行综合评价并得出最佳决策。因此,本节采用 ANP 进行分析。其具体求解过程详见应用案例部分,可借助于软件 Super Decisions 进行。ANP 具体步骤如下。

　　(1) 对决策问题进行系统分析,构建层次网络分析模型。层次网络分析分为控制层和网络层:控制层包括问题目标及决策准则,所有的决策准则均被认为是彼此独立的,且只受目标元素支配,控制因素中可以没有决策准则,但至少有一个目标;网络层由所有受控制层支配的元素组成,其内部是相互影响的网络结构。

　　(2) 构建两两判断矩阵,计算相对权重。按支配关系将各个元素组(cluster)和元素(element)聚类形成网状结构,确定元素组之间和元素之间的关系,主要判断元素层次是否内部独立,是否有依存和反馈关系存在。按照比例标度判断,针对某一目标,对元素组之间和元素之间进行逐一比较,构成两两对比矩阵。

（3）由通式结构将子矩阵构成初始超矩阵,然后计算加权超矩阵、极限超矩阵,进行最佳方案选择。

综合上述内容,绿色制造技术实施顺序决策模型可表示为

$$\max \quad U = \max \sum_{i=1}^{m+n} x_i \left(\sum_{j=1}^{6} a_j \sum_{k=1}^{m_i} b_{jk} u_{ijk} \right)(1+s_i) \tag{4.45}$$

$$\text{s. t.} \quad \sum_{i=1}^{m+n} x_i c_i \leqslant C$$

$$x_i(x_i - 1) = 0$$

$$\sum_{j=1}^{6} a_j = 1 \tag{4.46}$$

$$\sum_k b_{jk} = 1$$

$$0 \leqslant u_{ijk} \leqslant 10$$

4. 模型的求解

整个模型的求解充分考虑绿色制造不同技术间的协同效益,按照系统效益 U 最大的原则进行求解。具体步骤如下。

（1）根据实施成本约束,确定可能实施的绿色技术集合。

（2）分别对每个集合计算其系统效益,具体过程为:

① 确定该集合的评价指标及其权重;

② 对评价指标进行数据量化,以及数据标准化处理;

③ 计算该集合中每个技术选项的 u_i;

④ 用网络分析法对该集合的技术选项进行建模;

⑤ 借助于软件 Super Decisions 求解每个技术选项的 s_i;

⑥ 计算该集合的系统效益。

（3）系统效益值最大者为可实施的绿色技术集合,其技术项数为 p。

（4）从 p 项技术中选取 $p-1$ 项,按照步骤①～⑥分别计算 C_p^{p-1} 种可能状态的系统效益,系统效益最大的为先实施的 $p-1$ 项绿色技术,余下一项为 p 项技术中最后实施的。

（5）$p = p - 1$。

（6）若 $p = 1$ 则停止计算;否则,转向步骤（4）。

（7）得到最终绿色制造技术方案。

4.6.2　案例分析

某机床制造企业为适应可持续发展的需要,已经开展了生命周期评价的应用,

在此基础上准备引入绿色设计(GD)、干切削技术(DC)和再制造技术(RM)。该企业在绿色制造技术应用方面准备投资 10 万元。而经过预算,实施绿色设计需 4 万元,干切削技术需 5 万,再制造技术需 4.5 万。

生命周期评价、绿色设计、干切削技术和再制造技术分别对应 x_1、x_2、x_3、x_4,根据实施成本约束,目前可能实施的绿色技术集合为 $X^1 = [1,1,1,0]$,$X^2 = [1,1,0,1]$,$X^3 = [1,0,1,1]$。

需要计算三种状态的系统效益,其计算过程如下。

(1) 评价指标体系的量化数据如表 4.22 所示,根据公式计算得到 $u_1 = 5.14652$、$u_2 = 8.143984$、$u_3 = 6.846648$、$u_4 = 8.007424$。

表 4.22　评价指标体系的量化数据

一级指标	权重	二级指标	权重	LCA	GD	DC	RM
时间	0.08000	制造周期	0.50000	5	5	5	8
		交货速度	0.50000	5	5	5	8
质量	0.10432	产品可靠性	0.50000	5	8	5	7
		不良品率	0.50000	5	8	5	7
成本	0.12348	产品成本	1.00000	4	9	6	9
服务	0.09000	客户满意度	1.00000	8	8	8	8
环境影响	0.38864	废气	0.25000	5	9	7	8
		废液	0.25000	5	9	9	8
		固体废弃物	0.25000	5	9	8	8
		安全性	0.25000	5	9	7	7
资源消耗	0.21356	能量消耗	0.40000	5	7	7	8
		原材料消耗	0.40000	5	8	6	9
		辅助物料	0.20000	5	7	8	8

(2) 根据 ANP 计算三种状态下的协同系数,以状态 $X^2 = [1,1,0,1]$ 为例,计算 s_1^2、s_2^2、s_4^2。

首先对决策问题进行系统分析,构建层次网络分析模型。层次网络分析模型分为控制层和网络层,如图 4.24 所示。

然后,构建两两判断矩阵,计算相对权重。按支配关系将各个元素组和元素聚类形成网状结构,确定元素组之间和元素之间的关系,主要判断元素层次是否内部独立,是否有依存和反馈关系存在。按照比例标度判断,针对某一目标,对元素组之间和元素之间进行逐一比较,构成两两对比矩阵。如表 4.23～表 4.26 所示。

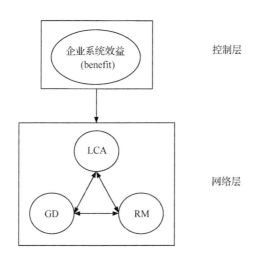

图 4.24 层次网络分析模型

表 4.23 相对于 benefit 的两两判断矩阵

benefit	LCA	GD	RM
LCA	1	1/5	1/3
GD	5	1	3
RM	3	1/3	1

表 4.24 相对于 LCA 的两两判断矩阵

LCA	GD	RM
GD	1	2
RM	1/2	1

表 4.25 相对于 GD 的两两判断矩阵

GD	LCA	RM
LCA	1	5
RM	1/5	1

表 4.26 相对于 RM 的两两判断矩阵

RM	LCA	GD
LCA	1	1/3
GD	3	1

将子矩阵构成初始超矩阵,如表 4.27 所示,其极限超矩阵如表 4.28 所示。

表 4.27　初级超矩阵

	benefit	GD	LCA	RM
benefit	0	0	0	0
GD	0.63698	0.00000	0.66667	0.75000
LCA	0.10473	0.83333	0.00000	0.25000
RM	0.25829	0.16667	0.33333	0.00000

表 4.28　极限超矩阵

	benefit	GD	LCA	RM
benefit	0	0	0	0
GD	0.40994	0.40994	0.40994	0.40994
LCA	0.39130	0.39130	0.39130	0.39130
RM	0.19876	0.19876	0.19876	0.19876

即 $s_1^2 = 0.39130$、$s_2^2 = 0.40994$、$s_4^2 = 0.19876$,则可计算其系统效益为

$$U^2 = u_1(1+s_1^2) + u_2(1+s_2^2) + u_3(1+s_3^2) = 28.24186$$

同理,计算得 $U^1 = 26.17862$、$U^3 = 23.58794$。由于 $U^2 > U^1 > U^3$,选择 U^2,即优先实施 GD 和 RM。

用相同的方法计算技术集合{LCA,GD}和{LCA,RM}的系统效益,分别为 18.56483、15.89634,得出系统效益最大的集合为{LCA,GD}。因此,该企业需先实施绿色设计,然后开展再制造。

4.7　企业实施绿色制造的风险评估

如前所述,绿色制造在企业的实施是一项系统工程,实施周期长、投入大,牵涉管理、技术、财务、人力各个要素,要花费大量的人力、物力、财力。加之目前绿色技术正处于发展期,很多技术不够成熟,并且绿色制造对企业来讲又是一个新事物,可以借鉴的成功案例并不是很多,其实施能否成功还存在很大的不确定性。也就是说,绿色制造的实施必然存在着一定的风险,必须对绿色制造实施的风险进行分析、评价,并进行合理的控制,才能保证绿色制造的顺利实施。

4.7.1　项目风险简介

风险是指某些不利事件对项目目标产生负面影响的可能性和可能遭受的损

失。风险的构成要素有风险因素、风险事故和损失。风险具有客观性、普遍性、可测定性和发展性。根据风险的性质可以将风险划分为纯粹风险和投机风险[219]。

纯粹风险是指只具有损失的机会而无获利可能的风险,其后果只有损失,损失分为直接损失和间接损失;投机风险则是既有损失的机会又有获利可能的风险,其后果有三种:没有损失、有损失、有盈利。传统意义上的风险管理主要就是对纯粹风险进行管理,保险公司经营和管理的风险主要也是纯粹风险。

项目风险一个广义的定义是:与可以实现的项目执行水平有关的,存在显著不确定性的影响。风险源是指能够影响项目执行效果的任何因素,当对项目执行效果的影响既有不确定性又很重要时,风险就发生了。因此,项目目标和项目执行效果标准的定义,对项目风险的水平具有十分重要的影响。从定义上可见,设定严格的成本或时间目标会使项目在成本或时间方面具有更高的风险,因为如果目标很"严格",这些目标的实现就更加不确定了。反之,设定宽松时间或质量要求就意味着较低的时间或质量风险。但是,不合适的目标本身就是一种风险源,而且如果不能确定相对于某些标准的最低项目执行效果水平,也会导致风险的发生。

一般来说,项目风险在本质上是一个非常复杂的过程,它具有重要的行为方面的含义。为了真正实现管理风险的目标,理解项目风险管理所涉及内容的复杂性是非常关键的。

风险管理的主要目的是系统识别与项目有关的风险,评价和管理改善项目的执行效果[219,220]。通常以阶段的形式对大多数特定的风险管理过程进行描述,这些阶段又以各种各样的方式被进一步分解,其中有些与任务(活动)有关,有些与可交付成果(输出/产品)有关。本节介绍一种九阶段结构的风险管理过程,九个阶段分别为:定义、集中、识别、结构、所有权、估计、评价、计划和管理。图 4.25 以流程图的形式显示了这些阶段的逻辑关系。表 4.29 对这些阶段可交付成果的结构进行了总结。

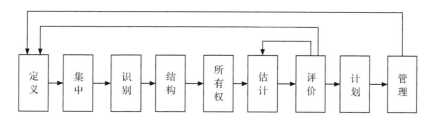

图 4.25　风险管理过程阶段结构流程图

表 4.29　一般风险管理过程的结构

阶段	目的	可交付成果
定义	巩固关于项目的现有的信息；填补巩固过程中遗漏的空白	对项目、文档、验证和报告各主要方面清晰、明确和一致的理解
集中	确定风险管理过程的范围并提供战略计划；制订具有可操作性的风险管理过程计划	对项目管理过程、文档、验证和报告所有关键方面清晰、明确和一致的理解
识别	识别风险可能在哪里发生；识别针对这些风险可能采取的措施，即主动性应对措施还是反应性应对措施；识别应对措施可能出现的问题	对所有主要风险及应对措施（包括威胁和机会）进行识别、分类、归档、验证和报告
结构	测试简单的假想，在合适时提供更加复杂的结构	对有关风险关系、反应和基准计划行为的重要简单假想含义的清楚理解
所有权	风险及应对措施的所有权和管理权在项目负责人之间的分配	对所有权和管理权进行明确地分配、有效和充分地定义，并使之具有可实施性
估计	识别存在明确、显著不确定性的区域；识别可能存在显著不确定性的区域	理解重要风险和应对措施的基础；按照具体的情况和数字对可能性和影响进行估计，其中后者包括对假设或条件的识别
评价	对估计阶段的结构进行综合分析和评价	判断出存在的所有困难，并比较分析针对这些困难的应对措施的含义；特定可交付成果（如风险优先级清单），或按照可能存在的困难对基准计划和应急计划，以及经过修订的计划进行比较
计划	用于实施的项目计划和相关的风险管理计划	（1）以活动的形式制订的基准计划应达到实施所需的详细水准，应明确说明时间安排、逻辑关系、所有权及相关的资源使用/合同条款等内容，包括理清初始付款计划，确定支出费用的其他事件或过程，以及相关的基准计划支出概要 （2）根据威胁和机会所做的风险评估，建立风险优先等级，在没有应对措施的前提下对其进行评估，同时对替代性的、潜在的反应性应对措施和主动性应对措施进行评估 （3）以活动方式制订的建设性、主动性和反应性应急计划，在适当的情况下明确说明时间安排、逻辑关系、所有权及相关的资源使用/合同条款等内容，包括启动应急性应对措施的触发点和对影响的评估等
管理	包括监视、控制、制订用于立即实施的计划	判断对计划进行审查及在合适的情况下重新制订计划的需要，包括定期提供特定的可交付成果，对已经实现的、与计划进度相关的项目执行情况进行监控，建立优先级别的风险/应对措施清单等；发生重大事件时编制意外（变更）报告，以及对计划进行重新制订

4.7.2　企业实施绿色制造的风险识别

1. 风险识别的方法

风险识别是指用感知、判断或归类的方式对现实和潜在的风险性质进行鉴别的过程。风险识别是风险管理的第一步,也是风险管理的基础。只有在正确识别出自身所面临风险的基础上,才能够主动选择适当有效的方法进行处理。风险识别一方面可以通过感性认识和历史经验来判断,另一方面可通过对各种客观的资料和风险事故的记录来分析、归纳和整理,以及必要的专家访问,从而找出各种明显和潜在的风险及其损失规律。因为风险具有可变性,所以风险识别是一项持续性和系统性的工作,要求风险管理者密切注意原有风险的变化,并随时发现新的风险。

风险识别方法比较多,下面介绍几种主要方法。

(1) 生产流程分析法,又称流程图法。生产流程又叫工艺流程或加工流程,是指在生产工艺中,从原料投入到成品产出,通过一定的设备按顺序连续地进行加工的过程。该种方法强调根据不同的流程,对每一阶段和环节,逐个进行调查分析,找出风险存在的原因。

(2) 风险专家调查列举法。由风险管理人员逐一列出该企业、单位可能面临的风险,并根据不同的标准进行分类。专家所涉及的面应尽可能广泛些,有一定的代表性。一般的分类标准为:直接或间接,财务或非财务,政治性或经济性等。

(3) 资产财务状况分析法。即风险管理人员按照企业的资产负债表及损益表、财产目录等财务资料,经过实际的调查研究,对企业财务状况进行分析,发现其潜在风险。

(4) 分解分析法。将一个复杂的事物分解为多个比较简单的事物,将大系统分解为具体的组成要素,从中分析可能存在的风险及潜在损失的威胁。失误树分析方法是以图解表示的方法来调查损失发生前各种失误事件的情况,或对各种引起事故的原因进行分解分析,具体判断哪些失误最可能导致损失风险发生。

风险的识别还有其他方法,如头脑风暴法、环境分析法、情景分析法等。企业在识别风险时,应该交互使用各种方法。

2. 绿色制造实施风险类别

绿色制造实施不仅是技术问题,还是涉及管理、组织等各方面的一项系统工程问题,因此需要从绿色制造实施的全过程来识别可能存在的风险,不仅需要从技术方面考虑,还需要考虑管理、组织措施等因素。一般的,绿色制造风险主要体现如下。

（1）动机风险：由于绿色制造实施中动力不足、抑制力过强，从而导致项目失败的可能性。实施绿色制造的动机对于实施成功与否至关重要。实施绿色制造是迫于政府节能减排压力，或是为了领导工程，其风险是显而易见的。企业应该认识到绿色制造的战略重要性，主动实施绿色制造，以在未来的市场竞争中取得主动。

（2）管理变革风险：绿色制造的实施绝不是简单的环境排放末端处理，而是面向企业全方位、面向产品全生命周期的绿色变革，会带来企业管理上的变革，这些变革将产生一定的风险。

（3）组织风险：绿色制造的实施需要企业各个部门的协同支持，其风险因素包括领导层对绿色制造的认可程度及支持程度，员工对绿色制造的认可程度及参与程度，绿色制造实施团队是否得到了充分的授权等。

（4）技术风险：企业在技术创新的过程中，由于遇到技术、商业或者市场等因素的意外变化而导致的创新失败风险。绿色制造技术还处于一个研究发展期，技术的先进性、可靠性等都会带来一定的风险。绿色制造技术在绿色制造实施中非常关键，在采用新的绿色制造技术前，一定要充分认识其可能带来的风险。绿色制造实施中技术风险的风险因素包括：技术工艺发生根本性的改进、出现了新的替代技术或产品、绿色技术无法有效地商业化等。

（5）经济风险：由于企业收支状况发生意外变动给企业财务造成困难而引发的企业风险。绿色制造作为一种新的制造模式，其实施过程周期长、投入大，并且实施带来的效益有很大的不确定性，其中某些效益（如提升企业绿色形象及企业带来的良好的社会效益等）可能需要一个较长的时期才能得以体现。

（6）市场风险：市场结构发生意外变化，使企业无法按既定策略完成经营目标而带来的经济风险。导致市场风险的因素主要包括：企业对绿色产品市场需求预测失误，不能准确地把握消费者对绿色产品偏好的变化；竞争格局出现新的变化，如新竞争者进入所引发的企业风险、市场供求关系发生变化等。

虽然目前市场上对绿色产品的接受程度有一定的风险，但随着绿色观念深入人心，对绿色产品的接受程度会逐渐提高，如目前的节能电冰箱、变频空调等都受到消费者的喜爱。

（7）政策法律法规风险：政府的政策法律法规及一些区域性法规，如欧盟的ROHS指令和WEEE指令等，都会对企业的生产经营产生影响。其风险因素包括：国家宏观经济政策变化，使企业受到意外的风险损失；企业的生产经营活动与环境要求相违背而受到的制裁；社会文化、道德风俗习惯的改变使企业的生产经营活动受阻而导致企业经营困难。而目前的政策法律法规都在推动绿色制造及节能减排的实施，实施绿色制造将会在很大程度上降低这些风险，为企业带来新的发展机遇。

4.7.3　企业实施绿色制造的风险评估方法

风险分析和评估一直是国内外学术界研究十分活跃的问题领域,已有不少风险评估方法,如风险矩阵法、层次分析法/网络分析法、失效模式分析法(failure mode and effects analysis,FMEA / FMECA)、Markov 链建模方法、蒙特卡罗分析方法等[220]。

目前,关于绿色制造实施相关的风险研究比较少,如文献[221]和[222]分别提出了绿色制造风险的模糊多属性评价方法和群层次模糊评价方法,但是只考虑了实施风险的影响程度,而没有考虑风险发生的概率。绿色制造实施风险评估方面的研究仍需进一步深入,需要一套系统、规范、定量化的方法。

本节将模糊集理论应用到绿色制造实施风险的评估中,引入模糊统计矩阵确定风险影响等级及风险概率;引入 Blin 模糊优先矩阵确定评价结果,建立一种基于模糊集理论的绿色制造实施风险评估模型,以期能够提供一种可供参考的绿色制造风险评估方法。

任意一种风险因素的影响程度依赖于两个变量:风险影响等级(I)、风险概率(P_o)。因此对风险因素进行评价需要综合考虑 I 和 P_o 两个变量。即风险评价(RA)满足:

$$RA = f(I, P_o) \tag{4.47}$$

设绿色制造实施涉及 n 个风险因素,绿色制造实施风险评估就是判断这 n 个风险因素在绿色制造实施过程中的重要程度,以找出最为关键的风险。其目标函数可以表示为

$$\max_{1 \leqslant i \leqslant n} RA_i = \max_{1 \leqslant i \leqslant n} f(I_i, P_{o_i}) \tag{4.48}$$

下面用模糊集理论对目标函数进行深入描述,包括变量 I 和 P_o 的确定,以及函数关系 f 的确定。

1. 变量 I 和 P_o 的确定

将绿色制造实施涉及的 n 个风险因素用因素集 $U = (u_1, u_2, \cdots, u_n)$ 表示,设所有可能出现的评价等级有 m 个,用评语集 $V = (v_1, v_2, \cdots, v_m)$ 来表示,本节用 $V^1 = (v_1^1, v_2^1, \cdots, v_{m_1}^1)$ 表示风险因素的风险影响等级评语集,用 $V^2 = (v_1^2, v_2^2, \cdots, v_{m_2}^2)$ 表示风险概率评语集。因素集 U 和评语集 V 之间的模糊关系用隶属度矩阵 $\boldsymbol{R}$ 表示:

$$\boldsymbol{R} = \begin{bmatrix} R_1 \\ R_2 \\ \vdots \\ R_i \\ \vdots \\ R_n \end{bmatrix} = \begin{bmatrix} r_{11} & r_{12} & \cdots & r_{1j} & \cdots & r_{1m} \\ r_{21} & r_{22} & \cdots & r_{2j} & \cdots & r_{2m} \\ \vdots & \vdots & & \vdots & & \vdots \\ r_{i1} & r_{i2} & \cdots & r_{ij} & \cdots & r_{in} \\ \vdots & \vdots & & \vdots & & \vdots \\ r_{n1} & r_{n2} & \cdots & r_{nj} & \cdots & r_{nm} \end{bmatrix} \qquad (4.49)$$

其中,每一行元素表示某个因素对评语集 $V = (v_1, v_2, \cdots, v_m)$ 的隶属度。

应用模糊集理论的两个关键问题是确定隶属度函数的构造方法,以及模糊结果分析方法。

(1)隶属度函数的构造方法有多种,如集合套法、样板法、模糊统计法、择优比较法、优先关系法等[223~225]。由于绿色制造实施风险评估的研究和实践比较少,本节选用模糊统计法。

具体方法为:元素 r_{ij} 由参加评价的专家给出的评价结果计算,即

$$r_{ij} = d_{ij}/d$$

式中,d 表示参加评价的专家人数;d_{ij} 表示将风险 i 评价为等级 j 的专家人数。显然,$\sum_{j=1}^{m} r_{ij} = 1$。

(2)模糊评价结果的分析方法有:最大隶属度原则、最大接近度原则、加权平均原则、模糊向量单值化等。本节选用最大接近度原则来综合判定。

对于隶属度矩阵 $\boldsymbol{R}$ 中风险因素 i 的隶属度向量 $\boldsymbol{R}_i = [r_{i1}, r_{i2}, \cdots, r_{im}] (1 \leqslant i \leqslant n)$,确定评价等级的规则如下:

设 $r_{il} = \max\limits_{1 \leqslant j \leqslant m} r_{ij}$,计算出 $\sum\limits_{j=1}^{l-1} r_{ij}$ 及 $\sum\limits_{j=l+1}^{m} r_{ij}$。若 $\sum\limits_{j=1}^{l-1} r_{ij} < \frac{1}{2} \sum\limits_{j=1}^{m} r_{ij}$ 或 $\sum\limits_{j=l+1}^{m} r_{ij} < \frac{1}{2} \sum\limits_{j=1}^{m} r_{ij}$,则评价等级为评语集 $V = (v_1, v_2, \cdots, v_m)$ 中的第 l 级;若 $\sum\limits_{j=1}^{l-1} r_{ij} \geqslant \frac{1}{2} \sum\limits_{j=1}^{m} r_{ij}$,则评价等级为评语集 $V = (v_1, v_2, \cdots, v_m)$ 中的第 $l-1$ 级;若 $\sum\limits_{j=l+1}^{m} r_{ij} \geqslant \frac{1}{2} \sum\limits_{j=1}^{m} r_{ij}$,则评价等级为评语集 $V = (v_1, v_2, \cdots, v_m)$ 中的第 $l+1$ 级。

若 $\boldsymbol{R}_i = [r_{i1}, r_{i2}, \cdots, r_{im}]$ 中有 q 个 $(q \leqslant m)$ 相等的最大数,则仍按上述规定分别做移位计算,移位后的评定等级若仍然离散,则取移位后的中心等级评定,若中心评定等级有两个,则取权系数大的所在位置评定等级。

2. 函数关系的确定

确定函数关系 f 即通过 I 和 P_0 两个变量值来确定每个风险因素的重要程

度。Blin 模糊优先矩阵一直用于群决策[226~228],本节引入 Blin 模糊优先矩阵来确定函数关系 f。

假设变量集为 $W = (w_1, w_2, \cdots, w_q)$,$I$ 和 P_o 可以用 $W = (w_1, w_2)$ 来表示。确定每个风险因素的重要程度的具体步骤如下。

(1) 按照 W 中的变量值对 U 中元素进行线性排序,如按照 w_k 排成的线性序记为

$$L_k : u_{k1}, u_{k2}, \cdots, u_{kn} \quad (k = 1, 2, \cdots, q)$$

其原则为:w_k 为正指标,U 中元素按其对应指标 w_k 的值从大到小排序;w_k 为负指标,U 中元素按其对应指标 w_k 的值从小到大排序。根据 q 个指标,有 q 个线性序列 $L_1, L_2, \cdots, L_q$。本节根据 I 和 P_o 两个变量,有 2 个线性序列 L_1 和 L_2。

(2) 构建 Blin 模糊优先矩阵 S 将 q 种不同排序集中:

$$S = \begin{bmatrix} s_{11} & s_{12} & \cdots & s_{1j} & \cdots & s_{1n} \\ s_{21} & s_{22} & \cdots & s_{2j} & \cdots & s_{2n} \\ \vdots & \vdots & & \vdots & & \vdots \\ s_{i1} & s_{i2} & \cdots & s_{ij} & \cdots & s_{in} \\ \vdots & \vdots & & \vdots & & \vdots \\ s_{n1} & s_{n2} & \cdots & s_{nj} & \cdots & s_{nn} \end{bmatrix} \quad (4.50)$$

其中,$s_{ij} = \beta_S(u_i, u_j) = \sum_{k=1}^{q} a_k L_k(u_i, u_j)$,式中

$$L_k(u_i, u_j) = \begin{cases} 1, & \text{在 } L_k \text{ 中 } u_i \text{ 优先于 } u_j \\ 0.5, & \text{在 } L_k \text{ 中 } u_i \text{ 和 } u_j \text{ 并列} \\ 0, & \text{其他} \end{cases}$$

a_k 为特征指标 w_k 的权值,并且 $\sum_{k=1}^{q} a_k = 1$。

(3) 截割 Blin 模糊优先矩阵 S,得到最终排序。

取 $\lambda \in [0, 1]$,称 $S^\lambda = (s_{ij}^\lambda)$ 为矩阵 S 的 λ 截矩阵,其中

$$s_{ij}^\lambda = \begin{cases} 0, & s_{ij} < \lambda \\ 1, & s_{ij} \geqslant \lambda \end{cases}$$

当 $\lambda = 1$ 时,S 的"1 截矩阵"S^1 得到一个偏序。由 Szpilrajn 定理:任意一个偏序都可扩张为一个线性序,但扩张的方式一般不是唯一的。

设该偏序的所有线性扩张集为 Ω,对于 $L \in \Omega$,令 $F(L) = \sum_{(u_i, u_j) \in L} \beta_S(u_i, u_j)$ 为表示线性序 L 与矩阵 S 的"一致性指标"。在 Ω 中找到一个线性序 L^* 使得:

$$\sum_{(u_i, u_j) \in L^*} \beta_S(u_i, u_j) = \max_{L \in \Omega} \sum_{(u_i, u_j) \in L} \beta_S(u_i, u_j)$$

则 L^* 就是一致性指标最大的线性序,即最优线性序。

具体方法为:逐渐减小 λ 的取值,直至从线性扩张集 Ω 中取得一个一致线性序。但是当因素很多时,关系变得特别复杂,线性扩张集 Ω 非常大,不易求出最优线性序。文献[228]用 $\lambda = 0.5$ 时 S 的"0.5 截矩阵" $S^{0.5}$ 来求最优线性序,但有时容易出现并列的元素。本节引入图论中的有向图[229] 来表示,以截矩阵作为邻接矩阵建立有向图,能够方便直观的求出最优线性序,详见 4.7.4 节案例分析。

4.7.4　案例分析

下面以某机床制造企业的绿色制造实施风险评估为例,对上述理论研究进行应用验证。

1. 基于模糊集理论的风险影响等级和风险概率的确定

七个风险因素用因素集 $U = (u_1, u_2, \cdots, u_7)$ 表示。一般将风险影响分为五个等级,如表 4.30 所示,用评语集 $V^1 = (v_1^1, v_2^1, \cdots, v_5^1)$ 表示。风险概率也分为五个范围,风险描述与对应的概率水平如表 4.31 所示,用评语集 $V^2 = (v_1^2, v_2^2, \cdots, v_5^2)$ 表示。当然,风险影响等级和风险概率的划分可以根据具体情况适当调整。

表 4.30　风险影响等级的定义

风险影响等级	定义或说明
关键(critical)	一旦风险事件发生,将导致绿色制造实施失败
严重(serious)	一旦风险事件发生,将导致预期的绿色制造目标受到严重影响
一般(moderate)	一旦风险事件发生,将导致预期的绿色制造目标受到中度影响,但能部分达到
微小(minor)	一旦风险事件发生,预期的绿色制造目标受到的影响较小,基本能达到
可忽略(negligible)	即使风险事件发生,对预期的绿色制造目标也没有影响,仍能完全达到

表 4.31　风险发生概率的解释性说明

风险概率范围/%	解释说明
0～10	非常不可能发生
11～40	不可能发生
41～60	可能在实施中期发生
61～90	可能发生
91～100	极可能发生

七种风险类别按照关键、严重、一般、微小、可忽略五个风险影响等级模糊评价,隶属度矩阵为

$$\mathbf{R}^1 = \begin{bmatrix} R_1^1 \\ R_2^1 \\ R_3^1 \\ R_4^1 \\ R_5^1 \\ R_6^1 \\ R_7^1 \end{bmatrix} = \begin{bmatrix} 0.21 & 0.42 & 0.26 & 0.11 & 0 \\ 0.53 & 0.25 & 0.13 & 0.09 & 0 \\ 0.15 & 0.19 & 0.31 & 0.27 & 0.08 \\ 0.61 & 0.21 & 0.12 & 0.06 & 0 \\ 0.39 & 0.31 & 0.25 & 0.05 & 0 \\ 0.18 & 0.34 & 0.41 & 0.07 & 0 \\ 0.11 & 0.26 & 0.46 & 0.13 & 0.04 \end{bmatrix}$$

七种风险类别按照（0～10％）、（11％～40％）、（41％～60％）、（61％～90％）、（91％～100％）五种风险概率模糊评价,隶属度矩阵为

$$\mathbf{R}^2 = \begin{bmatrix} R_1^2 \\ R_2^2 \\ R_3^2 \\ R_4^2 \\ R_5^2 \\ R_6^2 \\ R_7^2 \end{bmatrix} = \begin{bmatrix} 0.06 & 0.12 & 0.16 & 0.27 & 0.39 \\ 0.03 & 0.06 & 0.13 & 0.26 & 0.52 \\ 0.08 & 0.10 & 0.25 & 0.39 & 0.18 \\ 0.05 & 0.19 & 0.28 & 0.32 & 0.16 \\ 0.09 & 0.15 & 0.37 & 0.25 & 0.14 \\ 0.17 & 0.34 & 0.22 & 0.16 & 0.11 \\ 0.11 & 0.41 & 0.25 & 0.13 & 0.10 \end{bmatrix}$$

根据最大接近度原则,得到的模糊评价结果如表 4.32 所示。

表 4.32　风险影响等级和风险概率的模糊评价结果

风险	风险影响	风险概率
动机风险	S	61％～90％
管理变革风险	C	91％～100％
组织风险	Mo	61％～90％
技术风险	C	41％～60％
经济风险	S	41％～60％
市场风险	S	11％～40％
政策法律法规风险	Mo	11％～40％

2. 基于 Blin 模糊优先矩阵的风险评估

I 和 P_o 可以用 $W = (w_1, w_2)$ 表示。按照 w_1 对 $U = (u_1, u_2, \cdots, u_7)$ 进行排序得到 $L_1 : (u_2, u_4), (u_1, u_5, u_6), (u_3, u_7)$；按照 w_2 对 $U = (u_1, u_2, \cdots, u_7)$ 进行排序得到 $L_2 : u_2, (u_1, u_3), (u_4, u_5), (u_6, u_7)$。

取 $a_1 = 0.6$、$a_2 = 0.4$,则 Blin 模糊优先矩阵为

$$S = \begin{bmatrix} s_{11} & s_{12} & s_{13} & s_{14} & s_{15} & s_{16} & s_{17} \\ s_{21} & s_{22} & s_{23} & s_{24} & s_{25} & s_{26} & s_{27} \\ s_{31} & s_{32} & s_{33} & s_{34} & s_{35} & s_{36} & s_{37} \\ s_{41} & s_{42} & s_{43} & s_{44} & s_{45} & s_{46} & s_{47} \\ s_{51} & s_{52} & s_{53} & s_{54} & s_{55} & s_{56} & s_{57} \\ s_{61} & s_{62} & s_{63} & s_{64} & s_{65} & s_{66} & s_{67} \\ s_{71} & s_{72} & s_{73} & s_{74} & s_{75} & s_{76} & s_{77} \end{bmatrix} = \begin{bmatrix} 0 & 0 & 0.8 & 0.4 & 0.7 & 0.7 & 1 \\ 1 & 0 & 1 & 0.7 & 1 & 1 & 1 \\ 0.2 & 0 & 0 & 0.4 & 0.4 & 0.4 & 0.7 \\ 0.6 & 0.3 & 0.6 & 0 & 0.8 & 1 & 1 \\ 0.3 & 0 & 0.6 & 0.2 & 0 & 0.7 & 1 \\ 0.3 & 0 & 0.6 & 0 & 0.3 & 0 & 0.8 \\ 0 & 0 & 0.3 & 0 & 0 & 0.2 & 0 \end{bmatrix}$$

取 $\lambda = 1$，截矩阵为

$$S^1 = \begin{bmatrix} s_{11} & s_{12} & s_{13} & s_{14} & s_{15} & s_{16} & s_{17} \\ s_{21} & s_{22} & s_{23} & s_{24} & s_{25} & s_{26} & s_{27} \\ s_{31} & s_{32} & s_{33} & s_{34} & s_{35} & s_{36} & s_{37} \\ s_{41} & s_{42} & s_{43} & s_{44} & s_{45} & s_{46} & s_{47} \\ s_{51} & s_{52} & s_{53} & s_{54} & s_{55} & s_{56} & s_{57} \\ s_{61} & s_{62} & s_{63} & s_{64} & s_{65} & s_{66} & s_{67} \\ s_{71} & s_{72} & s_{73} & s_{74} & s_{75} & s_{76} & s_{77} \end{bmatrix} = \begin{bmatrix} 0 & 0 & 0 & 0 & 0 & 0 & 1 \\ 1 & 0 & 1 & 0 & 1 & 1 & 1 \\ 0 & 0 & 0 & 0 & 0 & 0 & 0 \\ 0 & 0 & 0 & 0 & 0 & 1 & 1 \\ 0 & 0 & 0 & 0 & 0 & 0 & 1 \\ 0 & 0 & 0 & 0 & 0 & 0 & 0 \\ 0 & 0 & 0 & 0 & 0 & 0 & 0 \end{bmatrix}$$

即

$$S^1 = \{(u_1,u_7),(u_2,u_1),(u_2,u_3),(u_2,u_5),(u_2,u_6),(u_2,u_7),$$
$$(u_4,u_6),(u_4,u_7),(u_5,u_7)\}$$

其有向图如图 4.26 所示。

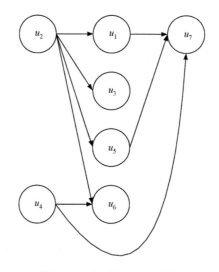

图 4.26 "1 截矩阵"有向图

取 $\lambda = 0.8$，截矩阵为

$$\boldsymbol{S}^{0.8} = \begin{bmatrix} s_{11} & s_{12} & s_{13} & s_{14} & s_{15} & s_{16} & s_{17} \\ s_{21} & s_{22} & s_{23} & s_{24} & s_{25} & s_{26} & s_{27} \\ s_{31} & s_{32} & s_{33} & s_{34} & s_{35} & s_{36} & s_{37} \\ s_{41} & s_{42} & s_{43} & s_{44} & s_{45} & s_{46} & s_{47} \\ s_{51} & s_{52} & s_{53} & s_{54} & s_{55} & s_{56} & s_{57} \\ s_{61} & s_{62} & s_{63} & s_{64} & s_{65} & s_{66} & s_{67} \\ s_{71} & s_{72} & s_{73} & s_{74} & s_{75} & s_{76} & s_{77} \end{bmatrix} = \begin{bmatrix} 0 & 0 & 1 & 0 & 0 & 0 & 1 \\ 1 & 0 & 1 & 0 & 1 & 1 & 1 \\ 0 & 0 & 0 & 0 & 0 & 0 & 0 \\ 0 & 0 & 0 & 0 & 1 & 1 & 1 \\ 0 & 0 & 0 & 0 & 0 & 0 & 1 \\ 0 & 0 & 0 & 0 & 0 & 0 & 1 \\ 0 & 0 & 0 & 0 & 0 & 0 & 0 \end{bmatrix}$$

即

$$\boldsymbol{S}^{0.8} = \{(u_1,u_3),(u_4,u_5),(u_6,u_7),(u_1,u_7),(u_2,u_1),(u_2,u_3),(u_2,u_5),$$
$$(u_2,u_6),(u_2,u_7),(u_4,u_6),(u_4,u_7),(u_5,u_7)\}$$

其有向图如图 4.27 所示。

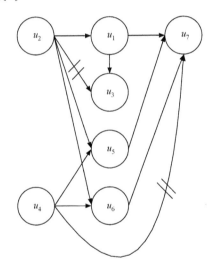

图 4.27 "0.8 截矩阵" 有向图

为求该有向图的线性序,需要对其进行精简,将不必要的路径去掉,如根据 $u_2 \to u_1 \to u_3$ 可以去掉 $u_2 \to u_3$。精简后的有向图如图 4.28 所示。

取 $\lambda = 0.7$,截矩阵为

$$\boldsymbol{S}^{0.7} = \begin{bmatrix} s_{11} & s_{12} & s_{13} & s_{14} & s_{15} & s_{16} & s_{17} \\ s_{21} & s_{22} & s_{23} & s_{24} & s_{25} & s_{26} & s_{27} \\ s_{31} & s_{32} & s_{33} & s_{34} & s_{35} & s_{36} & s_{37} \\ s_{41} & s_{42} & s_{43} & s_{44} & s_{45} & s_{46} & s_{47} \\ s_{51} & s_{52} & s_{53} & s_{54} & s_{55} & s_{56} & s_{57} \\ s_{61} & s_{62} & s_{63} & s_{64} & s_{65} & s_{66} & s_{67} \\ s_{71} & s_{72} & s_{73} & s_{74} & s_{75} & s_{76} & s_{77} \end{bmatrix} = \begin{bmatrix} 0 & 0 & 1 & 0 & 1 & 1 & 1 \\ 1 & 0 & 1 & 1 & 1 & 1 & 1 \\ 0 & 0 & 0 & 0 & 0 & 0 & 1 \\ 0 & 0 & 0 & 0 & 1 & 1 & 1 \\ 0 & 0 & 0 & 0 & 0 & 1 & 1 \\ 0 & 0 & 0 & 0 & 0 & 0 & 1 \\ 0 & 0 & 0 & 0 & 0 & 0 & 0 \end{bmatrix}$$

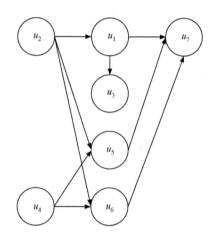

图 4.28　精简后的"0.8 截矩阵"有向图

即

$$\boldsymbol{S}^{0.7} = \{(u_1,u_5),(u_1,u_6),(u_2,u_4),(u_3,u_7),(u_5,u_6),(u_1,u_3),$$
$$(u_4,u_5),(u_6,u_7),(u_1,u_7),(u_2,u_1),(u_2,u_3),(u_2,u_5),$$
$$(u_2,u_6),(u_2,u_7),(u_4,u_6),(u_4,u_7),(u_5,u_7)\}$$

其有向图如图 4.29 所示。

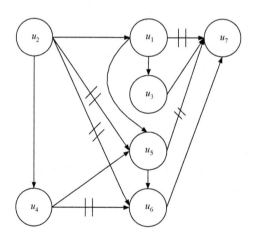

图 4.29　"0.7 截矩阵"有向图

精简后的有向图如图 4.30 所示。

取 λ ＝0.6,截矩阵为

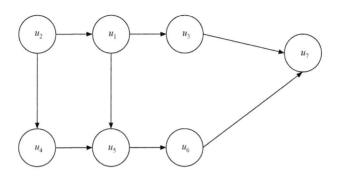

图 4.30　精简后的"0.7 截矩阵"有向图

$$
\boldsymbol{S}^{0.6} = \begin{bmatrix} s_{11} & s_{12} & s_{13} & s_{14} & s_{15} & s_{16} & s_{17} \\ s_{21} & s_{22} & s_{23} & s_{24} & s_{25} & s_{26} & s_{27} \\ s_{31} & s_{32} & s_{33} & s_{34} & s_{35} & s_{36} & s_{37} \\ s_{41} & s_{42} & s_{43} & s_{44} & s_{45} & s_{46} & s_{47} \\ s_{51} & s_{52} & s_{53} & s_{54} & s_{55} & s_{56} & s_{57} \\ s_{61} & s_{62} & s_{63} & s_{64} & s_{65} & s_{66} & s_{67} \\ s_{71} & s_{72} & s_{73} & s_{74} & s_{75} & s_{76} & s_{77} \end{bmatrix} = \begin{bmatrix} 0 & 0 & 1 & 0 & 1 & 1 & 1 \\ 1 & 0 & 1 & 1 & 1 & 1 & 1 \\ 0 & 0 & 0 & 0 & 0 & 0 & 1 \\ 1 & 0 & 1 & 0 & 1 & 1 & 1 \\ 0 & 0 & 1 & 0 & 0 & 1 & 1 \\ 0 & 0 & 1 & 0 & 0 & 0 & 1 \\ 0 & 0 & 0 & 0 & 0 & 0 & 0 \end{bmatrix}
$$

即

$$
\begin{aligned}
\boldsymbol{S}^{0.6} = \{ & (u_4,u_1),(u_4,u_3),(u_5,u_3),(u_6,u_3),(u_1,u_5),(u_1,u_6),(u_2,u_4), \\
& (u_3,u_7),(u_5,u_6),(u_1,u_3),(u_4,u_5),(u_6,u_7),(u_1,u_7),(u_2,u_1), \\
& (u_2,u_3),(u_2,u_5),(u_2,u_6),(u_2,u_7),(u_4,u_6),(u_4,u_7),(u_5,u_7) \}
\end{aligned}
$$

其有向图如图 4.31 所示。

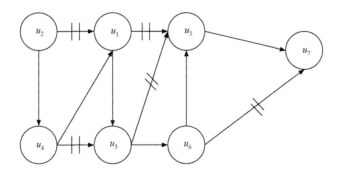

图 4.31　"0.6 截矩阵"有向图

精简后的有向图如图 4.32 所示。

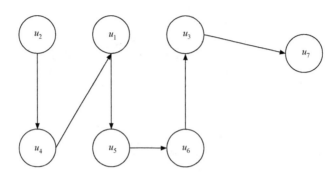

图 4.32　精简后的"0.6 截矩阵"有向图

　　可见,当 $\lambda = 0.6$ 时,得到最优线性序 L^* : $u_2, u_4, u_1, u_5, u_6, u_3, u_7$,即为最终排序。因此,管理变革风险是最关键的风险,其余依次为技术风险、动机风险、经济风险、市场风险、组织风险、政策法律法规风险。这在该企业是有现实意义的,以最关键的两种风险为例进行说明:①管理变革风险,该企业是老国有企业,管理变革在一定程度上还是有很大的风险,新的绿色思想的接受需要一个较长的过程;②技术风险,机床行业的绿色技术还不是很成熟,目前该企业大力开发新的干式滚齿机床,并开展废旧机床再制造业务,在技术方面存在着较大风险。

4.8　绿色制造实施绩效评价

　　绿色制造实施绩效评价体系作为绿色制造实施效果的检验工具,是广大学者研究的热点。文献[230]～[232]对绿色制造绩效评价进行了相关的研究,但都是从整体评价的角度出发,容易丢失绿色制造实施过程的状态信息,造成评价信息的不完全,而且由于只有一个综合评价值,不利于进行实施过程中的改进分析和评价;文献[233]用层次分析法和数据包络分析法(data envelopment analysis)相结合的数学模型来评价不同的绿色制造项目,但没有分析不同项目之间的影响关系;文献[234]～[236]提出了基于流程的绩效评价体系的概念,但未作深入的研究,更未运用到绿色制造的评价中。

　　从国内外的相关文献来看,目前绿色制造绩效评价体系研究现状有以下特点。

　　(1) 对绿色制造环境绩效评价体系的研究主要集中在绩效指标的确定及评价方法的选择两个方面。

　　(2) 绿色制造环境绩效评价一般都是采用整体评价的措施,仅用来检验绿色制造的总体效果,并未提出对绿色制造实施过程进行评价的评价体系。

　　(3) 由于确定指标的依据不一,尚未形成统一的绩效指标体系。

　　(4) 评价方法主要有:模糊综合评价法、层次分析法、数据包络分析法等。

绿色制造绩效评价体系应该能够动态地评估绿色制造实施过程,对绿色制造的实施起监控和指导作用。然而,目前国内外相关研究中绿色制造绩效评价还并没有渗透到企业绿色制造的实施过程当中,只局限在实施后的整体绩效水平评价,忽略了由实施过程的阶段性特点导致的绩效目标的阶段性特点,从而没有完全发挥出绩效评价的监督和指导作用。因此,本节基于对绿色制造实施过程的分析,充分考虑绿色制造的特征,建立一套根据不同实施阶段进行动态评估的绿色制造实施绩效评价体系,使得企业能够真实地了解项目的进展及预期成果,为进一步的决策提供科学依据。

本节的研究目的是将绩效评价活动纳入企业的绿色制造实施过程中,提出一种面向过程的绿色制造实施绩效评价体系,建立基于过程特征的绿色制造实施绩效指标体系,考虑前后实施阶段的相互促进关系,采用目标递进的 AHP 法为评价方法,实现对企业绿色制造实施的阶段性和综合性评估。

4.8.1　面向过程的绿色制造实施绩效评价体系构建

1. 绿色制造实施过程分析

实施过程可以从两个维度来分解:纵向上是按组织结构进行层次分解,即从公司战略层制订绿色制造战略,到公司一级部门制订重点业务、策略和目标,再到公司基础部门实施具体技术等整个过程;横向上是贯穿产品的生命周期过程,即设计、制造、装配、包装、运输、使用,以及报废后的产品回收利用等整个过程。本节所指的绿色制造实施绩效评价体系是贯穿于企业绿色制造项目实施全过程的一种动态评估体系。通过对全生命周期设定特殊节点,分阶段评估每个阶段目标,即总结成果、发现问题,并不断完善。

根据作者所在课题组已有的研究成果,提出一种企业实施绿色制造的流程,如图 4.33 所示。

从过程特征来分,主要有三个阶段:基础建设、应用实施和持续改进。其中,基础建设主要包括战略规划、绿色制造需求分析;应用实施主要包括制订执行方案、实施绿色制造技术;持续改进主要包括自我评估与再规划。

1) 基础建设

绿色制造的基础建设是绿色制造成功实施的基石。首先,基础建设主要包括两方面的工作内容:战略规划和绿色制造需求分析。

(1) 战略规划。首先要根据企业战略确定绿色制造战略目标,绿色制造战略目标可以抽象表述为企业经济效益与社会效益协调最优化,具体可以分解为行业中的领先地位、竞争能力、市场份额、企业形象等。明确的战略目标是企业绿色制造战略有效实施的前提。确定绿色制造战略目标之后,企业要寻求实现战略目标

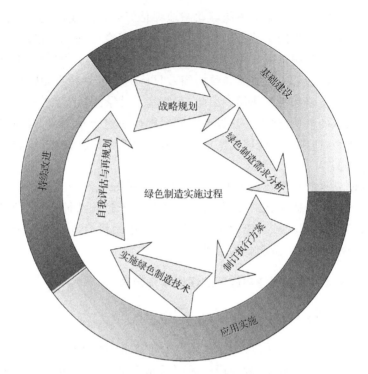

图 4.33　绿色制造实施过程

的措施,包括技术和管理两个方面。技术上是指绿色制造技术的开发和引进;管理上是指以绿色意识宣传、绿色组织体系建设、绿色规章制度确立等为内容的组织、人力资源的绿色改造。战略规划就是为绿色制造实施做好技术、财务、组织、人力资源等方面的战略部署工作。

（2）绿色制造需求分析。首先分析国内外现有的绿色政策、法规和标准,然后对企业目前的资源环境属性进行分析,找出企业存在的主要资源环境问题,根据企业绿色制造目标制订企业实施绿色制造的标准。

2）应用实施

首先根据企业绿色制造需求分析,将企业战略目标分解到企业组织和流程上,制订出可行的绿色制造实施方案;然后考虑企业的资金、技术、人力和实施方案的综合效益等各方面因素,选出一套最优的实施方案,实施方案包括供应链、企业和车间三个层面,也包括在产品生命周期过程中的实施策略;最后依照实施方案逐步开展绿色制造工作,动态监控实施状态,及时调整实施方案。

3）持续改进

企业实施绿色制造是一个复杂系统工程,不可能一步到位,需要分阶段进行。在每个阶段的终期,需要对该阶段的实施效果进行评估,检验项目是否达到预期目标及下一步工作需要改进的方面,同时向企业员工展示项目成果,增加企业继续开展项目的动力。每个阶段的绩效评估有经济效益和社会效益的评估,也有企业内部效益和外部效益的评估。根据评估结果分析报告,适当修正绿色制造实施目标和标准,调整实施方案,继续进行绿色制造实施工作。

企业实施绿色制造就是一个循环渐近的过程,过程中的每个阶段有其特有的实施内容,会取得其特有的成果,因此本节提出一种面向过程的绿色制造实施绩效评价体系。这种评价体系克服了传统评价体系笼统地由质量、可靠性、成本、环境等财务性或非财务性指标对整个绿色制造项目评价存在的事后性、一次性、片面性等问题。

2. 面向过程的绿色制造实施绩效指标体系

传统的绿色制造绩效评价体系注重结果的评价,而忽视过程,这就导致了现行的评价体系有以下缺点:一是在未实施完成前不会发现不正当的行为;二是当出现责任人不能控制的外界因素时,评价失效;三是无法获得过程信息,不能进行监督和指导;四是容易导致短期效益。因此,有必要从绿色制造实施过程出发,结合实施内容和实施目标对绿色制造实施进行绩效评价,如表 4.33 所示。

表 4.33　绿色制造实施绩效评价内容

阶段描述	绿色制造实施过程				
	基础建设		应用实施		持续改进
	战略规划	绿色制造需求分析	制订执行方案	实施绿色制造技术	
活动内容	建设战略目标、开展战略部署工作	分析绿色政策法规标准、分析企业现状、制订实施标准	制订可行的绿色制造方案、选择最优的绿色制造方案	从供应链、企业和车间三个层面,以及产品生命周期整个过程逐步实施绿色制造技术	总结绿色制造实施阶段效果、指导下一步的实施工作
评价内容	领导作用、企业财政支持力度、战略部署工作开展情况	绿色制造数据库、知识库、标准库建设情况	资源利用情况、环境影响情况、工作现场清洁情况、工作人员操作安全情况、生产可靠性、生产系统柔性		企业竞争力提高水平、企业财政绩效水平、企业形象提高水平

根据绿色制造实施的过程特征,绿色制造实施绩效评价主要有三个阶段,即基础建设水平评价、应用实施水平评价和持续改进评价。由于每个阶段的实施内容不同其评价内容也不同,因此评价指标应有所差异。本节基于绿色制造"TQC-SRE"六大决策属性(时间、质量、成本、服务、资源消耗、环境影响),参照文献[235]~

[237]及 ISO 14000 标准,充分考虑绿色制造实施过程特征,提出如图 4.34 所示的评价指标体系。

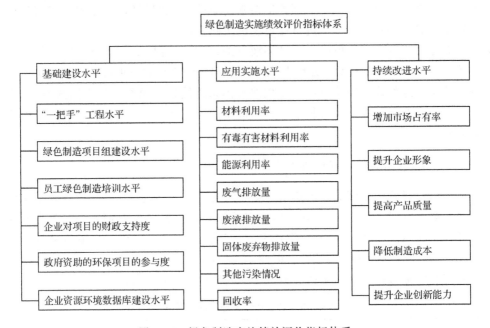

图 4.34　绿色制造实施绩效评价指标体系

显然,图中指标体系的三个阶段指标各有侧重、相互补充。基础建设阶段重在企业管理层绿色制造实施工作的评价;应用实施阶段侧重生产车间的绿色制造实施绩效评价;持续改进阶段则关注企业整体绩效评价,找出需要改进的方面。这样,囊括三个阶段评价指标的绿色制造实施绩效评价体系就能够系统、全面地评价企业的绿色制造实施工程。

1) 基础建设水平指标

(1)"一把手"工程水平:代表企业领导对绿色制造项目的重视程度,可以利用高层领导参与绿色制造项目的人数来确定,以参与绿色制造项目的企业高层领导人数占企业高层领导总人数的比例 a 来表示。

(2)绿色制造项目组建设水平:考察绿色制造项目组成员水平,可用高级职称成员所占比例 b 来表示。

(3)员工绿色制造培训水平:包括思想宣传、理论教育和专业技能训练三个层次,三者对应的指标值为{0.2,0.6,1.0}。

(4)企业对项目的财政支持度:以企业投入绿色制造项目的资金占企业总财政投入的比例 c 来表示。

(5)政府资助的环境项目的参与度:是定性指标,可通过专家打分法确定。

（6）企业资源环境数据库建设水平：反映企业绿色制造数据管理水平，是定性指标，可根据企业对产品生命周期管理（PLM）信息系统的应用水平来确定。

2）应用实施水平指标

（1）材料利用率。该指标值为单位产品重量与单位产品材料投入量的比值，用 d 表示。

（2）有毒有害材料利用率。该指标值为单位产品有毒有害材料使用量与单位产品重量的比值，用 e 表示。

（3）能源利用率。即企业实施绿色制造项目后能源利用率的改善程度，主要依靠专家评价。

（4）废气排放量。包括 SO_x、NO_x、CO_x、油雾等有毒有害气体的排放量，该指标值确定公式为

$$f = \sum \frac{f_i}{f_{i标}}$$

其中，f_i 为废气 i 的排放浓度（mg/m³）；$f_{i标}$ 为废气 i 的排放标准浓度（mg/m³）。

（5）废液排放量。我国工业废水排放标准中将工业废水最高容许排放浓度分为两类 19 项有害物质指标：第一类包括能在环境或动物体内蓄积、对人体健康产生长远影响的汞、镉、六价铬、砷、铅等 5 种有害物质，规定了比较严格的指标；第二类包括长远影响较小的 14 项有害物质指标。因此，本节设定废液排放量指标值为

$$g = \sum \frac{g_i}{g_{i标}}$$

其中，g_i 为废液中有害物质 i 的排放浓度（mg/L）；$g_{i标}$ 为废液中有害物质 i 的排放标准浓度（mg/L）。

（6）固体废弃物排放量。一般较难测定，可以依靠专家评价。

（7）其他污染情况。包括热辐射、噪声、物理污染等因素，为定性指标。

（8）回收率。可用废旧产品资源再利用或资源化重用的部分与总回收废旧产品的重量之比表示，即 $h = \frac{h_R}{h_T}$。

3）持续改进水平指标

（1）增加市场占有率。可用绿色制造项目实施后企业市场占有率的变化程度来代表。剔除其他因素影响，即为市场占有率增加值与原市场占有率的比值，用 k 表示。

（2）提升企业形象。通过实施绿色制造项目，企业在社会认知度和认可度方面得到提升，可由专家评价法确定。

（3）提高产品质量。通过实施绿色制造项目，产品质量方面得到改善，可通过

顾客满意度衡量。

（4）降低制造成本。以成本降低率为指标值，即绿色制造项目实施后制造成本降低量与原制造成本的比值。

（5）提升企业创新能力。主要通过专家评价来确定。

另外，面向过程的绿色制造实施绩效评价指标体系中阶段与阶段的评价指标之间有一定的因果关系。上一个阶段的绩效结果会影响下一阶段的绩效结果，如绿色制造基础建设的好坏必然会影响绿色制造方案的应用实施；企业对项目的财政支持不足，项目的执行情况肯定会有缺陷，但是如果项目花费过多，企业生产成本和产品竞争力必然受影响。因此，绿色制造实施过程中要折中考虑各个评价指标，通过持续改进不断提高绩效。项目启动初期很难明确评价指标和目标，只能粗略估计，但随着项目的进行和评价体系的应用，所掌握信息逐渐增多、不确定性因素逐渐减少，从而容易确定合理的评价指标和目标，以指导项目的下一步实施，提高项目整体的绩效水平。因此，评价体系的动态性是非常重要的。

4.8.2　过程评价方法

面向过程的绿色制造实施绩效评价体系是一个对企业绿色制造实施状况进行全面评价的体系，因此在面对所采集来的大量数据时，必须充分考虑如何综合评价这些数据。

1. 指标权重的确定

在综合评价时为了充分考虑到各指标之间所存在的相对重要性（即各指标要素对企业绿色制造实施而言，其重要性有大有小），因此采用改进的 AHP 来计算各指标间的相对重要性，即同一层次中各指标的权重系数。

如前所述，本节提出的绿色制造实施绩效评价体系是根据企业绿色制造实施的过程特征建立的，绩效指标之间存在相互促进和交替的关系。而普通的 AHP 通常只是在层层分解指标实体时，将下级实体元素看做上级实体元素的一个分量，即单项作用关系。因此，本研究采用目标递进的 AHP。

具体评价步骤为：首先对基础建设（F）进行 AHP 分析，得到权重集 $w_{1j}(j=1,2,\cdots,8)$。然后对应用实施（A）进行 AHP 分析，考虑到基础建设对应用实施的影响，因此将 F 作为 A 中的一个元素一起进行 AHP 分析。这样，可以直接将 F 的影响显现在 A 的指标评估中，得到权重集 $w_{2j}(j=0,1,\cdots,8)$。同理，再对持续改进（C）进行 AHP 分析，此时只考虑 A 对 C 的影响，因为 F 的影响已经体现在 A 的计算中，可得权重集 $w_{3j}(j=0,1,\cdots,5)$。具体计算结构如表 4.34 所示。

表 4.34　绿色制造实施绩效计算结构

目标层		持续改进水平		应用实施水平		基础建设水平	
No.	内容	No.	内容	No.	内容	No.	内容
F	企业绿色制造基础建设水平	C_0	绿色制造应用实施水平对绿色制造持续改进水平的影响,其中包含了基础建设水平的影响	A_0	绿色制造基础建设水平对绿色制造应用实施水平的影响	F_1	"一把手"工程水平
						F_2	绿色制造项目组建设水平
						F_3	员工绿色制造培训水平
						F_4	企业对项目的财政支持度
						F_5	政府资助的环保项目的参与度
						F_6	环境标准数据库建设水平
						F_7	企业资源环境数据库建设水平
						F_8	专家知识库建设水平
A	企业绿色制造应用实施水平			A_1	材料利用率		
				A_2	有毒有害材料利用率		
				A_3	能源利用率		
				A_4	废气排放量		
				A_5	废液排放量		
				A_6	固体废弃物排放量		
				A_7	其他污染情况		
				A_8	回收率		
C	企业绿色制造持续改进水平	C_1	增加市场占有率				
		C_2	提升企业形象				
		C_3	提高产品质量				
		C_4	降低制造成本				
		C_5	提升企业创新能力				

2. 评价方法

指标值的确定可以参照 4.6.1 节的方法,这里不再赘述。在确定评价指标值和权重后,就可以按照以下公式计算出各个绿色制造实施阶段的绩效水平:

$$u_1 = \sum_{j=1}^{8} w_{1j} u_{1j} \tag{4.51}$$

$$u_2 = w_{20} u_1 + \sum_{j=1}^{8} w_{2j} u_{2j} \tag{4.52}$$

$$u_3 = w_{30} u_2 + \sum_{j=1}^{5} w_{3j} u_{3j} \tag{4.53}$$

其中，u_1 为基础建设阶段的实施绩效；u_2 为应用实施阶段的实施绩效；u_3 为持续改进阶段的实施绩效，也是整个绿色制造实施工程的综合实施绩效。

4.8.3　案例分析

某机床制造企业积极开展了机床改造与再制造方面的工作，并逐步将普通车床的再制造工程作为企业利润的新增长点。其中 2006 年 5 月以来，该企业成立项目专项小组，针对市场份额最大的普通车床 C616、C616-1 等用户群，对某用户厂商以前购买的 C616、C616-1 两大系列，共计 60 台机床进行再制造。经过对机床精度恢复和对原有零件的再设计、再加工及数控化升级实现机床的综合改造，使该机床达到主传动全变频无级调速、全变频交流伺服驱动、气动夹紧、集中润滑的功能。现企业已完成普通机床再制造的批量合同近 800 台。通过销售，实现单台利润率15% 以上，超过新机床的单台利润率。在该企业实施再制造工程的过程中，应用了本节提出的面向过程的绿色制造实施绩效评价体系，评价情况如表 4.35 所示。

表 4.35　某企业的绿色制造过程实施绩效评价表

一级指标	二级指标	指标描述	指标权重	指标值
企业绿色制造基础建设水平	"一把手"工程水平	高层领导参与人数	0.15	8
	绿色制造项目组建设水平	项目组总人数	0.20	9
	员工绿色制造培训水平	培训时间	0.05	7
	企业对项目的财政支持度	投入资金	0.20	8
	政府资助的环保项目的参与度	参加项目数	0.05	6
	环境标准数据库建设水平	数据库的数据量	0.10	6
	企业资源环境数据库建设水平	数据库的数据量	0.15	5
	专家知识库建设水平	数据库的数据量	0.10	6
企业绿色制造应用实施水平	基础建设水平对应用实施水平的影响	基础建设水平对应用实施水平的影响度	0.20	7.2
	材料利用率	单位产品重量/单位产品材料投入量	0.10	8
	有毒有害材料利用率	单位产品有毒有害材料使用量/单位产品重量	0.10	8
	能源利用率	电能消耗	0.10	6
	废气排放量	SO_x、NO_x、油雾含量	0.10	7
	废液排放量	切削液含量	0.10	6
	固体废弃物排放量	切屑等	0.10	6
	其他污染（噪声、粉尘等）	噪声、粉尘	0.05	7
	回收率	切屑回收率、水资源回收率、产品回收率	0.15	8

续表

一级指标	二级指标	指标描述	指标权重	指标值
企业绿色制造持续改进水平	应用实施水平对持续改进水平的影响	应用实施水平对持续改进水平的影响度	0.30	7.09
	增加市场占有率	销售量提高率	0.10	6
	提升企业形象	社会认知度	0.20	7
	提高产品质量	客户满意度	0.15	7
	降低制造成本	成本降低率	0.15	9
	提升企业创新能力	研发速度提高率	0.10	6

该企业在再制造工程基础建设阶段的绩效良好,绩效值 $u_1 = 7.2$。基础建设的好坏直接关系到应用实施的绩效,因此在应用实施阶段,基础建设水平对应用实施水平的影响度的指标权重比较大,为 0.20。应用实施阶段的绩效值 $u_2 = 7.09$。最后,该企业再制造工程获得的整体绩效值 $u_3 = 7.127$。评价结果显示,该企业的绿色制造实施工程取得了较好的绩效,但由于基础建设环节工作没做好,直接影响了应用实施阶段的绩效和绿色制造项目整体水平。

4.9　绿色制造实施的几个问题

4.9.1　绿色制造实施的组织及人员规划

1. 绿色制造实施的组织机构

为实施绿色制造,需要进行产品生命周期全过程的控制,因此需要企业内部所有部门和成员共同承担环境责任,更紧密地协作与交流,所有这些都需要组织机构的调整与配合。

企业绿色化组织结构的调整往往需要增加新的环保部门或扩充已有的环保部门或给已有环保部门更大的授权。例如,美国福特公司成立了一个产品生命周期小组,进行产品生命周期的研究,包括生命周期的清单分析及环境影响评价。并且,绿色制造部门需要企业高层的支持、参与,甚至是直接领导,这将有力推动绿色制造的有效实施。另外,绿色制造部门需要有绿色制造专家或者环境专家,帮助企业获得正确的资源环境信息和数据,并为绿色制造实施提供决策参考和技术支持。

同时,绿色制造的实施会引起其他部门职能的一些变化,如产品研发部门需要在新技术开发与新产品开发中考虑新产品、新工艺可能产生的环境影响,从而调整技术战略、开发清洁技术。生产部门需要及时进行废弃物分离,并加强对各生产工序的废弃物审计,以便及时发现污染问题并采取解决措施。营销部门需要加强绿色营销并建立废弃产品的回收渠道,使用户接受绿色产品并协助解决环境污染问题。

2. 绿色制造人才解决方案

(1) 教育与培训。

由于现有教育体制中缺乏有关环境保护的内容,为促进绿色制造顺利实施,管理部门需要制订培训方案以提高企业员工的环境意识和环保知识水平。

(2) 虚拟人才策略。

虚拟人才是指企业内部人才不能满足企业实施绿色制造的需求时,与外部人才或外部人才拥有单位建立人才战略关系,使外部人才不为所有,但为所用。

4.9.2 绿色制造文化的建设

绿色制造的实施不仅要靠引进先进的绿色技术、绿色工艺和绿色设备,企业环境问题的改善和提高还与企业的相关规章制度,以及员工的价值观念和道德水准有关,正是一些传统观念制约着企业环境绩效的整体改善。企业绿色制造文化对绿色制造的实施起着决定性的作用。

1. 绿色制造文化的结构层次

绿色制造文化从结构上表现为三个基本层次,分别是以物资形态表现的物质层、以规章制度形式表现的制度层、以绿色理念形式出现的精神层。

(1) 物质层。物质层又称表层,是绿色制造文化中可见性最强的一部分;表现为清新怡人的厂容厂貌、明晰的厂标、整洁的生产车间等,是显在的企业形象的一部分,是绿色制造文化的物质表现。

(2) 制度层。制度层又称幔层,是以组织机构和文化形式表示出来的绿色制造文化;表现为完善的绿色制造组织机构、标准、法规等,是绿色制造文化的规范化表现。

(3) 精神层。精神层又称深层,是绿色制造文化中最不可见的部分,却是绿色制造文化的源泉;表现为绿色制造意识、观念、精神等,是绿色制造文化的核心和精髓。

2. 绿色制造文化的特性

(1) 实践性。企业的绿色制造文化不是凭空产生或依靠空洞的说教能够建立起来的,而是在绿色制造实施过程中有目的地培养起来的。因此,离开了实践,仅靠提几个口号,或者搞几次绿色意识教育来形成良好的绿色文化是不可能的。

(2) 独特性。绿色制造文化的表现和内涵因企业而异,与企业的发展历史和内外部环境因素有密切联系,企图全盘照搬其他企业的做法是不可能成功建立起良好的绿色制造文化的。

（3）创新性。在绿色制造文化的形成和发展中,要发挥创新精神,积极提倡新的绿色准则、精神、道德和作风,不断将新内容注入绿色制造文化中去。

（4）综合性。绿色制造文化包括价值观念、经营准则、道德规范、作风等多种精神因素,这些因素不是单独地在企业内发挥作用,而应使它们融合为一个有机的整体,形成整体性的绿色制造文化。

3. 绿色制造文化的建设

（1）企业的最高决策者是绿色制造文化的制造者和推动者。

绿色制造文化的确立,只有在高层管理者的主动参与和实践的情况下才会成功。员工的价值观、信念及行为表现都是由高层管理者来决定。因此,企业的最高决策者要树立正确的绿色制造价值观,不断强化绿色制造意识,带领全体员工创造良好的绿色制造文化。

（2）全员参与绿色制造文化建设。

绿色制造文化的真正接受者和贯彻者是企业的全体员工,没有他们积极主动的参与,绿色制造的实施就是一句空话。因此,要通过绿色制造相关的教育培训,使企业最高领导者乃至每位员工都充分认识到绿色制造的重要性,形成全员参与的绿色制造文化。

第 5 章　绿色制造运行模式及实施方法的初步应用

5.1　重庆机床集团简介

重庆机床(集团)有限责任公司(以下简称重庆机床集团)的前身重庆机床厂始建于 1940 年,是我国最早研制数控制齿机床的企业之一。2005 年底在整合重庆第二机床厂、重庆工具厂后改制组建了重庆机床集团,从而增强了数控车床、加工中心、数控铣床及复杂刀具的设计、制造能力。目前,重庆机床集团以生产齿轮加工机床为主,同时产品覆盖车床、加工中心、汽车零部件、专用设备、切削工具、分度转台、金属铸锻件等,主要产品应用于汽车工业、摩托车工业、工程机械、船舶工业、冶金机械、矿山机械等行业。

自 1982 年以来,重庆机床集团已有 117 项科研成果分别获国家、部(省、市)级奖励,其中制齿机床功能部件"φ900mm 高精度圆柱蜗杆蜗轮副及球面分度蜗轮副"获国家科技进步一等奖,"高精度球面蜗轮副加工方法"获国家发明专利(专利号:ZL85107847.8),均达到世界先进水平。目前该集团具有滚齿机、剃齿机等系列品种制齿机床生产能力,已成功开发出 YKS3112(带自动料仓)、YKS3120(带自动料仓)、YS3116CNC7 等面向绿色制造的数控高速干切自动滚齿机,并已形成生产,受到市场青睐。2002 年,滚齿机销售占国内市场份额的 75%,剃齿机占国内市场份额的 50%,制齿机床数控化率达 55%。产品还外销美国、英国、加拿大、日本、韩国及东南亚等 58 个国家和地区,是目前世界上规模最大、生产量最多的滚齿机和剃齿机生产制造商。重庆机床集团的全资子公司重庆神工机械制造有限责任公司从事各种专用机床的设计制造,以及滚齿机、剃齿机等各类机床的维修与改造工作,在机床维修与改造方面具有丰富的工程实践的人才、工艺及设备基础。

本书的研究成果在重庆机床集团进行了初步应用,下面以重庆机床集团绿色制造实施作为案例,对绿色制造运行模式及实施规划方法的具体应用进行说明。

5.2　重庆机床集团的绿色制造实施规划

由于重庆机床集团主要涉及机床产品生命周期中的设计、制造、维护、再制造等环节,本节结合重庆机床集团的具体情况对绿色制造运行模式总体框架中的产品生命周期主线和产品设计过程主线进行描述,如图 5.1 所示,机床行业绿色制造运行模式详见第 3 章。

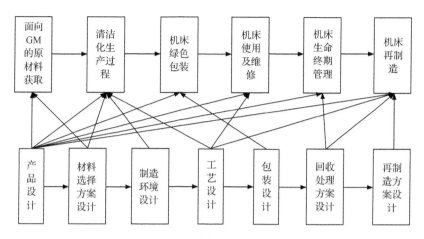

图 5.1　两条主线的描述

下面应用第 4 章提出的绿色制造实施方法对实施方案进行规划。

(1) 绿色制造战略。

应用 4.5.2 节提出的 SWOT 分析,重庆机床集团制订了适应型绿色制造战略,即在满足用户对产品功能多样化要求的前提下,更加注重产品的环境因素,通过产品的资源化循环利用及对新产品开展生命周期分析的研究,努力做到产品功能与环保性能的和谐发展,实现企业经济效益和社会效益协调优化。

(2) 绿色制造技术方案。

应用 4.6 节提出的基于协同效益的实施方案设计的决策模型,围绕机床产品生命周期主线,制订了重庆机床集团的技术方案,即优先开展机床绿色设计和废旧机床再制造(具体详见 4.6.1 节)。

(3) 组织结构。

在机床绿色设计方面,对原有技术人员进行了绿色设计与制造方面的培训,使其在机床新产品开发中重复考虑绿色因素,并且聘请有关绿色制造方面的专家到企业挂职,担任技术顾问。

在废旧机床再制造方面,单独成立了再制造部门负责废旧机床业务。考虑到再制造机床的市场接受度,探索出一条为生产企业开展机床再制造与功能提升的运作机制。并且,经重庆市经济委员会批准,重庆机床集团和重庆大学成立了"重庆市工业装备再造工程产学研合作基地",在重庆机床集团设立"重庆市工业装备再造工程产业化示范基地",在重庆大学设立"工业装备再造工程技术中心",探索科研与生产结合的机床再制造运行机制,共同研发机床再制造技术。

（4）绿色制造文化。

在厂区和生产车间内部的醒目位置，布置"绿色制造，利国利民，循环再造，跨越发展"宣传标语；加强车间 6S 管理，即整理（seiri）、整顿（seiton）、清扫（seiso）、清洁（seiketsu）、素养（shitsuke）、安全（safety），使车间更加清洁；在企业内部加大宣传力度，使员工认识到绿色制造的重要性，形成一股"绿色制造"的文化和氛围；加大绿色机床营销，创造绿色机床品牌。

（5）风险评估。

应用 4.7 节提出的基于模糊集理论的绿色制造实施风险评估方法，对重庆机床集团绿色制造实施的风险进行了评估，并对评估结果进行了分析（具体详见4.7.3 节）。

通过上述对重庆机床集团的绿色制造实施规划，可以得出重庆机床集团绿色制造模式，主要体现在以下两个方面：

（1）机床绿色设计。

机床是一种复杂的机、电、气、液一体化的机电产品，其涉及的原材料、零部件及工艺等复杂且种类繁多，要实现制造、装配、运输、使用及回收再制造等全生命过程的绿色化，设计起着非常关键的作用，必须加强面向产品生命周期的绿色设计。

（2）废旧机床再制造。

通过机床再制造，可以恢复或提升废旧机床大部分零部件的功能和性能，而且由于一些铸件（如床身）的时效时间长，其性能更加稳定。机床再制造过程中废旧资源循环再利用效率非常高，据统计，占整机重量 85% 以上的废旧零部件都可实现循环再利用。而且，再制造机床质量、使用寿命可以达到或超过新机床，但再制造成本却只有新机床的 50% 左右。

5.3　重庆机床集团的绿色制造实施情况及效果分析

下面对重庆机床集团的机床绿色设计和废旧机床回收再制造的实施情况及实施效果进行详细介绍。

1. 机床绿色设计

在机床绿色设计方面，重庆机床集团的主要措施如下。

（1）采用高速切削设计，切削效率高，节省能源。

传统机械滚齿机床的滚刀主轴转速最高为 500r/min，工作台转速最高为32r/min。而 YKS3112 系列六轴数控高速滚齿机床的滚刀主轴转速最高达1500r/min，工作台转速最高达 200r/min。

将 YKS3112 机床与同样加工规格的 YBS3112 机床作对比。加工的齿轮参数为:材料 45♯ 钢,模数 1.5,齿数 17,螺旋角 20°(右)。切削数据对比如表 5.1 所示。

表 5.1　YKS3112 机床与 YBS3112 机床的切削数据对比

对比指标	机床型号	
	YKS3112	YBS3112
刀具材料类型	硬质合金滚刀	高速钢涂层
滚刀外径/mm	φ46	φ46
开槽数	15	15
刀具头数	1	1
刀具精度	DIN A 级	DIN A 级
滚刀主轴转速/(r/min)	1190	340
滚刀切削速度/(r/min)	224	64
工作台转速/(r/min)	70	20
轴向进给量/mm	2.5	2
切削时间/min	0.18	0.8

从切削时间可以看出,YKS3112 机床在加工同样的齿轮时,其效率是 YBS3112 机床的 4 倍以上,因此如果在同样的加工时间内,YKS3112 机床的加工量要高很多。此外,在辅助时间上,由于 YKS3112 机床的高度柔性化及自动化,其辅助时间也比 YBS3112 机床少很多,数据对比如表 5.2 所示。

表 5.2　YKS3112 机床与 YBS3112 机床的辅助时间对比

对比指标	机床型号	
	YKS3112	YBS3112
换刀时间	10s	3～5min
换挂轮时间	无	5～8min
工件装夹时间	20s	2～3min

(2) 采用干切削技术,不使用冷却液,无污染,并降低成本。

采用硬质合金涂层刀具进行干切削,尽管第一次购刀价格比湿切削刀具价格高,但因切削效率高、刀具寿命长,而且节省了切削液及喷淋过滤装置的费用,从而使单件齿轮的加工成本有所降低,同时符合环保无污染的要求。

以 YKS3112 机床为例,采用专用干式滚刀(MACH7 高速钢,表面涂有专用涂层),用传统的滚切速度滚切时,其寿命可延长到一般湿切削方式的 5 倍。该系统在加工汽车末级传动齿轮、大型载重齿轮、汽车小齿轮及行星齿轮时的效果都很理想,生产成本至少降低 40%。

(3)减量化设计,机床质量轻。

如表 5.3 所示,YKS3112、YS3116CNC7、YS3118CNC5 等机床的质量比加工能力与其接近的传统机床的质量轻。而且,这些机床采用高速全密封机床结构,其支承件尺寸比普通机床尺寸大得多,可见其内部结构要精简很多。

表 5.3　高速干式机床与传统机床的质量对比

高速干式系列机床		传统系列机床	
机床型号	质量/kg	机床型号	质量/kg
YKS3112/318	5334.8	YX3120	9592.6
YS3116CNC7	5702	YXF3120	8982
YS3118CNC5	6548.2	YKA3120	8583

(4)全数控化设计,机床的传动链短,结构简单。

高速干切削滚齿机的传动链通过数控系统和电子齿轮箱来完成,即伺服电机→一对齿轮副减速→工作台。这使得传动链大为缩短,结构简化很多,不但在材料准备、机械加工上减少了很多零件,而且在很多装配、调整时间及中间环节中降低了出现错误的可能性。

(5)充分利用现代的焊接技术,重要支承件采用焊接结构代替传统的铸件结构,以避免铸造过程中的高耗能、高污染。

目前,采用钢板焊接床身、立柱结构代替传统的铸件是床身制造的一种新工艺。由于铸造过程环境污染严重、能耗高,采用铸件床身不利于改善机床的绿色性能。在合理的设计和工艺安排下,钢板焊接床身结构不但可以提高机床的强度和刚性,而且由于减少了铸造工艺而大大降低了机床在制造过程中的环境污染和能源消耗,具有良好的绿色制造特性。同时,为了消减机床工作中的振动,可在床身内腔填充泥芯和混凝土等阻尼材料,当振动时,利用相对摩擦来耗散振动能量。例如,重庆机床集团开发的 YKS3120 系列六轴数控滚齿机床中成功地采用了钢板焊接立柱、传动箱等结构,一方面提高了机床强度和刚性,另一方面由于减少了铸造工艺而大大降低了机床制造过程中的环境污染和能源消耗,具有良好的绿色制造特性,取得了良好的效果。

(6)在设计机床时,注重润滑油和冷却油的回收利用,采用全密封护罩和油雾分离器、油冷机等。

润滑时尽可能采用封闭循环润滑形式,因为封闭形式不会产生飞溅而污染环境,并且能循环使用;若不能采用封闭形式,就利用各种回油、过滤措施,加一个多层回油过滤器,使回流的机油经多层过滤后再回流到油箱,从而实现机油的反复利用。全密封护罩和油雾分离器的应用大大减少了加工过程中油雾的排放,减少了对环境的污染;油冷机的应用则提高了冷却效果,减少了热能对环境的污染。

绿色设计取得不错的应用效果,目前重庆机床集团已经成功开发了一系列拥有自主知识产权的高速干切削机床,如 YKS3112、YS3116CNC7、YKS3120、YS3180CNC6 六轴四联动高速数控系列滚齿机床,YS3118CNC5 五轴四联动高速数控系列滚齿机床等,既适用于湿切削又适用于干切削。绿色滚齿机床在市场上受到了客户的欢迎,重庆机床集团成功创立了重机绿色机床品牌。图 5.2 为YKS3112 机床的外观图。

图 5.2 YKS3112 机床的外观图

2. 废旧机床再制造

重庆机床集团开展的机床再制造业务包括:零部件再制造,主要是床身、底座、立柱、主轴箱等铸件部件,经过再制造后再利用于新机床的生产制造;回收废旧机床,通过整机再制造与提升后再销售;为客户企业提供车间废旧机床设备的批量再制造与提升服务,实现原有废旧机床设备技术提升。下面分别介绍机床再制造方面的零部件再制造和产品再制造。

（1）零部件再制造方面，以机床床身和滚齿机床的蜗轮蜗杆副为例进行介绍。

① C616 机床床身。

新机床床身的制造工艺流程如下：坯件退火→铣→刨→退火→刨→铣→刨→钳→热 G50→振动失效→刨→铣→刨→钳→钳→钳→油漆→磨导轨→检查→上油入库。

机床床身再制造工艺过程如下：清洗→除油→冷态重熔焊补（修复导轨拉伤面锈蚀面）→刷镀→磨导轨→上油入库。表 5.4 为 C616 机床床身新制造与再制造相关指标对比。

表 5.4　C616 机床床身新制造与再制造对比

指标	生产工序数	加工时间/h	加工周期/天	材料消耗/kg	能源消耗/(kW·h)	成本/元
新制造	20	48	30	361	956	3850
再制造	6	18.2	3	0	60	580

② YS3150 滚齿机床蜗轮蜗杆副。

蜗轮蜗杆副是滚齿机床中的关键传动部件。分度蜗杆制造工艺复杂，工艺流程如下：粗车削→钻孔→正火→半精车削→铣螺旋面→钳加工→粗磨削外圆→粗磨削螺旋面→渗碳→半精车削→钳加工→插削→钳加工→淬火→研孔→第一次半精磨削外圆→第一次半精磨螺旋面→磁力探伤→第一次油煮定性→研孔→第二次半精磨削外圆→磨孔→第二次半精磨螺旋面→车螺纹→铣削→钳加工→磁力探伤→第二次油煮定性→车中心孔→精磨削外圆→精磨孔→磨 15°锥面→精磨螺旋面→磁力探伤→抛光。

蜗杆再制造工艺过程如下：利用现有蜗杆修复中心孔→修复基准外圆→精磨螺旋面与蜗轮相配达到要求。表 5.5 为蜗杆新制造与再制造相关指标对比。

表 5.5　蜗杆新制造与再制造对比

指标	生产工序数	加工时间/h	材料消耗/kg	能源消耗/(kW·h)	成本/元
新制造	35	28.3	8.67	2400	1021
再制造	4	7.7	0	400	570

蜗轮制造工艺流程如下：粗车削→人工时效→半精车削→钳加工→粗滚齿→钳加工→人工时效→精车削→半精滚齿→钳加工→精滚、剃齿→钳加工。而蜗轮再制造工艺只需要利用现有蜗轮精滚、剃修复齿形精度即可。表 5.6 为蜗轮新制造与再制造相关指标对比。再制造前后的蜗杆蜗轮副对比如图 5.3 和图 5.4 所示。

表 5.6　蜗轮新制造与再制造对比

指标	生产工序数	加工时间/h	材料消耗/kg	能源消耗/(kW·h)	成本/元
新制造	13	22.2	30	2500	3053
再制造	1	5	0	300	300

图 5.3　再制造前的蜗杆蜗轮副

图 5.4　再制造后的蜗杆蜗轮副

　　(2) 产品再制造方面,经过对机床精度恢复和对原有零件的再设计、再加工及技术提升,使再制造机床实现主传动全变频无级调速、全变频交流伺服驱动、气动夹紧、集中润滑等功能,并实现了废旧机床的数控化、信息化、节能性、环境友好型技术提升,有效利用了企业的废旧机床设备资源。再制造一台 C616 机床的平均成本为 3 万元,而购置一台同类型新机床则需 7 万元。2007 年,重庆机床集团为某齿轮生产企业进行了车间旧设备的批量再制造与提升服务,对车间 150 余台普通车床及滚齿机床进行再制造与提升。通过再制造与提升满足了该企业提高生产能力及生产技术水平的发展需求,且相比于购置同类新数控设备,直接为企业节约资金投入 500 余万元,以较低成本提升了该企业原有机床设备的能力,提高了生产加工能力。再制造前后的普通车床对比如图 5.5 和图 5.6 所示,再制造前后的滚齿机床如图 5.7 和图 5.8 所示。

图 5.5　再制造前的普通车床

图 5.6　再制造后的普通车床

图 5.7　再制造前的滚齿机床

图 5.8　再制造后的滚齿机床

参 考 文 献

[1] 刘飞，张晓冬，杨丹. 制造系统工程. 北京：国防工业出版社，2000.

[2] 中国科学院可持续发展战略研究组. 2004年中国可持续发展战略报告. 北京：科学出版社，2004.

[3] 王永靖. 汽车制造企业绿色制造模式及关键支持系统研究. 重庆：重庆大学博士学位论文，2008.

[4] 曹华军. 面向绿色制造的工艺规划技术研究. 重庆：重庆大学博士学位论文，2004.

[5] Carson M. 寂静的春天. 吕瑞兰，李长生，译. 长春：吉林人民出版社，1997.

[6] Meadows D，Randers J. 增长的极限. 王智勇，译. 北京：机械工业出版社，2006.

[7] 联合国环境与发展会议. 人类环境宣言. 联合国人类环境会议，里约热内卢，1972.

[8] World Commission on Environment and Development. Our Common Future. Oxford：Oxford University Press，1987.

[9] 联合国环境与发展会议. 里约环境与发展宣言. 联合国环境与发展会议，斯德哥尔摩，1992.

[10] 联合国环境与发展会议. 21世纪议程. 联合国环境与发展会议，斯德哥尔摩，1992.

[11] 可持续发展世界首脑会议. 可持续发展世界首脑会议执行计划. 可持续发展世界首脑会议，约翰内斯堡，2002.

[12] Melnyk S A，Smith R T. Green Manufacturing. Dearborn：Society of Manufacturing Engineers，1996.

[13] 刘飞，张华，岳红辉. 绿色制造——现代制造业的可持续发展模式. 中国机械工程，1998，9(6)：76~78.

[14] 刘飞，曹华军，张华等. 绿色制造的理论与技术. 北京：科学出版社，2005.

[15] 马凯. 转变经济增长方式实现又好又快发展. 中国发展高层论坛2007年年会，2007.

[16] 温家宝. 2007年政府工作报告. 第十届全国人民代表大会第五次会议，2007.

[17] Gutowski T，Murphy C，Allen D，et al. Environmentally benign manufacturing (EBM). Baltimore：International Technology Research Institute，2001.

[18] 中华人民共和国国务院. 国家中长期科学和技术发展规划纲要(2006—2020年). 北京：新华社，2006.

[19] Consortium on Green Design and Manufacturing. http://cgdm.berkeley.edu. 2008-12-23.

[20] Thurwachter S，Schoening J，Sheng P. Environmental value (EnV) analysis. Proceedings of the 1999 IEEE International Symposium on Electronics and the Environment，Danvers，1999：70~75.

[21] Krishnana N，Sheng P. Environmental versus conventional planning for machined components. CIRP Annals—Manufacturing Technology，2000，49(1)：363~366.

[22] Toffel M W. The growing strategic importance of end-of-life product management. California Management Review，2003，45(3)：102~129.

[23] Masanet E. Assessing public exposure to silver-contaminated groundwater from lead-free solder：An upper bound，risk-based approach. Proceedings of the IEEE International Symposium on Electronics and the Environment，San Fransisco，2002：174~179.

[24] Sheng P，Srinivasan M. Multi-objective process planning in environmentally conscious manufacturing：A feature-based approach. Annals of the CIRP，1995，44(1)：433~437.

[25] Srinivasan M，Sheng P. Feature based process planning for environmentally conscious machining—Part 1：Micro planning. Robotics and Computer Integrated Manufacturing，1999，15：257~270.

[26] Srinivasan M，Sheng P. Feature based process planning for environmentally conscious machining—Part 2：Macro planning. Robotics and Computer Integrated Manufacturing，1999，15：271~281.

[27] Munoz A, Sheng P. An analytical approach for determining the environmental impact of machining processes. Journal of Materials Processing Technology, 1995, 53(3-4): 736~758.

[28] Rosen C M, Beckman S, Bercovitz J. The role of voluntary industry standards in environmental supply chain management: An institutional economics perspective. Journal of Industrial Ecology, 2002, 6(3-4): 103~123.

[29] Masanet E, Horvath A. Assessing the benefits of design for recycling of plastics in electronics: A case study of computer enclosures. Materials & Design, 2007, 28(6): 1801~1811.

[30] Boughton B, Horvath A. Environmental assessment of used oil management methods. Environmental Science & Technology, 2004, 38(2): 353~358.

[31] Suh S, Lenzen M, Treloar G J, et al. System boundary selection in life-cycle inventories using hybrid approaches. Environmental Science & Technology, 2004, 38(3): 657~664.

[32] Environmentally Benign Manufacturing. http://web. mit. edu/ebm/www/index. html. 2008-12-23.

[33] Matthew B, Gutowski T, Jones A, et al. A thermodynamic framework for analyzing and improving manufacturing processes. IEEE International Symposium on Electronics and the Environment, San Francisco, 2008: 1~6.

[34] Song Y, Youn J, Gutowski T. Life cycle energy analysis of fiber-reinforced composites. Composites Part A: Applied Science and Manufacturing, 2009, 40(8): 1257~1265.

[35] Gutowski T, Dahmus J, Thiriez A, et al. A thermodynamic characterization of manufacturing processes. IEEE International Symposium on Electronics and the Environment, Orlando, 2007: 137~142.

[36] Gutowski T, Dahmus J, Thiriez A. Electrical energy requirements for manufacturing processes. Proceedings of 13th CIRP International Conference on Life Cycle Engineering, Leuven, 2006: 623.

[37] Dahmus J, Gutowski T. Material recycling at product end-of-life. IEEE International Symposium on Electronics and the Environment, San Francisco, 2006: 206~211.

[38] Gutowski T. Thermodynamics and recycling, a review. IEEE International Symposium on Electronics and the Environment, San Francisco, 2008: 1~5.

[39] Dahmus J, Gutowski T. What gets recycled: An information theory based model of product recycling. Environmental Science and Technology, 2007, 41: 7543~7550.

[40] Gutowski T, Dahmus J, Albino D, et al. Bayesian material separation model with applications to recycling. IEEE International Symposium on Electronics and the Environment, Orlando, 2007: 233~238.

[41] Gutowski T, Dahmus J. Mixing entropy and product recycling. IEEE International Symposium on Electronics and the Environment, New Orleans, 2005: 72~76.

[42] Gutowski T, Matthew B, Dahmus J, et al. Thermodynamic analysis of resources used in manufacturing processes. Environmental Science and Technology, 2009, 43(5): 1584~1590.

[43] Allwood J M, Ashby M, Gutowski T, et al. Materials efficiency: A White Paper. Resources, Conservation and Recycling, 2011, 55(3): 362~381.

[44] Gutowski T, Murphy C, Allen D, et al. Environmentally benign manufacturing: Observations from Japan, Europe and the United States. Journal of Cleaner Production, 2005, 13: 1~17.

[45] Allen D, Bauer D, Bras B, et al. Environmentally benign manufacturing: Trends in Europe, Japan and the US. Journal of Manufacturing Science and Engineering, 2002, 124: 908~920.

[46] Sustainable Design and Manufacturing. http://www. sdm. gatech. edu. 2008-12-23.

[47] Raibeck L, Reap J, Bras B. Investigating environmental burdens and benefits of biologically inspired self-cleaning surfaces. CIRP Journal of Manufacturing Science and Technology, 2009, 1(4): 230~236.

[48] Coutee A S, McDermott S D, Bras B. A haptic assembly and disassembly simulation environment and associated computational load optimization techniques. ASME Journal of Computing & Information Science in Engineering, 2001, 1: 113~122.

[49] Emblemsag J, Bras B. Activity-based Cost and Environmental Management—A Different Approach to the ISO 14000 Compliance. Amsterdam: Kluwer Academic Publishers, 2000.

[50] Bras B. Incorporating environmental issues in product realization. Industry and Environment, United Nations UNEP/IE, 1997, 20(1-2): 7~13.

[51] Sustainable Future Institute. http://www.sfi.mtu.edu. 2008-12-23.

[52] Environmentally Responsible Design and Manufacturing (ERDM) Research Group. http://www.mfg.mtu.edu/erdm. 2008-12-23.

[53] Sutherland J W, Gunter K L. A model for improving economic performance of a demanufacturing system for reduced product end-of-life environmental impact. Annals of CIRP, 2002, 51(1): 45~48.

[54] Sutherland J W, Gunter K L, Haapala K R, et al. Environmentally benign manufacturing: Status and vision for the future. Transactions of NAMRI/SME, 2003, 31: 345~352.

[55] Sutherland J W, Gunter K L, Allen D, et al. A global perspective on the environmental challenges facing the automotive industry: State-of-the-art and directions for the future. International Journal of Vehicle Design, 2004, 35: 86~110.

[56] Xue H, Kumar V, Sutherland J W. Material flows and environmental impacts of manufacturing systems via aggregated input-output models. Journal of Cleaner Production, 2007, 15(13-14): 1349~1358.

[57] Green Design Institute. http://www.ce.cmu.edu/GreenDesign. 2008-12-23.

[58] Bilec M, Ries R, Matthews H S, et al. Example of a hybrid life-cycle assessment of construction processes. Journal of Infrastructure Systems, 2006, 12(4): 207~215.

[59] Peters G, Weber C, Guan D, et al. China's growing CO_2 emissions—A race between increasing consumption and efficiency gains. Environmental Science & Technology, 2007, 41(17): 5939~5944.

[60] Hawkins T R, Hendrickson C, Higgins C, et al. A mixed-unit input-output model for environmental life-cycle assessment and material flow analysis. Environmental Science & Technology, 2007, 41(3): 1024~1031.

[61] Hawkins T R, Matthews H S, Hendrickson C. Closing the loop on cadmium—An assessment of the material cycle of cadmium in the US. International Journal of Life Cycle Assessment, 2006, 11(1): 38~48.

[62] Lloyd S M, Lave L B, Matthews H S. Life cycle benefits of using nanotechnology to stabilize platinum-group metal particles in automotive catalysts. Environmental Science & Technology, 2005, 39(5): 1384~1392.

[63] Center for Industrial Ecology. http://www.yale.edu/cie/index.html. 2008-12-23.

[64] Graedel T E, Allenby B R. Industrial Ecology (2nd Edition). Upper Saddle River: Prentice-Hall, 2002.

[65] Graedel T E, Allenby B R. Design for Environment (2nd Edition). Upper Saddle River: Prentice-Hall, 2001.

[66] Graedel T E. Streamlined Life-cycle Assessment. Upper Saddle River: Prentice-Hall, 1998.

[67] Graedel T E, Howard-Grenville J A. Greening the Industrial Facility: Perspectives, Approaches and Tools. 吴晓东，翁端，译. 北京：清华大学出版社，2006.

[68] Walton S V, Handfield R B, Melnyk S A. The green supply chain: Integrating suppliers into environmental management processes. International Journal of Purchasing and Materials Management, 1998, 34(2): 2~11.

[69] Melnyk S A, Sroufe R, Calantone R, et al. Integrating environmental issues into materials planning: "Green" MRP. The Journal of Enterprise Resource Management, 2000, 3(3): 48~57.

[70] Melnyk S A, Sroufe R, Montabon F L, et al. Green MRP: Identifying the material and environmental impacts of production schedules. International Journal of Production Research, 2001, 39 (8): 1559~1573.

[71] Curkovic S. Environmentally responsible manufacturing: The development and validation of a measurement model. European Journal of Operational Research, 2003, 146(1): 130~155.

[72] Curkovic S, Melnyk S A, Handfield R B, et al. Investigating the linkage between total quality management and environmentally responsible manufacturing. IEEE Transactions on Engineering Management, 2000, 47(4): 444~464.

[73] Handfield R B, Melnyk S A, Calantone R J, et al. Integrating environmental concerns into the design process: The gap between theory and practice. IEEE Transactions on Engineering Management, 2001, 48(2): 189~208.

[74] Gyula V, Melnyk S A. Certifying environmental management systems by the ISO 14001 standards. International Journal of Production Research, 2002, 40(18): 4743~4763.

[75] Mahapatra S, Melnyk S A, Calantone R J. Understanding environment management performance: An expanded empirical study. International Journal of Productivity and Quality Management, 2007, 2(2): 263~286.

[76] ECDM Lab. http://pdomain. uwindsor. ca/archives/ecdm. html. 2008-12-25.

[77] Sustainable Manufacturing Group. http://www. ifm. eng. cam. ac. uk/sustainability. 2008-12-25.

[78] Counsell T A M, Allwood J M. A review of technology options for reducing the environmental impact of office paper. Resources, Conservation and Recycling, 2007, 49: 340~352.

[79] Allwood J M, Utsunomiya H. A survey of flexible forming processes in Japan. International Journal of Machine Tools and Manufacture, 2006, 46(15): 1939~1960.

[80] Counsell T A M, Allwood J M. Desktop paper recycling: A survey of novel technologies that might recycle office paper within the office. Journal of Materials Processing Technology, 2006, 173(1): 111~123.

[81] Allwood J M, Kopp R, Michl D, et al. The technical and commercial potential of an incremental ring rolling process. Annals of CIRP, 2005, 54(1): 233~236.

[82] Allwood J M, Lee J H. The design of an agent for modeling supply chain network dynamics. International Journal of Production Research, 2005, 43(22): 4875~4898.

[83] The Center for Sustainable Design. http://www. cfsd. org. uk. 2008-12-25.

[84] Charter M, Tischner U. Sustainable Solutions. Austin: Greenleaf Publishing, 2001.

[85] The Department Life Cycle Engineering. http://www. lbpgabi. uni-stuttgart. de/english/index_e. html. 2008-12-25.

[86] Centre for Design. http://www. cfd. rmit. edu. au. 2008-12-25.

[87] 刘飞，曹华军. 绿色制造理论体系框架. 中国机械工程，2000，11(9)：979~982.

[88] 刘飞，曹华军，何乃军. 绿色制造的研究现状与发展趋势. 中国机械工程，2000，11(1-2)：105~110.

[89] 张华，刘飞，梁洁. 绿色制造的体系结构及其实施中的几个战略问题探讨. 计算机集成制造系统，1997，3(2)：11~14.

[90] 刘飞，徐宗俊，但斌等. 机械加工系统能量特性及其应用. 北京：机械工业出版社，1995.

[91] Liu F, Zhang H, Wu P, et al. A model for analyzing the consumption situation of product material resources in manufacturing systems. Journal of Materials Processing Technology，2002，122(2-3)：201~207.

[92] 曹华军，刘飞，何彦等. 面向绿色制造的机床设备选择模型及其应用. 机械工程学报，2004，40(3)：6~10.

[93] 谭显春，刘飞，曹华军. 面向绿色制造的刀具选择模型及应用研究. 重庆大学学报，2003，26(3)：117~121.

[94] 谭显春，刘飞，曹华军. 面向绿色制造的切削液选择模型及其应用研究. 工具技术，2002：910~914.

[95] 曹华军，刘飞，何彦等. 基于模型集的面向绿色制造工艺规划策略研究. 计算机集成制造系统，2002，18(12)：978~982.

[96] 何彦，刘飞，曹华军等. 面向绿色制造的工艺规划支持系统及应用. 计算机集成制造系统，2005，11(7)：975~980.

[97] 曹华军，刘飞，阎春平等. 制造过程环境影响评价方法及其应用. 机械工程学报，2005，41(6)：163~167.

[98] 何彦，刘飞，曹华军等. 面向绿色制造的机械加工系统任务优化调度模型. 机械工程学报，2007，43(4)：27~33.

[99] He Y, Liu F, Cao H J, et al. A bi-objective model for the job-shop scheduling problem to minimize both energy consumption and makespan. Journal of Central South University of Technology，2005，12(2)：167~171.

[100] He Y, Liu F, Shi J L, et al. A framework of scheduling models in machining workshop for green manufacturing. Journal of Advanced Manufacturing Systems，2008，7(2)：319~322.

[101] 刘飞，曹华军，杜彦斌. 机床再制造技术框架及产业化策略研究. 中国表面工程，2006，19(5)：25~28.

[102] Cao H J, Du Y B, Liu F. A disassembly capability planning model for the make-to-order remanufacturing system. Journal of Advanced Manufacturing Systems，2008，7(2)：329~332.

[103] 清华至卓绿色制造研发中心. http://www.pim.tsinghua.edu.cn/me/zhizhuo. 2008-12-25.

[104] 汪劲松，段广洪，李方义等. 基于产品生命周期的绿色制造技术研究现状与展望. 计算机集成制造系统，2000，5(4)：1~8.

[105] 姚丽英，高建刚，段广洪等. 基于分层结构的拆卸序列规划研究. 中国机械工程，2003，14(17)：1516~1519.

[106] 机电产品绿色设计理论及方法. 国家自然科学基金重点资助项目(59935120)，2000.

[107] 徐滨士等. 再制造与循环经济. 北京：科学出版社，2007.

[108] 徐滨士等. 再制造工程基础及其应用. 哈尔滨：哈尔滨工业大学出版社，2005.

[109] 绿色设计与制造工程研究所. http://www1.hfut.edu.cn/organ/greendesign/index.php. 2008-12-26.

[110] 刘志峰，刘光复. 绿色设计. 北京：机械工业出版社，1999.

[111] 刘光复，刘志峰，李钢. 绿色设计与绿色制造. 北京：机械工业出版社，2000.

[112] 黄志斌，刘志峰. 当代生态哲学及绿色设计方法论. 合肥：安徽人民出版社，2004.

[113] 刘志峰，张崇高，任家隆. 干切削加工技术及应用. 北京：机械工业出版社，2005.

[114] 生物医学制造与生命质量工程研究所. http://lqme.sjtu.edu.cn. 2008-12-26.

[115] 可持续研究中心. http://www.rcsm.sdu.edu.cn. 2008-12-26.

[116] 王能民，孙林岩，汪应洛. 绿色制造模式下的供应商选择. 系统工程，2001，19(2)：37～41.

[117] 徐和平，赵小惠，孙林岩. 绿色制造模式形成与实施的环境分析. 中国机械工程，2003，14(4)：1211～1214.

[118] 谢家平，陈荣秋. 基于时间竞争的绿色再制造运作管理模式研究. 中国流通经济，2003，(9)：61～65.

[119] 朱庆华. 绿色供应链管理. 北京：化学工业出版社，2004.

[120] 朱庆华，耿勇. 工业生态设计. 北京：化学工业出版社，2004.

[121] Burke S, Gaughran W F. Intelligent environmental management for SMEs in manufacturing. Robotics and Computer-Integrated Manufacturing, 2006, 22(5-6)：566～575.

[122] Burke S, Gaughran W F. Developing a framework for sustainability management in engineering SMEs. Robotics and Computer-integrated Manufacturing, 2007, 23：696～703.

[123] Howarth G, Hadfield M. A sustainable product design model. Materials and Design, 2006, 27：1128～1133.

[124] Lanteigne R, Laforest V. Specifications for an internet based clean technology information support system for SMEs. Journal of Cleaner Production, 2007, 15(5)：409～416.

[125] 刘飞，张华，陈晓慧. 绿色制造的集成特性和绿色集成制造系统. 计算机集成制造系统，1999，8(5)：9～13.

[126] 李健，顾培亮. 面向循环经济的制造系统运行模式. 中国机械工程，2001，12(11)：1280～1284.

[127] 张英华，高楠. 环境友好型企业运行模式的构建研究. 科学管理研究，2006，24(5)：28～31.

[128] 徐和平，孙林岩. 绿色制造模式的哲理和实施动力机制探讨. 系统工程理论与实践，2003，12(3)：284～288.

[129] Klassen R D, Whybark D C. The impact of environmental technologies on manufacturing performance. Academy of Management Journal, 1999, 42(6)：599～615.

[130] Rusinko C A. Green manufacturing：An evaluation of environmentally sustainable manufacturing practices and their impact on competitive outcomes. IEEE Transaction on Engineering Management, 2007, 54(3)：445～454.

[131] Zeng S X, Liu H C, Tam C M, et al. Cluster analysis for studying industrial sustainability：An empirical study in Shanghai. Journal of Cleaner Production, 2008, 16：1090～1097.

[132] Luken R, van Rompaey F. Drivers for and barriers to environmentally sound technology adoption by manufacturing plants in nine developing countries. Journal of Cleaner Production, 2008, 16(S1)：67～77.

[133] Zhu Q H, Sarkis J, Lai K H. Confirmation of a measurement model for GSCM implementation. International Journal of Production Economics, 2008, 111：261～273.

[134] Zhu Q H, Sarkis J, Cordeiro J J, et al. Firm level predictors of emergent green supply chain management practices in the Chinese context. Omega：International Journal of Management Science, 2008, 36(4)：577～591.

[135] Zhu Q H, Sarkis J. The moderating effects of institutional pressures on emergent green supply chain practices and performance. International Journal of Production Research, 2007, 45 (18-19): 4333~4355.

[136] Toffel M W, Hill N, McElhaney K A. Developing a management systems approach to sustainability at BMW Group. Corporate Environmental Strategy, 2003, 10(2): 29~39.

[137] Toffel M W, Hill N, McElhaney K A. BMW Group's sustainability management system: Preliminary results, ongoing challenges, and the UN Global Compact. Corporate Environmental Strategy, 2003, 10(3): 51~61.

[138] McElhaney K A, Toffel M W, Hill N. Designing sustainability at BMW Group: The design works/USA experience. Greener Management International: Journal of Corporate Environmental Strategy and Practice, 2004, 46: 103~116.

[139] Satou M, Kawaguchi S. Implementation of environmental management based on ISO 14001. Fujitsu Scientific & Technical Journal, 2005, 41(2): 140~146.

[140] Donnelly K, Beckett-Furnell Z, Traeger S, et al. Eco-design implemented through a product-based environmental management system. Journal of Cleaner Production, 2006, 14(15-16): 1357~1367.

[141] 殷瑞钰. 绿色制造与钢铁工业. 钢铁, 2000, 35(6): 61~65.

[142] 赵艳玲, 晏钢, 张旭峰等. 邯钢绿色制造的研究与实践. 河北冶金, 2006, (3): 125~126.

[143] Orsato R J, Wells P. The automobile industry & sustainability. Journal of Cleaner Production, 2007, 15(11): 989~993.

[144] 戴宏民. 绿色包装. 北京: 化学工业出版社, 2002.

[145] 张伯霖, 夏红梅, 黄晓明. 新世纪的干切削技术. 制造技术与机床, 2001, (10): 5~7.

[146] 任家隆, 王贵成, 盛伯浩. 绿色干切削技术的研究. 新技术新工艺, 2002, (5): 9~11.

[147] 李先广, 廖绍华, 曹华军等. 齿轮加工机床绿色设计与制造策略及实践. 制造技术与机床, 2003, (11): 18~20.

[148] Sreejith P S, Ngoi B K A. Dry machining: Machining of the future. Journal of Materials Processing Technology, 2000, 101(1): 287~291.

[149] Wakabayashi T, Inasaki I, Suda S, et al. Tribological characteristics and cutting performance of lubricant esters for semi-dry machining. CIRP Annals-Manufacturing Technology, 2003, 52(1): 61~64.

[150] Weinert K, Inasaki I, Sutherland J W, et al. Dry machining and minimum quantity lubrication. CIRP Annals-Manufacturing Technology, 2004, 53(2): 511~537.

[151] Khettabi R, Songmene V, Masounave J. Effect of tool lead angle and chip formation mode on dust emission in dry cutting. Journal of Materials Processing Technology, 2007, 194(1-3): 100~109.

[152] 陈亚宁, 丁文政, 裴亮. 三轴再制造机床空间几何误差建模与辨识研究. 机床与液压, 2008, 36(4): 314~317.

[153] 丁文政, 黄筱调, 周明虎. 再制造机床可修复零部件精度分配研究. 机械科学与技术, 2007, 26(11): 1466~1470.

[154] 马世宁, 孙晓峰, 朱胜等. 机床数控化再制造. 中国表面工程, 2004, (4): 6~9.

[155] 孙玉华, 张曙. 德国机床数控化改造的实践与研究. 制造业自动化, 2000, 22(11): 50~53.

[156] Microelectronics and Computer Technology Corporation. Electronics Industry Environmental Roadmap. Austin: The Microelectronics and Computer Technology Corporation, 1995.

[157] Lamprecht S, Heinz G, Patton N, et al. "Green" PCB production processes. Circuit World, 2008, 34

(1)：13～24.

[158] Ryan A，Lewis H. Manufacturing an environmentally friendly PCB using existing industrial processes and equipment. Robotics and Computer-integrated Manufacturing，2007，23：720～726.

[159] Zeng K，Tu K N. Six cases of reliability study of Pb-free solder joints in electronic packaging technology. Materials Science and Engineering，2002，38：55～105.

[160] Shibutani T，Wu J，Yu Q，et al. Key reliability concerns with lead-free connectors. Microelectronics Reliability，2008，48(10)：1613～1627.

[161] Wong E H，Seah S K W，Shim V P W. A review of board level solder joints for mobile applications. Microelectronics Reliability，2008，48(11-12)：1747～1758.

[162] Cui J R，Forssberg E. Mechanical recycling of waste electric and electronic equipment：A review. Journal of Hazardous Materials，2003，99(3)：243～263.

[163] 路洪洲，李佳，郭杰等. 基于可资源化的废弃印刷线路板的破碎及破碎性能. 上海交通大学学报，2007，(4)：551～556.

[164] 赵明，李金惠，于可利等. 废印刷线路板粉碎处理中热解污染的试验研究. 清华大学学报(自然科学版)，2006，(12)：1995～1998.

[165] 徐敏，李光明，贺文智等. 废弃印刷线路板热解回收研究进展. 化工进展，2006，(3)：297～300.

[166] 潘君齐，刘志峰，张洪潮等. 超临界流体废弃线路板回收工艺. 合肥工业大学学报(自然科学版)，2007，(10)：1287～1291.

[167] 潘君齐，刘光复，刘志峰等. 废弃印刷线路板超临界 CO_2 回收实验研究. 西安交通大学学报，2007，(5)：625～627.

[168] Feldmann K，Scheller H. The printed circuit board—A challenge for automated disassembly and for the design of recyclable interconnect devices. IEEE International Conference on Clean Electronics Products and Technology，Edinburgh，1995：186～190.

[169] Knoth R，Hoffmann M，Kopacek B，et al. Intelligent disassembly of electronic equipment. IEEE Second International Symposium on Environmentally Conscious Design and Inverse Manufacturing，Tokyo，2001：165～170.

[170] Hosoda N，Halada K，Suga T. Smart disassembly. IEEE International Symposium on Electronics and the Environment，Scottsdale，2004：166～167.

[171] 潘君齐. 基于超临界流体技术的印刷线路板再资源化工艺与方法研究. 合肥：合肥工业大学博士学位论文，2006.

[172] Ferrao P，Reis I，Amaral J. The industrial ecology of the automobile：A Portuguese perspective. International Journal of Ecology and Environmental Sciences，2002，28(28)：27～34.

[173] Wells P，Orsato R J. Redesigning the industrial ecology of the automobile. Journal of Industrial Ecology，2005，9(3)：1～16.

[174] 赵旭，李磊. 我国汽车产业循环经济模式的研究. 汽车工程，2007，29(10)：913～917.

[175] 王国才，王希凤. 汽车工业绿色制造生产方式的研究. 物流技术，2004，6：9～11.

[176] Schmidt W P，Taylor A. Sustainable management of vehicle design. International Journal of Vehicle Design，2007，46(2)：143～155.

[177] Schiavone F，Pierini M，Eckert V. Strategy-based approach to eco-design：Application to an automotive component. International Journal of Vehicle Design，2007，46(2)：156～171.

[178] Ferra P，Amaral J. Assessing the economics of auto recycling activities in relation to European Union

Directive on end of life vehicles. Technological Forecasting & Social, 2006, (73): 277~289.

[179] Duval D, MacLean H L. The role of product information in automotive plastics recycling: A financial and life cycle assessment. Journal of Cleaner Production, 2007, (15): 1158~1168.

[180] 刘志峰, 万举勇, 宋守许等. 绿色设计讲座: 第一讲——家电产品的绿色设计研究. 家电科技, 2005, (3): 73~75.

[181] 刘志峰, 潘君齐, 宋守许等. 绿色设计讲座: 第二讲——家电产品的绿色设计研究和应用. 家电科技, 2005, (4): 72~73.

[182] 万举勇, 王淑旺, 刘志峰等. 绿色设计讲座: 第三讲——绿色家电产品评价体系的构建. 家电科技, 2005, (5): 67~69.

[183] 万举勇, 王淑旺, 刘志峰等. 绿色设计讲座: 第四讲——绿色家电产品的评价方法. 家电科技, 2005, (7): 69~71.

[184] 戚赟徽, 王淑旺, 刘志峰等. 绿色设计讲座: 第五讲——家电产品绿色设计方法. 家电科技, 2005, (8): 71~73.

[185] 戚赟徽, 王淑旺, 刘志峰等. 绿色设计讲座: 第六讲——家电产品绿色设计工具. 家电科技, 2005, (9): 65~67.

[186] 王淑旺, 刘光复, 刘志峰等. 绿色设计讲座: 第七讲——家电产品的回收设计方法. 家电科技, 2005, (11): 68~69.

[187] 王淑旺, 刘光复, 刘志峰等. 绿色设计讲座: 第八讲——废旧家电产品回收再利用技术研究. 家电科技, 2006, (1): 70~74.

[188] 周全法. 废旧家电与材料的回收利用. 北京: 化学工业出版社, 2004.

[189] 国家环境保护局. 企业清洁生产审计手册. 北京: 中国环境科学出版社, 1996.

[190] 雷明. 绿色投入产出核算-理论与应用. 北京: 北京大学出版社, 2000.

[191] Lin X N, Polenske K R. Input-output modeling of production processes for business management. Structural Change and Economic Dynamics, 1998, 9(2): 205~226.

[192] Correa H, Craft J. Input-output analysis for organizational human resources management. Omega, 1999, 27(1): 87~99.

[193] Albino V, Izzo C, Kuhtz S. Input-output models for the analysis of a local/global supply chain. International Journal of Production Economics, 2002, 78(2): 119~131.

[194] 罗向龙, 赵亮, 尹洪超. 投入产出法在石化企业能源预测中的应用. 节能, 2003, (3): 20~22.

[195] 于仲鸣. 企业投入产出方法与制造资源计划方法的结合研究. 郑州航空工业管理学院学报, 2006, 24(1): 33~38.

[196] Lau H C W, Cheng E N M, Lee C K M, et al. A fuzzy logic approach to forecast energy consumption change in a manufacturing system. Expert Systems with Applications, 2008, 34(3): 1813~1824.

[197] Haykin S. 神经网络原理. 叶世伟, 史忠植, 译. 北京: 机械工业出版社, 2004.

[198] 楼顺天, 施阳. 基于 Matlab 的系统分析与设计——神经网络. 西安: 西安电子科技大学出版社, 1999.

[199] Azadeh A, Ghaderi S F, Sohrabkhani S. Annual electricity consumption forecasting by neural network in high energy consuming industrial sectors. Energy Conversion and Management, 2008, 49(8): 2272~2278.

[200] Beccali M, Cellura M, Brano V L, et al. Forecasting daily urban electric load profiles using artificial neural networks. Energy Conversion and Management, 2004, 45(18-19): 2879~2900.

[201] Hobbs B F, Helman U, Jitprapaikulsarn S, et al. Artificial neural networks for short-term energy forecasting: Accuracy and economic value. Neurocomputing, 1998, 23(1-3): 71~84.

[202] Yalcinoz T, Eminoglu U. Short term and medium term power distribution load forecasting by neural networks. Energy Conversion and Management, 2005, 46(9-10): 1393~1405.

[203] Azadeh A, Ghaderi S F, Sohrabkhani S. Forecasting electrical consumption by integration of neural network, time series and ANOVA. Applied Mathematics and Computation, 2007, 186(2): 1753~1761.

[204] 杨建新, 徐成, 王如松. 产品生命周期评价方法及应用. 北京: 气象出版社, 2002.

[205] 秦颖, 武春友, 孔令玉. 企业环境战略理论产生与发展的脉络研究. 中国软科学, 2004, (11): 105~109.

[206] Schaefer A, Harvey B. Stage models of corporate greening: A critical evaluation. Business Strategy and Environment, 1998, 7: 109~123.

[207] 杨发明, 吕燕. 生态技术与企业环境战略. 环境导报, 1996, (6): 4~7.

[208] 马祖军, 代颖, 刘飞. 绿色制造与现代企业战略. 机电一体化, 1998, (5): 5~7.

[209] Houben G, Lenie K, Vanhoof K. A knowledge-based SWOT-analysis system as an instrument for strategic planning in small and medium sized enterprises. Decision Support Systems, 1999, 26: 125~135.

[210] Kurttila M, Pesonen M, Kangas J, et al. Utilizing the analytic hierarchy process (AHP) in SWOT analysis——A hybrid method and its application to a forest-certification case. Forest Policy and Economics, 2000, 1: 41~52.

[211] Yuksel I, Dagdeviren M. Using the analytic network process (ANP) in a SWOT analysis——A case study for a textile firm. Information Sciences, 2007, 177: 3364~3382.

[212] Chang H H, Huang W C. Application of a quantification SWOT analytical method. Mathematical and Computer Modelling, 2006, 43: 158~169.

[213] Lee K L, Lin S C. A fuzzy quantified SWOT procedure for environmental evaluation of an international distribution center. Information Sciences, 2008, 178: 531~549.

[214] Grutter J M, Egler H P. From cleaner production to sustainable industrial production modes. Journal of Cleaner Production, 2004, (12): 249~256.

[215] Mitchell C L. Beyond barriers: Examining root causes behind commonly cited cleaner production barriers in Vietnam. Journal of Cleaner Production, 2006, (14): 1576~1585.

[216] Saaty T L. The Analytic Hierarchy Process. New York: McGraw-Hill, 1980.

[217] Saaty T L. Decision Making with Dependence and Feedback: The Analytic Network Process. Pittsburgh: RWS Publications, 1996.

[218] 王莲芬. 网络分析法(ANP)的理论与算法. 系统工程理论与实践, 2001, 21(3): 44~50.

[219] 刘晓红, 徐玖平. 项目风险管理. 北京: 经济管理出版社, 2008.

[220] 汪忠, 黄瑞华. 国外风险管理研究的理论、方法及其进展. 外国经济与管理, 2005, 27(2): 25~31.

[221] 刘华, 陈维平, 朱权利等. 实施绿色制造的综合风险评价. 机械科学与技术, 2005, 24(9): 1103~1107.

[222] 刘华, 陈维平, 李元元. 绿色制造风险的群层次模糊综合评判. 中国机械工程, 2005, 16(9): 787~791.

[223] Zadeh L A. Fuzzy sets. Information and Control, 1965, 8: 338~353.

[224] Zimmermann H J. Fuzzy Set Theory and Its Applications (2nd Edition). Dordrecht：Kluwer Academic Publisher，1991.

[225] 陈水利，李敬功，王向公. 模糊集理论及其应用. 北京：科学出版社，2005.

[226] Blin J M. Fuzzy relations in group decision theory. Journal of Cybernetics，1974，4：17～22.

[227] Bozdag C E，Kahramana C，Ruan D. Fuzzy group decision making for selection among computer integrated manufacturing systems. Computers in Industry，2003，51：13～29.

[228] 丁新求. 运用 Blin 法进行柘溪至马迹塘河段开发方案优选. 湖南水利水电，2001，(6)：16～17.

[229] 谢金星，邢文训. 网络优化. 北京：清华大学出版社，2000.

[230] 魏明侠，司林胜，方明. 绿色制造绩效评价的初步研究. 技术经济与管理研究，2001，(6)：77～78.

[231] 张艳. 绿色制造环境绩效评价模型研究. 现代制造工程，2004，(12)：69～71.

[232] 黄敏纯，刘光复等. 绿色制造评价系统的研究及应用. 化工设计，2000，10(5)：41～43.

[233] Sarkis J. A methodological framework for evaluating environmentally conscious manufacturing programs. Computers & Industrial Engineering，1999，36：793～810.

[234] 朱家饶，刘大成等. 基于流程的制造绩效评价体系研究. 计算机集成制造系统，2005，11(3)：438～445.

[235] Neely A，Gregory M，Platts K，et al. Performance measurement system design：A literature review and research agenda. International Journal of Operations & Production Management，1995，15(4)：80～116.

[236] Neely A，et al. Performance measurement system design：Should process based approaches be adopted. International Journal of Production Economics，1996，46-47：423～431.

[237] Laitinen E K. A dynamic performance measurement system：Evidence from small Finnish technology companies. Scandinavian Journal of Management，2002，18：65～99.